高等职业教育“十四五”规划教材

# 工业分析实验技术

吴良彪　主　编
代学玉　杨彩红　副主编

中国石化出版社

## 内 容 提 要

本书是为适应职业高技能人才培养要求，为职业院校工业分析类专业学生进行职业技能培训而开发的教材。主要内容包括：绪论、水质分析、大气检测分析、催化剂分析、添加剂分析、钢铁分析、煤质分析、水中的细菌学测定8个模块。全书所选编的80多个实验方法，涵盖了重量法、滴定法、分光光度法、红外吸收法、电化学分析法、气相色谱，高压液相色谱、微生物技术等。通过实训有利于提高学生职业技能水平，为以后工作打好基础。

本书主要适用于职业院校工业分析与检验、油品分析、环境保护等专业学生的职业技能培训，也可作为石油化工、煤化工、环境保护等行业相关人员学习的参考书。

**图书在版编目（CIP）数据**

工业分析实验技术 / 吴良彪主编. —北京：中国石化出版社，2021. 8
ISBN 978-7-5114-3813-3

Ⅰ. ①工… Ⅱ. ①吴… Ⅲ. ①工业分析-实验-高等职业教育-教材 Ⅳ. ①TB4-33

中国版本图书馆 CIP 数据核字(2021)第 164709 号



**中国石化出版社出版发行**
地址:北京市东城区安定门外大街 58 号
邮编:100011 电话:(010)57512500
发行部电话:(010)57512575
http://www.sinopec-press.com
E-mail:press@sinopec.com
北京科信印刷有限公司印刷
全国各地新华书店经销
*
787×1092 毫米 16 开本 17.25 印张 390 千字
2021 年 8 月第 1 版 2021 年 8 月第 1 次印刷
定价:42.00 元

# 前　言

《工业分析实验技术》是理论课《工业分析技术》的配套实验教材，也是应用化工技术专业中工业分析方向、环境监测方向的必修课(专业实验)教材。

社会的发展对人才素质提出了更高的要求，职业教育提出要重视学生的全面素质教育，以学生为中心，着重培养学生的创新精神，激发学生的学习兴趣，挖掘学生的内在潜能，使他们的素质全面和谐地发展。

本着“厚基础、宽专业、大综合”的教育理念，我们经过大量的调查分析和反复讨论，并借鉴其他高校在实验教学改革方面的经验和教训，经过去粗取精、去旧取新，进行重组、交叉、融会、整合，形成一个自成一体的实验教学体系。

本教材的编写原则：

(1) 作为实验课教材，要有其科学性、系统性和实际可操作性；

(2) 既要考虑实验内容的广泛性、实际操作能力的训练多样性，循序渐进，做好素质教育和技能培养，又要考虑设计、创新能力的训练。重点放在分析技能训练和分析与解决问题能力的培养上。

本教材具有以下特点：

(1) 模块化与整体性统一。工业分析实验作为一门独立课程设置，其内容与理论课相辅相成，通过实验内容的模块化设计，构建一个系统、完整的实验教学新体系。

(2) 经典性与发展统一。教材精选了一些成熟的、有代表性的国家或行业标准方法或企业标准方法，也有经过国内研究和多个单位实验证明的成熟的统一方法，一方面加强学生实验技术与技能的训练，另一方面强化学生研究和创新能力的培养。本书在编写上有一定的前瞻性。

(3) 知识性与实用性的统一。教材既涉及分析实验基础知识和操作技能，又涉及工业品质量检测、环境监测分析等应用性内容。

编写的过程中，按照“重视基本技能、突出创新教育、依托学科优势、打造精品课程”的总体思路，将实验基本操作、基本技能与创新意识、综合分析能力、研究设计能力的培养贯穿于整个实验教学过程中。

教材分为 8 个模块：导引模块、水质检测分析模块、大气检测分析模块、催化剂分析模块、添加剂分析模块、钢铁分析模块、煤质分析模块、水中细菌学测定模块。教材每个模块的开始设立了“任务目标”，以引导学生有的放矢地学习；每一模块有多个指标分析项目，以便学生能进行技术掌握的训练，使之熟练掌握分析技术。本书编入 80 多个实验方法，涵盖了重量法、滴定法、分光光度法、红外吸收法、火焰光度法、原子吸收分光光度法、高压液相色谱法、电化学分析法、细菌学等，突出了仪器分析技术，充分体现了职业教育中实验技术的“必需、够用、实用”原则，同时也符合学生认知的规律，由浅入深，由易到难，使教材内容更加科学和贴近职业教育教学实际。

吴良彪负责编写的组织工作，对导引模块、第一模块、第二模块、第四模块、第五模块、第七模块进行编写，并负责全书的整理和统稿。代学玉负责对第一模块的化学需氧量、溶解氧和第六模块进行编写。杨彩红负责对第三模块进行编写。本书的责任编辑为编写工作给予了大力的协助，在此表示衷心的感谢。

我们希望本教材能为广大师生提供切实的帮助和指导。由于编者水平所限，按照新形势下职业教育的特征与要求，对本课程的教学改革和实践正在探索中，编写本书难免存在疏漏和不妥之处，恳请同行专家和使用教材的师生批评指正，使本书不断趋于完善。

**吴良彪**

**2021 年 5 月**

# 目　录

# 导引模块　绪　　论

## 学习任务

| | |
|---|---|
| 任务目标 | 1. 知识目标<br>(1) 对工业分析实验技术有总体了解<br>(2) 掌握实验室技术的基本能力<br>(3) 掌握实验室安全知识 |
| | 2. 能力目标<br>(1) 能正确洗涤玻璃仪器<br>(2) 能检验实验室用水的规格<br>(3) 了解化学试剂的分类<br>(4) 了解实验室防火、防爆、防中毒问题<br>(5) 了解实验室事故的处理方法 |
| | 3. 素质目标<br>具备运用学习的技术解决问题的能力 |
| 任务内容 | 1. 掌握如何洗涤仪器、检验实验室用水的方法<br>2. 掌握如何防止事故发生及发生事故应如何处理 |

## 任务分析

导引模块是通过实验室基础知识的学习，掌握实验室技术的基本技能，并对实验室安全重点掌握。

具体提要求：

1. 学会洗涤各种玻璃仪器；
2. 学会检测实验室用水；
3. 学会处理安全事故。

## 第一节　导　　言

《工业分析实验技术》是一门实践性专业课程，是和专业理论课密切联系、加深对理论课的理解和掌握、完成专业培养计划，对学生的素质教育和专业技能训练必不可少的教学环节。为此，每一位学生都必须明确专业实验的目的和要求，了解本课程与其他课程之间的联系，认真按要求做好每一次实验。

## 一、专业实验与本专业开设的其他课程的关系

工业分析实验作为一门实践性强的专业课程，首先与专业理论课《工业分析》《环境监测》有着十分密切的联系。专业理论课是专业实验的理论基础。因此在学习专业实验课的过程中一定要不断学习专业理论课知识，并用它来指导实验，分析与解决实验过程中遇到的各种现象与问题。

同时，专业实验是建立在无机化学实验、有机化学实验、分析化学实验、仪器分析实验等基础课和专业基础课实验基础上，要充分运用基础化学和仪器分析实验中学到的知识和技能来解决专业实验中的问题。

专业实验是本专业实验课教学中最后一门综合性的实验课，其内容包括指定实验和选做实验，要通过实验综合培养学生各种操作技能和严谨的实事求是作风，学会应用理论知识解决实际问题的方法，提高分析与解决问题的能力，为生产实习、毕业实习、毕业论文及将来工作打下良好的基础。

因此，专业实验在本专业实践性教学环节和专业能力培养中具有承前启后的作用。

## 二、专业实验的目的和要求

工业分析的专业实验内容，包括水质分析、气体分析、催化剂分析、添加剂分析、钢铁材料分析和煤质分析、水中的细菌学测定等。要求学生通过本课程的学习，了解工业分析的全过程及其特点，熟悉样品的采集、制备和预处理的主要方法，熟练掌握干法和湿法分解样品方法，沉淀分离、溶剂萃取、柱色谱分离等分离富集方法以及有关项目测定方法的原理和实验技术；培养熟练的分析操作技能和严谨的工作作风；学习分析问题和解决问题的方法。

为了上好每一堂实验课，使实验达到预期效果，要求每个学生必须做到以下要求。

(1) 实验前，必须认真预习实验教材，理解并熟悉实验原理及操作步骤，找出实验关键，了解每种试剂与操作的作用，熟悉仪器原理和操作方法，了解所用器皿的性质及其使用注意事项，写出预习报告。

预习报告内容：实验原理、简要操作步骤、主要试剂及其配制方法，并完成教师布置的预习作业题。

对于设计性实验，学生必须按教师提出的要求，广泛查阅资料，并将资料加以整理分析后，提出自己的实验方案提纲，经教师审查批准后，写出具体实验操作方案作为预习报告。

(2) 实验过程中，要做好实验工作安排，尽可能使分析流程设计及工作安排合理化、做到紧张而不忙乱，快而准；要细心操作、仔细观察，善于发现和解决实验中出现的各种现象和问题，并及时作必要的记录(注意：必须有专门的原始记录本，或与预习报告合为一本，不能使用零星纸张)；要正确操作仪器，如实地、正确地读取和记录实验数据(实验过程中对已记下的实验数据要纠正、修改时，要在原数据上划一道线，将改正表据写在旁

边)；要尊重指导教师的指导，遵守实验操作规程和实验室规章制度；注意做好器皿清洗工作和保持台面整洁；注意节约试剂和用水；保持实验室整洁、安静；切实注意安全。

(3) 实验后，要及时处理实验数据，认真总结实验成果并按要求撰写实验报告。

在数据处理过程中，要按规范取舍实验数据和对数字进行运算及修约；要用图或表直观表述的，既要写出原始数据，又要按要求制作出规范化的图或表。

实验报告的内容及要求是：简明扼要地写出实验方法提要，写出实验数据处理方法及结果，大胆讨论实验中的问题和解释实验过程中遇到的重要的正常与异常现象，并对实验课教学提出意见和建议。

## 第二节　工业分析实验室基础知识

### 一、玻璃仪器

#### （一）仪器玻璃

实验室中大量使用玻璃仪器，是因为玻璃具有一系列可贵的性质，如它有很高的化学稳定性、热稳定性，有很好的透明度、一定的机械强度和良好的绝缘性能等。玻璃原料来源方便，并可以用多种方法按需要制成各种不同形状的产品。用于制作玻璃仪器的玻璃称为“仪器玻璃”，用改变玻璃化学组成的方法可以制作出适应各种不同要求的仪器玻璃。

玻璃的化学成分主要是 $SiO_2$、$CaO$、$Na_2O$、$K_2O$。引入 $B_2O_3$、$Al_2O_3$、$ZnO$、$BaO$ 等成分可使玻璃具有不同的性质和用途。表 1 列出了各种仪器玻璃的化学组成、性质及用途。

从表 1 中可以看出，特硬玻璃和硬质玻璃含 $SiO_2$和 $B_2O_3$。较高，均属于高硼硅酸盐玻璃一类。它们具有较好的热稳定性，在化学稳定性方面耐酸、耐水性能好，耐碱性能稍差。一般仪器玻璃和量器玻璃为软质玻璃，其热稳定性及耐腐蚀性稍差。

**表 1　仪器玻璃的化学组成、性质及用途**

| 玻璃名称 | 通称 | 化学组成/%(质) | | | | | | 线胀系数 | 耐热（急变）温差/℃ | 软化点/℃ | 主要用途 |
|---|---|---|---|---|---|---|---|---|---|---|---|
| | | $SiO_2$ | $Al_2O_3$ | $B_2O_3$ | $R_2O$ ($Na_2O$, $K_2O$) | CaO | ZnO | | | | |
| 特硬玻璃 | 特硬料 | 80.7 | 2.1 | 12.8 | 3.8 | 0.6 | — | $32\times10^{-7}$ | ≥270 | 820 | 制作烧器类耐热产品 |
| 硬质玻璃 | 九五料 | 79.1 | 2.1 | 12.5 | 5.7 | 0.6 | — | $(41\sim42)\times10^{-7}$ | ≥220 | 770 | 制作烧器类及各种玻璃 |
| 一般仪器玻璃 | 管料 | 74 | 4.5 | 4.5 | 12 | 3.3 | 1.7 | $71\times10^{-7}$ | ≥140 | 750 | 制作滴管吸管及培养皿等 |
| 量器玻璃 | 白料 | 73 | 5 | 4.5 | 13.2 | 3.8 | 0.5 | $73\times10^{-7}$ | ≥120 | 740 | 制作量器等 |

玻璃的化学稳定性较好，但并不是绝对不受侵蚀，而是其受侵蚀的程度符合一定的标准。因玻璃被侵蚀而有痕量离子进入溶液中，与玻璃表面吸附溶液中的待测离子反应，是微量分析要注意的问题。氢氟酸能很强烈地腐蚀玻璃，故不能用玻璃仪器进行含有氢氟酸

的实验。碱液特别是浓的或热的碱液对玻璃明显地腐蚀。储存碱液的玻璃仪器如果是磨口仪器，还会使磨口粘在一起无法打开。因此，玻璃容器不能长时间存放碱液。

石英玻璃属于特种仪器玻璃，其理化性能与玻璃有同有异，它具有极其优良的化学稳定性和热稳定性，但价格较贵。

**（二）玻璃仪器的洗涤方法**

在分析工作中，洗净玻璃器皿不仅是一个实验前必须做的准备工作，也是一项技术性的工作。仪器洗涤是否符合要求，对分析结果的准确度和精密度均有影响。不同分析工作（如工业分析、一般化学分析、微量分析等）有不同的仪器洗净的要求。

1. 洗涤仪器的一般步骤

（1）水刷洗：准备一些用于洗涤各种形状仪器的毛刷，如试管刷、烧杯刷、瓶刷等。首先用毛刷蘸水刷洗仪器，用水冲去可溶性物质及刷去表面黏附的灰尘。

（2）用低泡沫洗涤液刷洗：用低泡沫洗涤液和水摇动，必要时可加入滤纸碎块，或用毛刷刷洗，温热的洗涤液去油能力更强，必要时可短时间浸泡。去污粉因含有细砂等固体摩擦物，有损玻璃，一般不要使用。冲净洗涤剂，再用自来水洗 3 遍。

将滴管、吸量管、小试管等仪器浸于温热的洗涤剂水溶液中，在超声波清洗机液槽中洗数分钟，洗涤效果更佳。

洗净的仪器倒置时，水流出后器壁应不挂水珠。至此再用少量纯水涮洗仪器 3 次，洗去自来水带来的杂质，即可使用。

2. 各种洗涤液的使用

针对仪器沾污物的性质，采用不同洗涤液通过化学或物理作用能有效地洗净仪器。几种常用的洗涤液见表 2。要注意在使用各种性质不同的洗液时，一定要把上一种洗涤液除净后再用另一种，以免相互作用，生成的产物更难洗净。

洗涤液的使用要考虑能有效地除去污染物，不引进新的干扰物质（特别是微量分析），又不应腐蚀器皿。强碱性洗液不应在玻璃器皿中停留超过 20min，以免腐蚀玻璃。

铬酸洗液因毒性较大尽可能不用，近年来多以合成洗涤剂、有机溶剂等来去除油污，但有时仍要用到铬酸洗液，故也列入表内。

**表 2　几种常用的洗涤液**

| 洗涤液及其配方 | 使用方法 |
|---|---|
| (1)铬酸洗涤(尽量不用)<br>研细的重铬酸钾 20g 溶于 40mL 水中，慢慢加入 360mL 浓硫酸 | 用于除去器壁上残留的油污，用少量洗液涮洗或浸泡一夜，洗液可重复使用<br>洗涤废液经处理解毒后方可排放 |
| (2) 工业盐酸[浓或(1+1)] | 用于洗去碱性物质及大多数无机物残渣 |
| (3)纯酸洗液<br>(1+1)、(1+2)或(1+9)的盐酸或硝酸(除去 Hg、Pb 等重金属杂质) | 用于除去微量的离子<br>常法洗净的仪器浸于纯酸洗液中 24h |
| (4) 碱性洗液<br>氢氧化钠 10%溶液 | 水溶液加热(可煮沸)使用，其去油效果较好；注意，煮的时间太长会腐蚀玻璃 |

续表

| 洗涤液及其配方 | 使用方法 |
|---|---|
| (5) 氢氧化钠-乙醇(或异丙醇)洗液<br>120g NaOH 溶于 150mL 水中，用 95% 乙醇稀释至 1L | 用于洗去油污及某些有机物 |
| (6) 碱性高锰酸钾洗液<br>30g/L 的高锰酸钾溶液和 1mol/L 的氢氧化钠的混合溶液 | 清洗油污或其他有机物质，洗后容器沾污处有褐色二氧化锰析出，再用浓盐酸或草酸洗液、硫酸亚铁、亚硫酸钠等还原剂去除 |
| (7) 酸性草酸或酸性羟胺洗液<br>称取 10g 草酸或 1g 盐酸羟胺溶于 100mL(1+4) 盐酸溶液中 | 洗涤氧化性物质，如洗涤高锰酸钾洗液后产生的二氧化锰，必要时加热使用 |
| (8) 硝酸—氢氟酸洗液<br>50mL 氢氟酸、100mL $HNO_3$、350mL 水混合，贮于塑料瓶中盖紧 | 利用氢氟酸对玻璃的腐蚀作用有效地去除玻璃、石英器皿表面的金属离子 |
| (9) 碘-碘化钾溶液<br>1g 碘和 2g 碘化钾溶于水中，用水稀释至 100mL | 洗涤用过硝酸银滴定液后留下的黑褐色沾污物，也可用于清洗沾过硝酸银的白瓷水槽 |
| (10) 有机溶剂<br>汽油、二甲苯、乙醚、丙酮、二氯乙烷等 | 可洗去油污或可溶于该溶剂的有机物质，用时要注意其毒性及可燃性<br>用乙醇配制的指示剂溶液的干渣可用盐酸-乙醇(1+2)洗液洗涤 |
| (11) 乙醇、浓硝酸<br>(不可事先混合!) | 用一般方法很难洗净的少量残留有机物可用此法：于容器内加入不多于 2mL 的乙醇，加入 4mL 浓硝酸，静置片刻，立即发生激烈反应，放出大量热及二氧化氮，反应停止后再用水冲洗，操作应在通风橱中进行，不可塞住容器，做好防护 |

3. 砂芯玻璃滤器的洗涤

(1) 新的滤器使用前应以热的盐酸或铬酸洗液边抽滤边清洗，再用蒸馏水洗净。可正置或倒置用水反复抽洗。

(2) 针对不同的沉淀物采用适当的洗涤剂先溶解沉淀，或反置用水抽洗沉淀物，再用蒸馏水冲洗干净，110℃烘干，升温和冷却过程都要缓慢进行，以防裂损。然后保存在无尘的柜或有盖的容器中，否则积累的灰尘和沉淀堵塞滤孔很难洗净。表 3 列出洗涤砂芯滤板的洗涤液可供选用。

**表 3 洗涤砂芯玻璃滤器常用的洗涤液**

| 沉淀物 | 洗 涤 液 |
|---|---|
| AgCl | (1+1) 氨水或 10% $Na_2S_2O_3$ 水溶液 |
| $BaSO_4$ | 100℃浓硫酸或用 EDTA-$NH_3$ 水溶液(500mL 3% EDTA 二钠盐与 100mL 浓氨水混合)加热近沸 |
| 汞渣 | 热浓 $HNO_3$ |
| 有机物质 | 铬酸洗液浸泡或温热洗液抽洗 |
| 脂肪 | $CCl_4$ 或其他适当的有机溶剂 |
| 细菌 | 5.7mL 化学纯浓 $H_2SO_4$、2g 化学纯 $NaNO_3$、94mL 纯水充分混匀，抽气并浸泡 48h 后以热蒸馏水洗净 |

4. 吸收池(比色皿)的洗涤

吸收池(比色皿)是光度分析中最常用的器件，要注意保护好透光面，拿取时手指应捏住毛玻璃面，不要接触透光面。

玻璃或石英吸收池在使用前要充分洗净，根据污染情况，可以用冷的或温热的(40~50℃)含阴离子表面活性剂的碳酸钠溶液(2%)浸泡，可加热 10min 左右。也可用硝酸、重铬酸钾洗液(测铬和紫外区测定时不用)、磷酸三钠、有机溶剂等洗涤。对于有色物质的污染可用 HCl(2mol/L)-乙醇(1+1)溶液洗涤。用自来水、实验室用纯水充分洗净后倒立在纱布或滤纸上控去水，如急用，可用乙醇、乙醚润洗后用吹风机吹干。

光度测定前可用柔软的棉织物或纸吸去光学窗面的液珠，将擦镜纸折叠为四层，轻轻擦拭至透明。

5. 特殊的洗涤方法

(1) 水蒸气洗涤法。有的玻璃仪器，主要是成套的组合仪器，可安装起来，用水蒸气蒸馏法洗涤一定时间。如凯氏微量定氮仪，使用前用装置本身发生的蒸气处理 5min。

(2) 测定微量元素用的玻璃器皿用 10% $HNO_3$溶液浸泡 8h 以上，然后用纯水冲净。测磷用的仪器不可用含磷酸盐的商品洗涤剂洗。测铬、锰的仪器不可用铬酸洗液、$KMnO_4$洗漓洗涤。

测铁用的玻璃仪器不能用铁丝柄毛刷刷洗，测锌、铁用的玻璃仪器酸洗后不能再用自来水冲洗。必须直接用纯水洗涤。

(3) 测定分析水中微量有机物的仪器可用铬酸洗液浸泡 15min 以上，然后用纯水、蒸馏水洗净。

(4) 用于环境样品中痕量物质提取的索氏提取器，在分析样品前，先用乙烷和乙醚分别回流 3~4h。

(5) 有细菌的器皿，可在 170℃用热空气灭菌 2h。

(6) 严重沾污的器皿可置于高温炉中于 400℃加热 15~30min。

## 二、工业分析实验室用水

在分析工作中经常要用到水，什么样的水才能符合要求呢？自来水是将天然水经过初步净化处理制得的，它仍然含有各种杂质，主要有各种盐类、有机物、颗粒物质和微生物等，因此只能用于初步洗涤仪器，作冷却或加热浴用水等，不能用于配制溶液及分析工作，为此，需要将水纯化，制备能满足分析实验室工作要求的纯水，这种纯水称为“分析实验室用水”，为了叙述方便，本章中也简称为“纯水”。

“分析实验室用水”有相应的国家标准，规定了其质量，具有一定的级别，可视为用量最大的试剂。不同的分析方法，如化学分析和仪器分析、常量分析和痕量分析等，要求使用不同级别的“分析实验室用水”。

关于目前市场上出售的作为饮用水的“纯净水”“蒸馏水”能否作为实验室用水规格，达到此规定标准的水方可用于化验工作。而分析实验室用水并不控制细菌等指标，因而不能作为饮用水。

### (一) 分析实验室用水的规格

我国国家标准 GB 6682—2008《分析实验室用水规格和试验方法》将适用于化学分析和

无机痕量分析等实验用水分为 3 个级别：一级水、二级水和三级水。表 4 列出了各级分析实验室用水的规格。

### （二）分析实验室用水的检验方法

1. pH 值范围

量取 100mL 水样，用 pH 计测定 pH 值（详见 GB 9724—2007）。

2. 电导率

用电导仪测定电导率。一级、二级水测定时，配备电极常数为 0.01~0.1$cm^{-1}$的“在线”电导池，使用温度自动补偿。三级水测定时，配备电极常数为 0.1~1$cm^{-1}$的电导池。

**表 4　分析实验室用水的规格**

| 项　目 | | 一级水 | 二级水 | 三级水 |
|---|---|---|---|---|
| 外观（目视观察） | | 无色透明液体 | | |
| pH 值范围（25℃） | | —① | —① | 5.0~7.5 |
| 电导率（25℃）/(mS/m) | ≤ | 0.01② | 0.10② | 0.50 |
| 可氧化物质（以 O 计）/(mg/L) | ≤ | —③ | 0.08 | 0.4 |
| 吸光度（254nm，1cm 光程） | ≤ | 0.001 | 0.01 | — |
| 蒸发残渣（105℃±2℃）/(mg/L) | ≤ | —③ | 1.0 | 2.0 |
| 可溶性硅（以 $SiO_2$ 计）/(mg/L) | < | 0.01 | 0.02 | — |

① 由于在一级水、二级水的纯度下，难于测定其真实的 pH 值，因此，对一级水、二级水的 pH 值范围不做规定。

② 一级水、二级水的电导率需用新的制备的水“在线”测定。

③ 由于在一级水的纯度下，难于测定可氧化物质和蒸发残渣，对其限量不做规定，可用其他条件和制备方法来保证一级水的质量。

3. 可氧化物质

量取 1000mL 二级水（或 200mL 三级水）置于烧杯中，加入 5.0mL（20%）硫酸（三级水加入 1.0mL 硫酸），混匀。加入 1.00mL 高锰酸钾标准滴定溶液（$C_{1/5KMnO_4}=0.01mol/L$），混匀，盖上表面皿，加热至沸并保持 5min，溶液粉红色不完全消失。

4. 吸光度

将水样分别注入 1cm 和 2cm 比色皿中，于 254nm 波长处，以 1cm 比色皿中的水样为参比，测定 2cm 比色皿中水样的吸光度。若仪器灵敏度不够，可适当增加测量比色皿的厚度。

5. 蒸发残渣

量取 1000mL 二级水（三级水取 500mL），分几次加入旋转蒸发器的 500mL 蒸馏瓶中，于水浴上减压蒸发至剩约 50mL 时转移至一个已于（105±2）℃烘至质量恒定的玻璃蒸发皿中，用 5~10mL 水样分 2~3 次冲洗蒸馏瓶，洗液合并入蒸发皿，于水浴上蒸干，并在（105±2）℃的电烘箱中干燥至恒重。残渣质量不得大于 1.0mg。

6. 可溶性硅

所用试剂如下。

（1）二氧化硅标准溶液：0.01mg/mL $SiO_2$。

（2）仲钼酸铵溶液：5g$(NH_4)_6Mo_7O_{24}\cdot 4H_2O$，加水溶解，加入 20mL $H_2SO_4$（20%）稀

释至 100mL。

（3）50g/L 草酸。

（4）对甲氨基酚硫酸盐(米吐尔)溶液：取 0.020g 对甲氨基酚硫酸盐，加 20.0g 焦亚硫酸钠，溶解并稀释至 100mL。有效期为 2 周。

以上 4 种溶液均贮于聚乙烯瓶中。

测定：量取 520mL 一级水(二级水取 270mL)，注入铂皿中，在防尘条件下亚沸蒸发至约 20mL，加 1.0mL 钼酸铵溶液，摇匀，放置 5min 后，加 1.0mL 草酸溶液，摇匀，再放置 1min 后，加 1.0mL 对甲氨基酚硫酸盐溶液，摇匀，转移至 25mL 比色管中，定容。于 60℃ 水浴中保温 10min，目视比色，溶液所呈蓝色不得深于 0.50mL 的 0.01mg/mL $SiO_2$ 标准溶液用水稀释至 20mL 经同样处理的标准比对溶液。

7. 简易检验方法

上述标准检验方法严格，但很费时；一般化验工作用的纯水可以只用电导率法或以下的化学方法检验。

（1）阳离子的检验。取水样 10mL 于试管中，加入 2~3 滴氨缓冲液(pH=10)，2~3 滴铬黑 T 指示剂，如水呈现蓝色，表明无金属阳离子(含有阳离子的水呈现紫红色)。

（2）氯离子的检验。取水样 10mL 于试管中，加入数滴硝酸银水溶液(1.7g 硝酸银溶于水中，加浓硝酸 4mL，用水稀释至 100mL)，摇匀，在黑色背景下看溶液是否变为白色浑浊，如无氯离子应为无色透明(注意：如硝酸银溶液未经硝酸酸化，加入水中可能出现白色或变为棕色沉淀，这是生成氢氧化银或碳酸银造成的)。

（3）指示剂法检验 pH 值。取水样 10mL，加甲基红 pH 指示剂 2 滴不显红色。另取水样 10mL，加溴麝香草酚蓝 pH 指示剂 5 滴，不显蓝色即符合要求。

用于测定微量硅、磷等的纯水，应该先对水进行空白试验，才可应用于配制试剂。

**（三）分析实验室用水的储存和选用**

经过各种方法制得的各种级别的分析实验室用水，纯度越高要求储存的条件越严格，成本也越高，应根据不同分析方法的要求合理选用。表 5 列出了国家标准中规定的各级水的制备方法、储存条件及使用范围。

**表 5　分析实验室用水的制备、储存及使用**

| 级　别 | 制备与储存① | 使　用 |
|---|---|---|
| 一级水 | 可用二级水经过石英设备蒸馏或离子交换混合床处理后，再经 0.2μm 微孔滤膜过滤制取<br>不可储存，使用前制备 | 有严格要求的分析实验，包括对颗粒有要求的试验，如高压液相色谱分析用水 |
| 二级水 | 可用多次蒸馏或离子交换等方法制取<br>储存于密闭的、专用聚乙烯容器中 | 无机痕量分析等试验，如原子吸收光谱分析用水 |
| 三级水 | 可用蒸馏或离子交换等方法制取<br>储存于密闭的、专用聚乙烯容器中，也可使用密闭的、专用玻璃窗口储存 | 一般化学分析试验 |

① 储存水的新容器在使用前需用盐酸溶液(20%)浸泡 2~3d，再用待储存的水反复冲洗，然后注满，浸泡 6h 以上方可使用。

## 三、化学试剂

化验室的分析测试工作经常要使用化学试剂，因此，了解化学试剂的分类、规格、性质及使用知识是非常必要的。

### （一）化学试剂的分类和规格

1. 化学试剂的分类

化学试剂品种繁多，目前还没有统一的分类方法：表6按试剂的化学组成或用途进行分类，可分为10类。

**表6　化学试剂的分类**

| 序　号 | 名　称 | 说　明 |
|---|---|---|
| 1 | 无机试剂 | 无机化学品。可细分为金属、非金属、氧化物、酸、碱、盐等 |
| 2 | 有机试剂 | 有机化学品。可细分为烃、醇、醚、醛、酮、酸、酯、胺等 |
| 3 | 基准试剂 | 我国将滴定分析用标准试剂称为基准试剂。pH 基准试剂用于 pH 计的校准（定位）。基准试剂是化学试剂中的标准物质，其主成分含量高，化学组成恒定 |
| 4 | 特效试剂 | 在无机分析中用于测定、分离被测组分的专用的有机试剂，如沉淀剂、显色剂、螯合剂、萃取剂等 |
| 5 | 仪器分析试剂 | 用于仪器分析的试剂，如色谱试剂和制剂、核磁共振分析试剂等 |
| 6 | 生化试剂 | 用于生命科学研究的试剂 |
| 7 | 指示剂和试纸 | 滴定分析中用于指示滴定终点，或用于检验气体或溶液中某些物质存在的试剂<br>试纸是用指示剂或试剂溶液处理过的滤纸条 |
| 8 | 高纯物质 | 用于某些特殊需要的材料，如半导体和集成电路的化学品、单晶，痕量分析用试剂，其纯度一般在4个“9”（99.99%）以上，杂质总量在0.01%以下 |
| 9 | 标准物质 | 用于分析或校准仪器用的有定值的化学标准品 |
| 10 | 液晶 | 既具有流动性、表面张力等液体的特征，又具有光学各向异性、双折射等固态晶体的特征 |

2. 化学试剂的规格

化学试剂的规格反映试剂的质量，试剂规格一般按试剂的纯度及杂质含量划分为若干级别。为了保证和控制试剂产品的质量，国家或有关部门制订和颁布了国家标准（代号GB）、原化学工业部部颁标准（代号HG）和原化学工业部部颁暂行标准（代号QB）。为了促进技术进步，增强产品竞争能力，我国化学试剂国家标准的修订逐步采用了国际标准或国外先进标准。

我国的化学试剂规格按纯度和使用要求分为高纯（有的叫超纯、特纯）、光谱纯、分光纯、基准、优级纯、分析纯和化学纯7种。国家和主管部门颁布质量指标的主要是后3种即优级纯、分析纯、化学纯。

国际纯粹化学和应用化学联合会（IUPAC）对化学标准物质分级的规定如表7所示。

我国试剂标准的基准试剂（纯度标准物质）相当于C级和D级。

为了满足各种分析检验的需要，我国已生产了很多种属于标准物质的标准试剂，见表8。

**表 7 IUPAC 对化学标准物质的分级**

| 级 别 | 标 准 |
|---|---|
| A 级 | 原子量标准 |
| B 级 | 和 A 级最接近的基准物质 |
| C 级 | 含量为(100±0.02)%的标准试剂 |
| D 级 | 含量为(100±0.05)%的标准试剂 |
| E 级 | 以 C 级或 D 级试剂为标准进行的对比测定所得的纯度或相当于这种纯度的试剂，比 D 级的纯度低 |

**表 8 主要的国产标准试剂**

| 类 别 | 相当于 IUPAC 的级 | 主要用途 |
|---|---|---|
| 容量分析第一基准 | C | 工作基准试剂的定值 |
| 容量分析工作基准 | D | 容量分析标准溶液的定值 |
| 杂质分析标准溶液 | | 仪器及化学分析中作为微量杂质分析的标准 |
| 容量分析标准溶液 | E | 容量分析法测定物质的含量 |
| 一级 pH 基准试剂 | D | pH 计的校准(定位) |
| 热值分析标准 | | 热值分析仪的标定 |
| 气相色谱标准 | | 气相色谱法进行定性和定量分析的标准 |
| 临床分析标准溶液 | | 临床化验 |
| 农药分析标准 | | 农药分析 |
| 有机元素分析标准 | E | 有机物元素分析 |

下面介绍各种规格试剂的应用范围。

基准试剂(容量)是一类用于标定滴定分析标准溶液的标准物质，可作为滴定分析中的基准物用，也可精确称量后用直接法配制标准溶液。基准试剂主成分含量一般为 99.95%~100.05%，杂质含量略低于优级纯或与优级纯相当。

优级纯主成分含量高，杂质含量低，主要用于精密的科学研究和测定工作。

分析纯主成分含量略低于优级纯，杂质含量略高，用于一般的科学研究和重要的测定工作。

化学纯品质较分析纯差，但高于实验试剂，用于工厂、教学实验的一般分析工作。

实验试剂杂质含量更多，但比工业品纯度高。主要用于普通的实验或研究。

高纯、光谱纯及纯度 99.99%(4 个“9”也用 4N 表示)以上的试剂，主要成分含量高，杂质含量比优级纯低，且规定的检验项目多。主要用于微量及痕量分析中试样的分解及试液的制备。

分光纯试剂要求在一定波长范围内干扰物质的吸收小于规定值。

**(二) 化学试剂的合理选用**

应根据不同的工作要求合理地选用相应级别的试剂。因为试剂的价格与其级别及纯度关系很大，在满足实验要求的前提下，选用试剂的级别就低不就高。痕量分析要选用高纯或优级纯试剂，以降低空白值和避免杂质干扰，同时，对所用纯水的制取方法和仪器的洗涤方法也应有特殊的要求。化学分析可使用分析纯试剂。有些教学实验，如酸碱滴定也可用化学纯试剂代替。但配位滴定最好选用分析纯试剂，因试剂中有些杂质金属离子封闭指示剂，使终点难以观察。

对分析结果准确度的要求高的工作，如仲裁分析、进出口商品检验、试剂检验等，可选用优级纯、分析纯试剂。车间控制分析可选用分析纯、化学纯试剂。制备实验、冷却浴或加热浴用的药品可选用工业品。

表 9 汇集了我国国家标准中提到的部分仪器分析方法要求使用的试剂规格，供选用试剂时参考。

**表 9　部分仪器分析方法应选用的试剂规格**

| 分析方法 | 试剂规格 | 引用标准 |
|---|---|---|
| 气相色谱法 | 标准样品主体含量不得低于 99.9% | GB 9722—2006 |
| 分子吸收分光光度法(紫外可见) | 规定了有机溶剂在使用波长下的吸光度 | GB 9721—2006 |
| 阳极溶出伏安法 | 规定试剂为高纯度试剂，高纯度氮气 | GB 3914—2008 |
| 无火焰(石墨炉)原子吸收光谱法 | 优级纯硝酸 | CBZ/T 316.1—2018 |
| 电感耦合等离子体质谱法 | 优级纯硝酸 | GBZ/T 316.2—2018 |

化学试剂虽然都按国家标准检验，但不同制造厂或不同产地的化学试剂在性能上有时表现出某种差异，有时因原料不同，非控制项目的杂质会造成干扰或使实验出现异常现象。故在做科学实验时要注意产品厂家。另外，在标签上都印有“批号”，不同批号的产品因其制备条件不同，性能也有不同，在某些工作中，不同批号的试剂应做对照试验。在选用紫外光谱用溶剂、液相色谱流动相、色谱载体、吸附剂、指示剂、有机显色剂及试纸时应注意试剂的生产厂家及批号并做好记录，必要时应做专项检验和对照试验。

应该指出，未经药理检验的化学试剂是不能作为医药使用的。

## 第三节　工业分析实验室安全知识

我们国家一贯重视安全与劳动保护工作。保护实验人员的安全和健康，防止环境污染，保证实验室工作安全而有效的进行是实验室管理工作的重要内容。根据化学分析化验工作的特点，实验室安全包括防火、防爆、防毒、防腐蚀、保证压力窗口和气瓶的安全、电气安全和防止环境污染等方面。

### 一、防止中毒、化学灼伤、割伤

(1) 一切药品和试剂要有与其内容相符的标签。剧毒药品严格遵守保管、领用制度。发生撒落时，应立即收起并做解毒处理。

(2) 严禁试剂入口及以鼻直接接近瓶口进行鉴别。如需鉴别，应将试剂瓶口远离鼻子，以手轻轻煽动，稍闻即止。

(3) 处理有毒的气体、产生蒸气的药品及有毒有机溶剂(如氮氧化物、溴、氯、硫化物、汞、砷化物、甲醇、乙腈、吡啶等)，必须在通风橱内进行。取有毒试样时必须站在上风口。

(4) 取用腐蚀性药品，如强酸、强碱、浓氨水、浓过氧化氢、氢氟酸、冰乙酸和溴水等，尽可能戴上防护眼镜和手套，操作后立即洗手。如瓶子较大应一手托住底部，一手拿住瓶颈。

(5) 稀释硫酸时，必须在烧杯等耐热容器中进行，必须在玻璃棒不断搅拌下，缓慢地将酸加入水中！溶解氢氧化钠、氢氧化钾等时，大量放热，也必须在耐热的容器中进行。浓酸和浓碱必须在各自稀释后再进行中和。

(6) 取下沸腾的水或溶液时，需先用烧杯夹夹住摇动后再取下，以防使用时液体突然剧烈沸腾溅出伤人。

(7) 切割玻璃管(棒)及将玻璃管、温度计插入橡皮塞时易受割伤，应按规程操作，垫以厚布。向玻璃管上套橡皮管时，应选择合适直径的橡皮管，玻璃管口先烧圆滑并以水、肥皂水润湿。把玻璃管插入橡皮塞时，应握住塞子的侧面进行。

## 二、防火、防爆

(1) 实验室内应备有灭火用具、急救箱和个人防护器材。实验人员要熟知这些器材的使用方法。

(2) 燃气灯及燃气管道要经常检查是否漏气。如果在实验室已闻到燃气的气味，应立即关闭阀门，打开门窗，不要接通任何电器开关(以免发生火花)，禁止用火焰在燃气管道上寻找漏气的地方，应该用家用洗涤剂水或肥皂水来检查漏气。

(3) 操作、倾倒易燃液体时应远离火源，瓶塞打不开时，切忌用火加热或贸然敲打。倾倒易燃液体时要有防静电措施。

(4) 加热易燃溶剂必须在水浴或严密的电热板上缓慢进行，严禁用火焰或电炉直接加热。

(5) 点燃燃气灯时，必须先关闭风门，划着火柴，再开燃气，最后调节风量。停用时要先闭风门。不依次序，就有发生爆炸和火灾的危险。还要防止燃气灯内燃。

(6) 使用酒精灯时，注意切勿装满，应不超过容量的 2/3，灯内酒精不足 1/4 容量时，应灭火后添加酒精。要熄灭燃着的灯焰时应用灯帽盖灭，不可用嘴吹灭，以防引起灯内酒精起燃。酒精灯应用火柴点燃，不应用另一正燃的酒精灯来点，以防失火。

(7) 易爆炸类药品，如苦味酸、高氯酸、高氯酸盐、过氧化氢等应放在低温处保管，不应和其他易燃物放在一起。

(8) 蒸馏可燃物时，应先通冷却水后通电。要时刻注意仪器和冷凝器的工作是否正常。如需往蒸馏器内补充液体，应先停止加热，放冷后再进行。

(9) 易发生爆炸的操作不得对着人进行，必要时操作人员应戴面罩或使用防护挡板。

(10) 身上或手上沾有易燃物时，应立即清洗干净，不得靠近灯火，以防着火。

(11) 严禁可燃物与氧化剂一起研磨。工作中不要使用不知其成分的物质，因为反应时可能形成危险的产物(包括易燃、易爆或有毒产物)。在必须进行性质不明的实验时，应尽量先从最小剂量开始，同时要采取安全措施。

(12) 易燃液体的废液应设置专用储器收集，不得倒入下水道，以免引起燃爆事故。

(13) 燃气灯、电炉周围严禁有易燃物品。电烘箱周围严禁放置可燃、易燃物及挥发性易燃液体。不能烘烤能放出易燃蒸气的物料。

## 三、灭火

一旦发生火灾，实验人员要临危不惧，冷静沉着，及时采取灭火措施。若局部起火，应立即切断电源，关闭燃气阀门，用湿抹布或石棉布覆盖熄灭。若火势较猛，应根据具体情况，选用适当的灭火器灭火，并立即拨打火警电话，请求救援。

我国对火灾采用国际标准化组织的分类方法，根据燃烧物的性质，将火灾分为A、B、C、D四类。A类火灾是指由固体物质燃烧发生的火灾。发生A类火灾的物质包括：木材、棉、麻等纤维材料，丝、毛等含蛋白材料，合成纤维、塑料、橡胶等。B类火灾是指由液体物质和在燃烧条件下可熔化的固体物质燃烧所产生的火灾。产生B类火灾的物质包括：石油及石油工业产品，如原油、汽油、煤油、柴油、燃料油、苯、萘等含有烷烃的有机液体；醇、酯、醚、酮、胺等极性液体；沥青、石蜡、油脂等固体材料。C类火灾是指由气体物质燃烧造成的火灾。常见的产生C类火灾的气体有煤气、天然气、乙烷、丁烷、乙烯、氢气等。D类火灾是指由金属燃烧产生的火灾，常见产生D类火灾的物质有镁、钠、钾等碱金属或轻金属。

燃烧必须具备三个要素——着火源、可燃物、助燃剂(如氧气)。灭火就是要去掉其中一个因素。水是最廉价的灭火剂，适用于一般木材、各种纤维及可溶(或半溶)于水的可燃液体着火。砂土的灭火原理是隔绝空气，用于不能用水灭火的着火物。实验室应备干燥的砂箱。石棉毯或薄毯的灭火原理也是隔绝空气，用于扑灭人身上燃着的火。

实验室应配备灭火器，各种灭火器适用的火灾类型及场所不同，常用的灭火器及适用范围见表10。实验室应该选择适用的灭火器，实验人员都应熟知灭火器的使用方法，灭火器材应定期检查，按有效期更换灭火剂。

**表10　常用灭火器及适用范围**

| 灭火器 | 灭火剂 | 适用范围 |
|---|---|---|
| 二氧化碳灭火器 | 液化二氧化碳(气态的清洁灭火剂) | 用于扑救油类、易燃液、气体和电气设备的初起火灾，人员应避免长期接触 |
| 干粉灭火器 | ABC型为内装磷酸铵盐干粉灭火剂，BC型为内装碳酸氢钠干粉灭火剂以氮气为驱动气体 | 用于扑救油类、可燃液、气体和电气设备的初起火灾，灭火速度快 |
| 合成泡沫 | 发泡剂为蛋白、氟碳表面活性剂等 | 用于扑救非水溶性可燃液体、油类和一般固体物质火灾 |

## 四、化学毒物及中毒的救治

1. 毒物

某些侵入人体的少量物质引起局部刺激或整个机体功能障碍的任何疾病都称为中毒，这类物质称为毒物。根据毒物侵入的途径，中毒分为摄人中毒、呼吸中毒和接触中毒。接触中毒和腐蚀性中毒有一定区别，接触性中毒是使接触它的那一部分组织立即受到伤害。

毒物的剂量与效应之间的关系称为毒物的毒性，习惯上用半致死剂量($LD_{50}$)或半致死浓度($LC_{50}$)作为衡量急性中毒大小的指标，将毒物的毒性分为剧毒、高毒、中等毒、低毒和微毒五级。上述分级未考虑其慢性毒性及致癌作用，我国国家标准 GBZ 230—2010《职业性接触毒物危害程度分级》根据毒物的 $LD_{50}$ 值、急慢性中毒的状况与后果、致癌性、工作场所最高允许浓度等 6 项指标全面权衡，将毒物的危害程度分为 Ⅰ～Ⅳ级，分级依据见表 11，该表列出了该标准对我国常见的 56 种毒物的危害程度分级。

**表 11　职业性接触毒物的危害程度分级**

| 级　别 | 毒 物 名 称 |
|---|---|
| Ⅰ级(极度危害) | 汞及其倾倒物、苯、砷及其无机化合物、氯乙烯、铬酸盐与重铬酸盐、铍及其化合物、羰基镍、八氟异丁烯、氯甲醚、氰化物、丙烯腈、硫酸二甲酯、甲苯二异氰酸酯 |
| Ⅱ级(高度危害) | 铅及其化合物、二硫化碳、氯、硫化氢、甲醛、苯胺、氟化氢、五氯酚及其钠盐、镉及其化合物、溴甲烷、金属镍、环氧氯丙烷、砷化氢、敌敌畏、光气、氯丁二烯、一氧化碳、钒及其化合物、黄磷、对硫磷、氮氧化物、硝酸、盐酸、三氢乙烯、苯酚 |
| Ⅲ级(中度危害) | 苯乙烯、硫酸、甲苯、二甲苯、二甲基甲酰胺、六氟丙烯、三硝基甲苯、四氯化碳、硝基苯、锰及其化合物、四氟乙烯、氨、敌百虫、氯丙烯 |
| Ⅳ级(轻度危害) | 溶剂汽油、丙酮、氢氧化钠、甲醇 |

2. 中毒症状与救治方法

实验室人员应了解毒物的侵入途径、中毒症状和急救办法。在工作中贯彻预防为主的方针，减少化学毒物引起的中毒事故。一旦发生中毒时能争分夺秒地(这是关键!)、正确地采取自救互救措施，力求在毒物被吸收之前实施抢救，直至医生到来。表 12 简要地列出了部分化学毒物的中毒症状及救治办法，供参考。

实验室接触毒物造成中毒的可能发生在取样、管道破裂或阀门损坏等意外事故；样品溶解时通风不良；有机溶剂萃取、蒸馏等操作中发生意外；实验过程违犯安全操作规程。预防中毒的主要措施是：①熟悉所使用的仪器、试剂的安全性能，严格执行安全操作规程；②改进实验设备与实验方法，尽量采用低毒品代替高毒品；③有符合要求的通风设施将有害气体排除；④消除二次污染源，即减少有毒蒸气的逸出及有毒物质的洒落、泼溅；⑤选用必要的个人防护用具，如眼镜、防护油膏、防毒面具、防护服装等。

**表 12　常见化学毒物的急性致毒作用与救治方法(严重者现场急救处理后速送医院)**

| 分类 | 名　称 | 主要致毒作用与症状 | 救治方法 |
|---|---|---|---|
| 酸 | 硫酸、盐酸、硝酸 | 接触：硫酸局部红肿痛，重者起水泡、呈烫伤症状；硝酸、盐酸腐蚀性小于硫酸<br>吞服：强烈腐蚀口腔、食道、胃黏膜 | 立即用大量流动清水冲洗，再用 2%碳酸氢钠水溶液冲洗，然后清水冲洗<br>初服可洗胃，时间长忌洗胃，以防穿孔；应立即服 60mL 7.5%氢氧化镁悬液，200mL 鸡蛋清调水或牛奶 |
| | 氢氟酸 | 局部烧灼感，开始疼痛，较小不易察觉；氢氟酸渗入指甲，剧痛<br>眼烧伤 | 立即用大量水冲洗，将伤处浸入：①0.1%～0.133%氯化苄烷铵水或乙醇溶液(冰镇)；②饱和硫酸镁溶液(冰镇)；③70%乙醇溶液(冰镇)。上述方法任选一种，①的效果最佳<br>大量清洁冷水淋洗，每次 15min，间隔 15min |

续表

| 分类 | 名　称 | 主要致毒作用与症状 | 救治方法 |
| --- | --- | --- | --- |
| 强碱 | 氢氧化钠、氢氧化钾 | 接触：强烈腐蚀性，化学烧伤<br>吞服：口腔、食道、胃黏膜糜烂 | 迅速用水、柠檬汁、2%乙酸或2%硼酸水溶液洗涤<br>禁洗胃或催吐，给服500mL稀乙酸或柠檬汁，或100~500mL 0.5%盐酸，再服蛋清水、牛奶、淀粉糊、植物油等 |
| 无机物 | 汞及其化合物 | 大量吸入汞蒸气或吞食二氯化汞等汞盐；引起急性汞中毒，表现为恶心、呕吐、腹痛、腹泻、全身衰弱、尿少或尿闭甚至死亡<br>汞蒸气慢性中毒症状：头晕、头痛、失眠等神经衰弱症候群；植物神经功能紊乱、口腔炎及消化道症状及震颤<br>皮肤接触 | 误服者不得用生理盐水洗胃，迅速灌服蛋清水、牛奶或豆浆送医院治疗<br>脱离接触汞的岗位，医院治疗<br>用大量水冲洗后，湿敷3%~5%硫代硫酸钠溶液，不溶性汞化合物用肥皂和水洗 |
| | 砷及其化合物 | 皮肤接触<br>吞服：恶心、呕吐、腹痛、剧烈腹泻粉尘和气体也可引起慢性中毒 | 用肥皂和水冲洗，皮炎可涂2.5%二巯基丙醇油膏<br>立即洗胃、催吐，洗胃前服新配氢氧化铁溶液(12%硫酸亚铁与20%氧化镁混悬液等量混合)催吐，或服蛋清水或牛奶，导泻，医生处置 |
| | 氰化物 | 皮肤烧伤<br>吸入氰化氢或吞食氰化物，量大者造成组织细胞窒息。呼吸停止而死亡<br>急性中毒：胸闷、头痛、呕吐、呼吸困难、昏迷<br>慢性中毒：神经衰弱症状、肌肉酸痛等 | 大量水冲洗，依次用万分之一的高锰酸钾和硫化铵洗涤，或用0.5%硫代硫酸钠冲洗<br>用亚硝酸异戊酯、亚硝酸钠、硫代硫酸钠解毒(医生进行) |
| | 铬酸、重铬酸钾等铬化合物 | 铬酸、重铬酸钾对黏膜有剧烈的刺激作用，产生炎症和溃疡；铬的化合物可以致癌<br>吞服中毒(略) | 用5%硫代硫酸钠溶液清洗受污染皮肤 |
| 有机化合物 | 石油烃类(石油产品中的各种饱和或不饱和烃) | 吸入高浓度汽油蒸气，出现头痛、头晕、心悸、神志不清等<br>汽油对皮肤有脂溶性和刺激性皮肤干燥、皲裂，个别人起红斑、水疱<br>石油烃能引起呼吸、造血、神经系统慢性中毒症状<br>某些润滑油和石油残渣长期刺激皮肤可能引发皮肤癌 | 移至新鲜空气处，重症可给予吸氧<br>温水清洗<br>医生治疗<br>涂5%炉甘石洗剂 |
| | 苯及其同系物(如甲苯) | 吸入蒸气及皮肤渗透<br>急性：头晕、头痛、恶心，重者昏迷、抽搐甚至死亡<br>慢性：损害造血系统、神经系统 | 皮肤接触用清水洗涤<br>人工呼吸、输氧，医生处理 |

续表

| 分类 | 名　称 | 主要致毒作用与症状 | 救治方法 |
| --- | --- | --- | --- |
| 有机化合物 | 三氯甲烷 | 皮肤接触：干燥、皲裂<br>吸入高浓度蒸气急性中毒、眩晕、恶心、麻醉<br>慢性中毒：肝、心、肾损害 | 皮肤皲裂者选用10%尿素冷霜<br>脱离现场，吸氧，医生处置 |
|  | 四氯化碳 | 接触：皮肤因脱脂而干燥、皲裂<br>吸入，急性：黏膜刺激、中枢神经系统抑制和胃肠道刺激症状<br>慢性：神经衰弱症候群，损害肝、肾 | 2%碳酸氢钠或1%硼酸溶液冲洗皮肤和眼<br>脱离中毒现场急救，人工呼吸、吸氧 |
|  | 甲醇 | 吸入蒸气中毒，也可经皮肤吸收<br>急性：神经衰弱症状，视力模糊、酸中毒症状<br>慢性：神经衰弱症状，视力减弱，眼球疼痛<br>吞服15mL可导致失明，70～100mL致死 | 皮肤污染用清水冲洗<br>溅入眼内，立即用2%碳酸氢钠冲洗<br>误服，立即用3%碳酸氢钠溶液充分洗胃后医生处置 |
|  | 芳胺、芳族硝基化合物 | 吸入或皮肤渗透<br>急性中毒致高铁血红蛋白症、溶血性贫血及肝脏损害 | 皮肤接触用温肥皂水（忌用热水）洗，苯胺可用5%乙酸或70%乙醇洗 |
| 氮氧化物气体 | 氮氧化物 | 呼吸系统急性损害<br>急性中毒：口腔、咽喉黏膜、眼结膜充血、头晕、支气管炎、肺炎、肺水肿<br>慢性：呼吸道病变 | 移至新鲜空气处，必要时吸氧 |
|  | 二氧化硫、三氧化硫 | 对上呼吸道及眼结膜有刺激作用；结膜炎、支气管炎、胸痛、胸闷 | 移至新鲜空气处，必要时吸氧，用2%碳酸氢钠洗眼 |
| 气体 | 硫化氢 | 眼结膜、呼吸及中枢神经系统损害<br>急性：头晕、头痛甚至抽搐昏迷；久闻不觉其气味更具危险性 | 移至新鲜空气处，必要时吸氧<br>生理盐水洗眼 |

## 五、实验室安全守则

（1）化验室应配备足够数量的安全用具，如砂箱、灭火器、灭火毯、冲洗龙头、洗眼器、护目镜、防护屏、急救药箱（备创可贴、碘酒、棉签、纱布及本实验室使用药品可能发生事故的急救药，如2%碳酸氢钠溶液、2%硼酸溶液、5%乙酸溶液等）。每位工作人员都应知道这些用具放置的位置和使用方法。每位工作人员还应知道实验室内燃气阀、水阀和电开关的位置，以备必要时及时关闭。

（2）分析人员必须认真学习分析规程和有关的安全技术规程，了解设备性能及操作中可能发生事故的原因，掌握预防和处理事故的方法。

(3) 进行有危险性的工作，如危险物料的现场取样、易燃易爆物品的处理、焚烧废液等应有人陪伴，陪伴者应处于能清楚看到工作地点的地方并观察操作的全过程。

(4) 玻璃管与胶管、胶塞等拆装时，应先用水润湿，手上垫棉布，以免玻璃管折断扎伤。

(5) 打开浓盐酸、浓硝酸、浓氨水试剂瓶塞时带防护用具，在通风橱中进行。

(6) 夏季打开易挥发溶剂瓶塞前，应先用冷水冷却，瓶口不要对着人。

(7) 稀释浓硫酸的容器，烧杯或锥形瓶要放在塑料盆中，只能将浓硫酸慢慢倒入水中，不能相反！必要时用水冷却。

(8) 蒸馏易燃液体严禁用明火。蒸馏过程中不得离人，以防温度过高或冷却水突然中断。

(9) 实验室内每瓶试剂必须贴有明显的与内容物相符的标签。严禁将用完的原装试剂空瓶不更新标签而装入别的试剂。

(10) 操作中不得离开岗位，必须离开时要委托能负责任者看管。

(11) 实验室内禁止吸烟、进食，不能用实验器皿处理食物。离室前用肥皂洗手。

(12) 工作时应穿工作服，长发要扎起，不应在食堂等公共场所穿工作服。进行有危险性的工作要加戴防护用具，最好能做到做实验时都戴上防护眼镜。

(13) 每日工作完毕检查水、电、气、窗，进行安全登记后方可锁门。

## 复习题

1. 熟悉实验室用器皿、试剂、水的基础知识。
2. 对精密仪器室及化学分析室的建筑环境和内部设施有哪些设计要求？
3. 实验室存放药品要注意哪些问题？
4. 怎样预防火灾和爆炸？化验室一旦失火要采取哪些紧急措施？
5. 说出实验室几种常见毒物沾污到皮肤上紧急处置的方法。
6. 在气瓶安全使用、安全用电及实验室一般安全守则方面必须遵守哪些规定？

# 第一模块　水质检测分析

## 学习任务

| | |
|---|---|
| 任务目标 | 1. 知识目标<br>(1) 了解水质标准的常见指标<br>(2) 具备对常用指标测定的能力<br>(3) 熟悉各个指标测定的原理 |
| | 2. 能力目标<br>(1) 能正确按步骤操作，完成实验<br>(2) 测定的准确性达到要求<br>(3) 对测定的技术条件有正确认识 |
| | 3. 素质目标<br>具备运用学习的技术解决实际问题的能力 |
| 任务内容 | 1. 讲述实验原理，各步骤的意义及相关知识<br>2. 讲述实验控制条件的意义 |

## 任务分析

本模块是通过学习掌握对常见水质指标的测定技术。对不同的方法也要有所了解。具体提要求：

1. 学会每个实验的操作技术；
2. 学会各个化学试剂的配置方法；
3. 学会在实践中能运用学会的技术服务社会。

## 知识链接

### 一、水质和水质污染

水是人类赖以生存的主要物质之一，除供饮用外，大量用于生活和工农业生产。水质是指水和水中所含的杂质共同表现出来的综合特征。描述水质量的参数称为水质指标。水质检测是指测定水质指标的过程。水质检测包括地表水和地下水检测、水污染源检测和沉积物检测。

由于人类的生活和生产活动，将大量废水、生活用水排入江、河、湖海，造成了水源的污染，引起水质恶化。

水质污染分为化学型污染、物理型污染和生物型污染三种主要类型。本章主要涉及水的物理型污染，即包括色度和浊度物质污染、悬浮固体污染、热污染等。色度和浊度物质主要来源于植物的叶、根、腐殖质、可溶性矿物质、泥沙及有色废水等；热污染是由于将较高温度的废水、冷却水排入水体中，引起水体温度的变化；悬浮固体污染是因生活污水、垃圾和一些工农业生产排放的废物泄入水体或农田水土流失造成的；生活污水、工业废水等排入水体中可造成水体中离子浓度增大而使水体水质污染。

**二、水质物理性质检测的基本项目**

水质物理性质检测基本项目包括：由于热污染造成的水温变化而需测定水温；由于色度和浊度物质污染造成水体颜色、浊度、透明度变化而需测定水样的颜色、浊度和透明度；由于悬浮固体污染造成水体悬浮物、残渣过多而测定水样的残渣；由于工农业废水、生活污水的排放造成水体的酸度、离子浓度变化而需测定水样的pH值和电导率等。

**三、水质检测的方法**

常用水质检测的方法有物理法、化学法、电化学法等。本章主要用物理方法检测水样中各相关物理性质指标。对于水样水温、pH值、水样的颜色和浊度等项目在取样现场测定。

**四、水质检测基本程序**

(1) 水质检测方案的制订(主要有对检测对象的调查研究和资料的收集、确定检测项目、确定采样点和采样时间及频次等)。

(2) 现场采集水样及水质指标中某些指标的测定。

(3) 水样的运输和保存。

(4) 化验室测定。

(5) 数据处理和报告书写。

# 实验一　废水色度测定

**知识链接**

天然水和轻度污染的水可用铂钴比色法测定色度。工业有色废水常用稀释倍数法、文字描述法以及用三刺激值法(又称为分光光度法)测定色度。这些方法可以比较科学和完整地描述废水的颜色特征。

水是无色透明的，当水中存在某些物质时，会表现出一定的颜色。溶解性的有机物、部分无机离子和有色悬浮微粒均可使水着色。本实验通过测定水样的色度，对水的现存状态进行定性分析。

## 铂钴比色法

### 一、实验原理

用氯铂酸钾和氯化钴配成标准色列，与被测水样的颜色进行比较。规定 1mg/L 以氯铂酸离子形式存在的铂所产生的颜色，称为 1 度。

### 二、仪器

(1) 50mL 高型比色管。

(2) pH 值酸度计。

### 三、试剂

铂钴标准溶液：称取 1.246g 氯铂酸钾($K_2PtCl_6$)及 1.000g 氯化钴($CoCl_{12} \cdot 6H_2O$)溶于 100mL 蒸馏水中，加 100mL 浓盐酸，用水稀释至 1000mL。此标准溶液相当于色度 500 度。

### 四、测定步骤

(1) 标准色列的配制：向 12 支比色管中加入铂钴标准溶液 0.5mL、1.0mL、1.5mL、2.0mL、2.5mL、3.0mL、3.5mL、4.0mL、4.5mL、5.0mL、6.0mL、7.0mL，用蒸馏水稀释至标线。其色度分别为 5 度、10 度、15 度、20 度、25 度、30 度、35 度、40 度、45 度、50 度、60 度、70 度。若封住管口，可长期保存。

(2) 水样测量：取 50mL 澄清水样(若混浊，先经离心处理，取澄清的上清液)，置于比色管中，与标准铂钴色列进行比较。

比较时，在自然光下，比色管底部衬一张白纸或白色瓷板，使光线由液柱底部向上透过，分析者对着比色管液面，自上而下地观察，记下色度。

如水色超过 70 度，可取适量水样用蒸馏水稀释后比色，直至颜色在标准色列内，记录色度。

(3) 测量水样的 pH 值(与测色度同时进行)。

### 五、计算

水样色度=相当于铂钴标准色列的色度×水样稀释倍数

### 注意事项

若无氯铂酸钾，可用重铬酸钾代替。制备标准溶液的方法为：称取 0.0437g 重铬酸钾($K_2Cr_2O_7$)及 1.000g 硫酸钴($CoSO_4 \cdot 7H_2O$)，溶于少量蒸馏水中，加入 0.50mL 浓硫酸，用蒸馏水稀释至 500mL，此溶液色度为 500 度。

## 有色废水颜色的测定及研究(三刺激值法)

通过实验了解有色废水颜色(彩色和非彩色)的特性以及颜色的完整描述方法。掌握分光光度法测定的操作技术及染料溶液混合变化规律。

## 一、实验原理

按国际照明委员会(CIE)规定，用分光光度法测定有色废水的三刺激值，然后查图和表，求出废水的色调(红、黄、绿等)，用主波长表示，亮度用明度表示，饱和度(深、浅淡等)用纯度表示。明度在0.3以下可不必表示彩度，属于非彩色的黑白系列。

## 二、仪器和试剂

(1) 仪器：分光光度计、过滤系统、250mL带支管的滤瓶、坩埚的托架、金属微滤网过滤坩埚(平均孔隙度40μm)、煅烧过的助滤剂、真空系统。

(2) 试剂：不同颜色的直接染料和阳离子染料，按情况分别配成0.1~1.0mg/L。备用。

根据表1.1所列，从主波长查出色调。

**表1.1　各种主波长范围色调**

| 波长范围/nm | 颜色 | 波长范围/nm | 颜　色 |
|---|---|---|---|
| 400~465 | 紫 | 580~587 | 黄 |
| 465~482 | 蓝 | 587~598 | 橙 |
| 482~497 | 蓝绿 | 598~620 | 红 |
| 497~530 | 绿 | 620~700 | 红 |
| 530~575 | 黄绿 | 400~530 | 蓝紫 |
| 575~580 | 黄 | 530~700 | 红紫 |

## 三、结果

用主波长(nm)，颜色色调、明度和纯度表示废水(或溶液)在pH值为7.6和原来pH值的颜色特性，若明度小于0.3则为黑白系列，可不必表示色调。

对彩色可写作：$H \cdot V/C$=色调·明度值/纯度。

对黑白系列中性色可写作：$N \cdot V/C$=中性色·明度值/纯度。

## 思考题

1. 作纯染料溶液浓度-透光率(或吸光度)曲线。
2. 比较混合色和原色的颜色特性变化关系。
3. 从1和2可得到什么结论？

# 实验二　水中化学需氧量的测定

**知识链接**

化学需氧量(COD)，是指在一定条件下，用强氧化剂处理水样时所消耗的氧化剂的量，以每升水中含氧的毫克数表示。水中还原性物质包括有机物、亚硝酸盐、亚铁盐、硫化物等。通过化学需氧量的测定，可反映水中受还原性物质污染的程度。对于工业废水，我国规定用重铬酸钾法，其测得的值称为化学需氧量($COD_{Cr}$)。水样的化学需氧量，可受加入氧化剂的种类及浓度，反应溶液的酸度、反应温度和时间，以及催化剂的有无而获得不同的结果。因此，化学需氧量亦是一个条件指标，必须严格按操作步骤进行。

## 重铬酸钾法及高锰酸盐指数

### 重铬酸钾法测定水中化学需氧量

#### 一、实验原理

在强酸性溶液中，一定量的重铬酸钾氧化水样中还原性物质，过量的重铬酸钾以试亚铁灵做指示剂，用硫酸亚铁铵溶液回滴。根据用量算出水样中还原性物质消耗氧的量。

#### 二、仪器

(1) 回流装置：带250mL锥形瓶的玻璃回流装置(图略)，如取样量在30mL以上，采用500mL锥形瓶的玻璃回流装置。

(2) 加热装置：电热板或变阻电炉。

(3) 50mL酸式滴定管。

#### 三、试剂

(1) 重铬酸钾标准溶液($C_{1/6K_2Cr_2O_7}=0.2500mol/L$)：称取预先在120℃烘干2h的基准或优级纯重铬酸钾12.2580g溶于水中，移入1000mL容量瓶中，稀释至标线，摇匀。

(2) 试亚铁灵指示液：称取1.485g邻菲罗啉($C_{12}H_8N_2 \cdot H_2O$)，0.695g硫酸亚铁($FeSO_4 \cdot 7H_2O$)溶于水中，稀释至100mL，贮于棕色瓶内。

(3) 硫酸亚铁铵标准溶液[$(NH_4)_2Fe(SO_4)_2 \cdot 6H_2O \approx 0.1mol/L$]：称取39.5g硫酸亚铁铵溶于水中，边搅拌边缓慢加入20mL浓硫酸，冷却后移入1000mL容量瓶中，加水稀释至标线，摇匀。临用前，用重铬酸钾标准溶液标定。

标定方法：准确吸取 10.00mL 左右重铬酸钾标准溶液于 500mL 锥形瓶中，加水稀释至 110mL 左右，缓慢加入 30mL 浓硫酸，混匀。冷却后，加入 3 滴试亚铁灵指示剂（约 0.15mL），用硫酸亚铁铵溶液滴定，溶液的颜色由黄色经蓝绿色至红褐色即为终点。

$$C_{[(NH_4)_2Fe(SO_4)_2]}=\frac{0.2500\times 10.00}{V}$$

式中　$C_{[(NH_4)_2Fe(SO_4)_2]}$——硫酸亚铁铵溶液的浓度，mol/L；

$V$——硫酸亚铁铵标准滴定溶液的用量，mL。

（4）硫酸-硫酸银溶液：于 2500mL 浓硫酸中加入 25g 硫酸银，放置 1~2d，不时摇动使其溶解（如无 2500mL 容器，可在 500mL，浓硫酸中加入 5g 硫酸银）。

（5）硫酸汞：结晶或粉末。

## 四、测定步骤

（1）取 20.00mL 混合均匀的水样（或适量水样稀释至 20.00mL）置 250mL 磨口的回流锥形瓶中，准确加入 10.00mL。重铬酸钾标准溶液及数粒小玻璃珠或沸石，连接磨口回流冷凝管，从冷凝管上口慢慢地加入 30mL 硫酸-硫酸银溶液，轻轻摇动锥形瓶使溶液混匀，加热回流 2h（自开始沸腾时计时）。

注：① 对于化学需氧量高的废水样，可先取上述操作所需体积 1/10 的废水样和试剂，于 15mm×150mm 硬质玻璃试管中，摇匀，加热后观察是否变成绿色。如溶液显绿色，再适当减少废水取样量，直至溶液不变绿色为止，从而确定废水样分析时应取用的体积。稀释时，取废水水样量不得少于 5mL。如果化学需氧量很高，则废水样应多次稀释。

② 废水中氯离子含量超过 30mg/L 时，应先把 0.4g 硫酸汞加入回流锥形瓶中，再加 20.00mL 混合均匀的水样（或适量废水稀释至 20.00mL）摇匀。以下操作同上。

（2）冷却后，用 90mL 水冲洗冷凝管壁，取下锥形瓶。溶液总体积不得少于 140mL，否则将因酸度太大而导致滴定终点不明显。

（3）溶液再度冷却后，加 3 滴试亚铁灵指示液，用硫酸亚铁铵标准溶液滴定，溶液的颜色由黄色经蓝绿色至红褐色即为终点，记录硫酸亚铁铵标准溶液的用量。

（4）测定水样的同时，以 20.00mL 重蒸馏水，按同样操作步骤做空白试验。记录滴定空白时硫酸亚铁铵标准溶液的用量。

（5）实验过程中，分别在六个实验室分析 $COD_{Cr}$ 为 150mL 的邻苯二甲酸氢钾标准溶液，实验室内相对标准偏差为 5.3%。

## 五、计算

$$COD(O_2,\ mg/L)=\frac{(V_0-V_1)\times c\times 8\times 1000}{V}$$

式中　$c$——硫酸亚铁铵标准溶液的浓度，mol/L；

$V_0$——滴定空白时硫酸亚铁铵标准溶液用量，mL；

$K$——滴定水样时硫酸亚铁铵标准溶液的用量，mL；

$V$——水样的体积，mL；

8——氧（$1/2O_2$）摩尔质量，g/mol。

## 注意事项

(1) 使用0.4g硫酸汞配合氯离子的最高量可达40mg，如取用20.00mL水样，即最高可络合2000mg/L氯离子浓度的水样。若氯离子浓度较低，亦可少加硫酸汞，使保持硫酸汞：氯离子=10：1(质量)。若出现少量氯化汞沉淀，并不影响测定。

(2) 水样取用体积可在10.00~50.00mL，但试剂用量及浓度需按表1.2进行相应调整，也可取得满意的结果。

**表1.2　水样取量和试剂用量及浓度表**

| 水样体积/mL | 0.2500mol/L $K_2Cr_2O_7$溶液/mL | $H_2SO_4$-$Ag_2SO_4$溶液/mL | $HgSO_4$/mL | $(NH_4)_2Fe(SO_4)$/(mol/L) | 滴定前的总体积/mL |
| --- | --- | --- | --- | --- | --- |
| 10.0 | 5.0 | 15 | 0.2 | 0.050 | 70 |
| 20.0 | 10.0 | 30 | 0.4 | 0.100 | 140 |
| 30.0 | 15.0 | 45 | 0.6 | 0.150 | 210 |
| 40.0 | 20.0 | 60 | 0.8 | 0.200 | 280 |
| 50.0 | 25.0 | 75 | 1.0 | 0.250 | 350 |

(3) 对于化学需氧量小于50mg/L的水样，应改用0.0250mol/L重铬酸钾标准溶液。回滴时用0.01mol/L硫酸亚铁铵标准溶液。

(4) 水样加热回流后，溶液中重铬酸钾剩余量以1/5~4/5为宜。

(5) 用邻苯二甲酸氢钾标准溶液检查试剂的质量和操作技术时，由于每克邻苯二甲酸氢钾的理论$COD_{Cr}$为1.176g，所以溶解0.4251g邻苯二甲酸氢钾于重蒸馏水中，转入1000mL容量瓶，用重蒸馏水稀释至标线，使之成为500mg/L的$COD_{Cr}$标准溶液。用时新配。

(6) $COD_{Cr}$的测定结果应保留三位有效数字。

(7) 每次实验时，应对硫酸亚铁铵溶液进行标定，室温较高时尤其应注意其浓度的变化。

(8) 酸性重铬酸钾氧化性很强，可氧化大部分有机物，加入硫酸银作催化剂时，直链脂肪族化合物可完全被氧化，而芳香族有机物却不易被氧化，挥发性直链脂肪族化合物、苯等有机物存在于蒸气相，不能与液体氧化剂接触，氧化不明显。氯离子能被重铬酸钾氧化，并且能与硫酸银作用产生沉淀，影响测定结果，故在回流前向水样中加入硫酸汞，使其成为配合物以消除干扰。氯离子含量高于2000mg/L的样品应先做定量稀释，使含量降低至2000mg/L以下再行测定。

## 思考题

1. 硫酸亚铁铵标准溶液在使用前为什么要用重铬酸钾标准溶液标定？
2. 废水的pH值对化学耗氧量的测定有何影响？

# 高锰酸盐指数

高锰酸盐指数($COD_{Mn}$)是指在一定条件下，以高锰酸钾为氧化剂处理水样时所消耗的量，以含氧 mg/L 来表示。水中的亚硝酸盐、亚铁盐、硫化物等还原性无机物和在此条件下可被氧化的有机物，均可消耗高锰酸钾。因此，可通过高锰酸钾指数测定水体受还原性有机(和无机)物质污染的程度。

# 酸　性　法

## 一、实验原理

水样加入硫酸呈酸性后，加入一定量的高锰酸钾溶液，并在沸水浴中加热反应一定时间。剩余的高锰酸钾用过量草酸钠溶液还原，再用高锰酸钾溶液回滴过量的草酸钠，通过计算求出高锰酸盐指数值。

显然，高锰酸盐指数是一个相对的条件性指标，其测定结果与溶液的酸度、高锰酸盐的浓度、加热温度和时间有关。因此，测定时必须严格遵守操作规定，使结果具可比性。

## 二、仪器

沸水浴装置；250mL 锥形瓶；50mL 酸式滴定管；定时钟。

## 三、试剂

(1) 高锰酸钾溶液($C_{1/5KMnO_4}$=0.1mol/L)：称取 3.2g 高锰酸钾溶于 1.2L 水中，加热煮沸，使体积减少到约 1L，放置过夜，用 G-3 玻璃砂芯漏斗过滤后，将滤液贮于棕色瓶中保存。

(2) 高锰酸钾溶液($C_{1/5KMnO_4}$=0.01mol/L)：吸取 100mL 上述高锰酸钾溶液，用水稀释至 1000mL，贮于棕色瓶中。使用当天应进行标定，并调节至 0.01mol/L 准确浓度。

(3) 硫酸(1+3)。

(4) 草酸钠标准溶液($C_{1/2Na_2C_2O_4}$=0.1000mol/L)：称取 0.6705g 在 105~110℃烘干 1h 后冷却的草酸钠溶于水中，移入 100mL 容量瓶中，用水稀释至标线。

(5) 草酸钠标准溶液($C_{1/2Na_2C_2O_4}$=0.0100mol/L)：吸取 10.00mL 上述草酸钠溶液，移入 100mL 容量瓶中，用水稀释至标线。

## 四、步骤

(1) 分取 100mL 混匀水样(如高锰酸盐指数高于 5mg/L，则酌情少取，并用水稀释至 100mL)于 250mL 锥形瓶中。

(2) 加入 5mL 硫酸(1+3)，混匀。

(3) 加入 10.00mL 0.01mol/L。高锰酸钾溶液，摇匀，立即放入沸水浴中加热 30min(从水浴重新沸腾起计时)。沸水浴液面要高于反应溶液的液面。

(4) 取下锥形瓶，趁热加入 10.00mL 0.0100mol/L 草酸钠标准溶液，摇匀。立即用 0.01mol/L 高锰酸钾溶液滴定至显微红色，记录高锰酸钾溶液消耗量。

(5) 高锰酸钾溶液浓度的标定：将上述已滴定完毕的溶液加热至约 70℃，准确加入 10.00mL 草酸钠标准溶液(0.0100mol/L)，再用 0.01mol/L 高锰酸钾溶液滴定至显微红色。

记录高锰酸钾溶液的消耗量，按下式求得高锰酸钾溶液的校正系数 $K$：

$$K=\frac{10.00}{V}$$

式中 $V$——高锰酸钾溶液消耗量，mL。

若水样经稀释时，应同时另取 100mL 水，采用相同操作步骤进行空白实验。

## 五、计算

（1）水样不经稀释

$$COD_{Mn}(O_2, mg/L)=\frac{[(10+V_1)K-10]\times M\times 8\times 1000}{100}$$

式中 $V_1$——滴定水样时，高锰酸钾溶液的消耗量，mL；

$K$——校正系数；

$M$——高锰酸钾溶液浓度，mol/L；

8——氧$(1/2O_2)$摩尔质量。

（2）水样经稀释

$$COD_{Mn}(O_2, mg/L)=\frac{\{[(10+V_1)K-10]-[(10+V_0)K-10]\times c\}\times M\times 8\times 1000}{V_2}$$

式中 $V_0$——空白试验中高锰酸钾溶液消耗量，mL；

$V_2$——分取水样量，mL；

$C$——稀释的水样中含水的比值，例如 10.0mL 水样用 90mL 水稀释至 100mL，则 $C=0.90$。

## 注意事项

（1）在水浴中加热完毕后，溶液仍应保持淡红色，如变浅或全部褪去，说明高锰酸钾的用量不够。此时，应将水样稀释倍数加大后再测定。

（2）在酸性条件下，草酸钠和高锰酸钾的反应温度应保持在 60~80℃，所以滴定操作必须趁热进行，若溶液温度过低，需适当加热。

（3）酸性法适用于氯离子含量不超过 300mg/L 的水样。当水样的高锰酸盐指数值超过 5mg/L 时，则酌情分取少量，并用水稀释后再进行测定。

（4）五个实验室分析高锰酸钾指数为 4.0mg/L 的葡萄糖标准溶液，实验内相对标准偏差为 4.2%，实验室间相对标准偏差为 5.2%。

（5）水样采集后，应加入硫酸使 pH 值调至<2，以抑制微生物活动。样品应尽快分析，必要时应在 0~5℃冷藏保存，并在 48h 内测定。

# 碱 性 法

## 一、实验原理

在碱性溶液中，加一定量高锰酸钾溶液于水样中，加热一定时间以氧化水中的还原性无机物和部分有机物。加酸酸化后，用过量草酸钠溶液还原剩余的高锰酸钾，再以高锰酸钾溶液滴定至微红色。

## 二、仪器

同酸性法。

## 三、试剂

50%氢氧化钠溶液；其余同酸性法试剂。

## 四、测定步骤

(1) 分取 100mL 混匀水样(或酌情少取，用水稀释至 100mL)于锥形瓶中，加入 0.5mL 50%氢氧化钠溶液，加入 10.00mL 0.01mol/L 高锰酸钾溶液。

(2) 将锥形瓶放入沸水浴中加热 30min(从水浴重新沸腾起计时)，沸水浴的液面要高于反应溶液的液面。

(3) 取下锥形瓶，冷却至 70~80℃，加入 5mL 硫酸(1+3)，加入 0.0100mol/L 草酸钠标准溶液 10.00mL，摇匀。

(4) 用 0.01mol/L 高锰酸钾溶液回滴至溶液呈微红色为止。

高锰酸钾溶液校正系数的测定与酸性法同。

## 五、计算

同酸性法。

## 注意事项

同酸性法。

## 思考题

1. 试比较用酸性法与碱性法在测定高锰酸盐指数时存在的异同。
2. 试分析用高锰酸钾法和重铬酸钾法测定废水化学需氧量时的区别。

# 化学需氧量测定-库仑法

## 一、实验原理

水样以重铬酸钾为氧化剂，在 10.2mol/L 硫酸介质中回流氧化后，过量的重铬酸钾用电解产生的亚铁离子作为库仑滴定剂，进行库仑滴定。根据电解产生亚铁离子所消耗的电量、按照法拉第定律进行计算。

$$COD_{Cr}(O_2, mg/L) = \frac{Q_s - Q_m}{96487} \times \frac{8000}{V}$$

式中 $Q_s$——标定重铬酸钾所消耗的电量，C；

$Q_m$——测定过量重铬酸钾所消耗的电量，C；

$V$——水样的体积，mL。

如仪器具有简单的数据处理装置，最后显示的数值即为 $COD_{Cr}$值。

此法简便、快速、试剂用量少，缩短了回流时间，且电极产生的亚铁离子作为滴定剂，减少了硫酸亚铁铵的配制及标定等繁杂的手续。

## 二、干扰及消除

酸性重铬酸钾氧化性很强，可氧化大部分有机物，加入硫酸银作催化剂时，直链脂肪族化合物可完全被氧化，而芳香族有机物却不易被氧化，吡啶不被氧化，挥发性直链脂肪族化合物、苯等有机物存在于蒸气相，不能与氧化剂液体接触，氧化不明显。氯离子能被重铬酸盐氧化，并且能与硫酸银作用产生沉淀，影响测定结果，故在回流前向水样中加入硫酸汞，使成为配合物以消除干扰。氯离子含量高于 1000mg/L 的样品应先作定量稀释，使含量降低至 1000mg/L 以下，再行测定。

## 三、方法的适用范围

当使用 1mL 0. 05mol/L 重铬酸钾溶液进行标定值测定时，本方法的最低检出浓度为 2mg/L(COD)。

当使用 3mL 0. 05mol/L 重铬酸钾溶液进行标定值测定时，最低检出浓度为 3mg/L (COD)，测定上限为 100mg/L。

## 四、仪器

(1) 化学需氧量测定仪。

(2) 滴定池：150mL 锥形瓶(回流和滴定用)。

(3) 电极：发生电极面积为 $780mm^2$铂片。电极用铂丝做成，置于底部为融熔玻璃的玻璃管(内充 3mol/L 的硫酸)中。指示电极面积为 $300mm^2$铂片。参考电极为直径 1mm 钨丝，也置于底部为融熔玻璃的玻璃管(内充饱和硫酸钾溶液)中。

(4) 电磁搅拌器、搅拌子。

(5) 回流装置：带磨口 150mL 锥形瓶的回流装置，回流冷凝管长度为 120mm。

(6) 电炉(300W)。

(7) 定时钟。

## 五、试剂

(1) 重蒸馏水：于蒸馏水中加入少许高锰酸钾进行重蒸馏。

(2) 重铬酸钾溶液($C_{1/6K_2Cr_2O_7}$=0. 050mol/L)：称取 2. 452g 重铬酸钾溶于 1000mL 重蒸馏水中，摇匀备用。

(3) 硫酸-硫酸银溶液：于 2500mL 浓硫酸中加入 25g 硫酸银，使其溶解、摇匀。

(4) 硫酸铁溶液 $C_{1/2Fe_2(SO_4)_3}$=1mol/L：称取 200g 硫酸铁[$Fe_2(SO_4)_3$]溶于 1000mL 重蒸

馏水中(若有沉淀物需过滤除去)。

(5) 硫酸汞溶液：称取4g硫酸汞置于50mL烧杯中，加入20mL 3mol/L的硫酸，稍加热使其溶解，移入滴瓶中。

## 六、步骤

1. 标定值的测定

(1) 准确吸取12mL重蒸馏水置于锥形瓶中，加入1.00mL 0.050mol/L的重铬酸钾溶液，慢慢加入17.0mL硫酸-硫酸银溶液，混匀。放入2~3粒玻璃珠，加热回流。

(2) 回流15min后停止加热，用隔热板将锥形瓶与电炉隔开、稍冷，由冷凝管上端加入33mL重蒸馏水。

(3) 取下锥形瓶，置于冷水浴中冷却，加入7mL 1mol/L硫酸铁溶液，摇匀，继续冷却至室温。

(4) 放入搅拌子，插入电极、搅拌。按下标定开关，进行库仑滴定。仪器自动控制终点并显示重铬酸钾相对的COD标定值。将此值存入仪器的存贮器中。

2. 水样的测定

1) COD值小于20mg/L的水样

(1) 准确吸取10.00mL水样置锥形瓶中，加入1~2滴硫酸汞溶液及0.050mol/L重铬酸钾溶液1.00mL，加入17.00mL硫酸-硫酸银溶液，混匀。加入2~3粒玻璃珠，加热回流，以下操作按照“标定值的测定”②、③进行。

(2) 放入搅拌子，插入电极并开动搅拌器，按下测定开关，进行库仑滴定，仪器直接显示水样的COD值。

如果水样氯离子含量较高，可以少取水样用重蒸馏水稀释至10mL，测得该水样的COD为：

$$COD_{Cr}(O_2,\ mg/L)=\frac{10}{V}\times COD$$

式中 $V$——水样的体积，mL；

COD——仪器COD读数；mg/L。

2) COD值大于20mg/L的水样

(1) 准确吸取10mL重蒸馏水置锥形瓶中，加入1~2滴硫酸汞溶液，加入3.00mL 0.050mol/L重铬酸钾溶液，慢慢加入17.0mL硫酸-硫酸银溶液，混匀。放入2~3粒玻璃珠，加热回流。以下操作按“标定值的测定”②、③、④进行标定。

(2) 准确吸取10.00mL水样(或酌量少取，加入纯水至10mL)置锥形瓶中，加入1~2滴硫酸汞溶液及3.00mL 0.050mol/L重铬酸钾溶液。再加17.0mL硫酸-硫酸银溶液，混匀，加入2~3粒玻璃珠，加热回流。以下操作按COD小于20mg/L的水样测定步骤进行。

## 七、精密度和准确度

13个实验室用COD测定仪分析50mg/L(COD)的统一邻苯二甲酸氢钾标准溶液，实验室内相对标准偏差为1.4%，实验室间相对标准偏差为2.8%；相对误差为2%。

17 个实验室分析含 14~25.8mg/L(COD) 的加标水样，单个实验室的相对标准偏差不超过 6.2%。

13 个实验室分析含 88.4~105mg/L(COD) 的加标水样，单个实验室的相对标准偏差不超过 8.3%，与重铬酸钾法的可比性：分别选取了石油化工废水、化工废水和地表水三种实际水样，每个水样采用本方法测定 6 次，采用重铬酸钾法测定平行双样。测定结果见表 1.3。

**表 1.3 两种方法测定实际水样的 COD 比较** mg/L

| 水样类型 | 库仑法 | | | 方法 | RE/% |
|---|---|---|---|---|---|
| 石油化工废水 | 498 | 476 | $\overline{X}=478$ | 501 | -4.6 |
| | 498 | 491 | $S_x=18.7$ | | |
| | 447 | 468 | $RSD=3.9\%$ | | |
| 化工废水 | 184 | 203 | $\overline{X}=192$ | 190 | -1.1 |
| | 189 | 196 | $S_x=6.9$ | | |
| | 194 | 187 | $RSD=3.6\%$ | | |
| 地表水 | 31 | 30 | $\overline{X}=34$ | 36 | -5.6 |
| | 35 | 41 | $S_x=4.2$ | | |
| | 37 | 32 | $RSD=12.2\%$ | | |

## 注意事项

(1) 对于浑浊及悬浮物较多的水样，要特别注意取样的均匀性，否则会带来较大的误差。

(2) 当铂电极沾污时，可将电极放入 2mol/L 氨水中浸洗片刻，然后取出并用重蒸馏水洗净。

(3) 切勿用去离子水配制试剂和稀释水样。

(4) 对于不同型号的 COD 测定仪，应按照仪器使用说明书进行操作。

# 分光光度法测定 COD

对于 50mg/L 以上的样品，若经消解后水样为无色，且没有悬浮物时，也可以用比色法进行测定，过程更为简单，操作方法如下。

(1) 消解液：称取 19.6g 重铬酸钾，50.0g 硫酸铝钾，10.0g 钼酸铵，溶解于 500mL 水中，加入 200mL 浓硫酸，冷却后，转移至 1000mL 容量瓶中，用水稀释至标线。该溶液重铬酸钾浓度约为 0.4mol/L($C_{1/6K_2Cr_2O_7}$)。

另外分别称取 9.8g、2.45g 重铬酸钾(硫酸铝钾、钼酸铵称取量同上)，按上述方法分别配制重铬酸钾浓度约为 0.2mol/L、0.05mol/L 的消解液，用于测定不同 COD 值的水样。

(2) $Ag_2SO_4$-$H_2SO_4$ 催化剂：称取 8.8g 分析纯 $Ag_2SO_4$，溶解于 1000mL 浓硫酸中。

(3) 掩蔽剂：称取 10.0g 分析纯 $HgSO_4$，溶解于 100mL 10%硫酸中。

消解：准确吸取 3.00mL 水样，置于 50mL 具密封塞的加热管中，加入 1mL 掩蔽剂，混匀。然后加入 3.0mL 消解液和 5mL 催化剂，旋紧密封盖，混匀。然后将加热器接通电源，待温度达到165℃时，再将加热管放入加热器中，打开计时开关，经7min，待液体也达到165℃时，加热器会自动复零计时。待加热器工作15min之后自动报时，取出加热管。

(4) 标准曲线的绘制：称取0.8502g邻苯二甲酸氢钾(基准试剂)用重蒸水溶解后，转移至1000mL容量瓶中，用重蒸水稀释至标线。此贮备液COD值为1000mg/L。

分别取上述贮备液5mL、10mL、20mL、40mL、60mL、80mL于100mL容量瓶中，加水稀释至标线，可得到COD值分别为50mg/L、100mg/L、200mg/L、400mg/L、600mg/L、800mg/L及原液为1000mg/L标准使用液系列。然后按滴定法操作取样并进行消解。消解完毕后，打开加热管的密封盖，用吸管加入3.0mL蒸馏水，盖好盖，摇匀冷却后，将溶液倒入3cm比色皿中(空白按全过程操作)，在600nm处以试剂空白为参比，读取吸光度。绘制标准曲线，并求出回归方程式。

(5) 样品测定：准确吸取3.00mL水样，置于50mL具密封塞的加热管中，加入1mL掩蔽剂，混匀。然后再加入3.0mL消解液和5mL催化剂。旋紧密封塞，混匀。将加热管置于加热器中进行消解，消解后的操作与标准曲线绘制一节的操作相同，进行测量，读取吸光度，按下式计算COD值。

$$COD(O_2, mg/L) = A \times F \times K$$

式中　$A$——样品的吸光度；

$F$——稀释倍数；

$K$——曲线的斜率，即$A=1$时的COD值。

## 附件

### COD-571型化学需氧量(COD)测定仪的使用方法

化学需氧量测定方法通常是重铬酸钾法或高锰酸钾法。欧美多采用重铬酸法，日本则广泛采用高锰酸钾法，我国根据国情规定了用重铬酸钾法测定化学需氧量。

#### 一、准备工作

1. 反应管预处理

第1次使用反应管及管盖(管盖内已装好密封圈和隔膜，若无，应装配好)，先用铬酸洗液浸泡24h，倒去铬酸洗液(注意：铬酸洗液为强腐蚀性物质，要小心操作，注意不要溅在身体或衣物上)，再用重蒸馏水清洗干净，并在110℃下用烘箱烘干备用。以后每次使用前，都要用重蒸馏水清洗干净，并在110℃下用烘箱烘干，并冷却至室温备用。

注意：如发现消解试管及试管帽破损不得使用。

2. 比色皿预处理及使用注意事项

应选取干燥、干净、通光面无划痕的比色皿，每次测量时比色皿放入的方向应一致。拿取比色皿时，只能用手指接触比色皿两侧的毛玻璃面，不可接触光学面，避免指纹、油污弄脏通光面，从而改变比色皿的透光性。

若测量精度要求比较高，比色皿需经下列步骤挑选。

1) 比色皿清洗

第一次使用比色皿，先用铬酸洗液浸泡24h。倒去铬酸洗液，再用重蒸馏水清洗干净，比色皿口向下倒置于干净的滤纸上，自然晾干(不可在烘箱中烘干)，备用。

2）比色皿选择

选择通光面光滑、无划痕的比色皿，向其中倒入四分之三的重蒸馏水，用滤纸轻轻吸附比色皿表面的水，再用擦镜纸或软绸布擦干，待用。

3）仪器检测

仪器开机，如图 1.1 所示按“测量”键进入测量状态，待显示稳定后，放入比色皿，使光路均匀通过比色皿的通光面，比较各比色皿的电位值，挑选电位值最接近的比色皿使用，每四个一组放置好，备用。

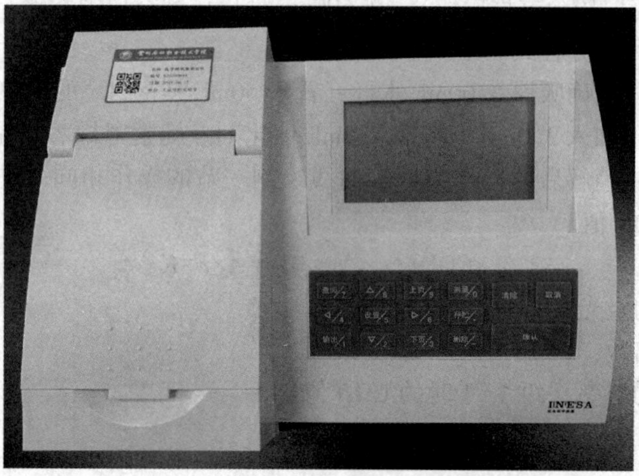

图 1.1　COD-571 型化学需氧量(COD)测定仪

3. 样品、标准溶液的制备

(1) 取出干燥的反应管，移入 2mL 样品，废水中含有氯离子时，预先加入 0.05g 硫酸汞。

(2) 根据不同的样品移入 3mL 不同的专用氧化剂。

不同浓度的样品选用不同的专用试剂，具体见表 1.4。

**表 1.4　不同专用试剂选择**

| 样品浓度值/(mg/L) | 专用氧化试剂 | 零点校准浓度值/(mg/L) | 满度校准浓度值/(mg/L) |
|---|---|---|---|
| 0~150 | B | 0 | 150 |
| 150~1500 | A | 0 | 1500 |
| 1500 以上 | A | 0 | 1500 |

专用氧化剂 A：准确称取预先经 120℃ 烘干 2h 并在干燥器内冷却至室温的基准重铬酸钾($K_2Cr_2O_7$)2.6480g，溶于 80mL 含硫酸的重蒸馏水(50mL 重蒸馏水中加入 30mL 98%浓硫酸)中，转移至 100mL 容量瓶，用重蒸馏水稀释至标线。此溶液为 0.09mol/L 重铬酸钾溶液。此溶液与浓硫酸[含 1%硫酸银($Ag_2SO_4$)，例：500mL 98%浓硫酸中加入 5g 硫酸银]按体积比 1：2 稀释成测量专用消解液(0~1500mg/L 的 COD 值)。

专用氧化剂 B：准确称取预先经 120℃ 烘干 2h 并在干燥器内冷却至室温的基准重铬酸

钾($K_2Cr_2O_7$)0.2648g，溶于80mL含硫酸的重蒸馏水(50mL重蒸馏水中加入30mL 98%浓硫酸)中，转移至100mL容量瓶，用重蒸馏水稀释至标线。此溶液为0.09mol/L重铬酸钾溶液。此溶液与浓硫酸[含1%硫酸银($Ag_2SO_4$)，例：500mL 98%浓硫酸中加入5g硫酸银]按体积比1：2稀释成测量(0~150mg/L的COD值)专用消解液。

(3) 旋紧盖子(检测管盖内的密封圈和隔膜应完好，否则更换)，反复颠倒反应管几次，使试剂和样品充分混合，待用。

(4) 如果需要校正，按上述3个步骤，用重蒸馏水代替样品作零点校准液；用150mg/L或1500mg/L COD标准溶液作满度校准液。零点校准液和满度校准液均需加入0.05g硫酸汞(根据需要)和3mL相应的专用氧化剂，并经过消解后用于校正。

COD标准溶液的配制方法：准确称取预先在105~110℃烘干2h的基准或优级纯邻苯二甲酸氢钾1.2754g溶于重蒸馏水，转移至1000mL容量瓶中，用重蒸馏水稀释至标线。此溶液COD值为1500mg/L。浓度为150mg/L COD溶液用1500mg/L稀释10倍而得。

4. 消解操作

使用消解装置(如图1.2所示)将配置好的样品或者标准溶液进行消解：将消解时间设定为120min；消解温度设定为150℃。设定后，消解装置即开始加热，当温度升至设定值时，仪器发出"嘟、嘟"的提示声。

在消解孔中依次放入需消解的试管，盖上保护罩。按"消解"键，仪器进入消解状态并计时，当时间显示窗显示为零时，消解结束，仪器发出"嘟、嘟"的提示声。关闭电源开关，冷却到常温后，才能打开保护罩及消解管。等待约20min，当反应管温度低于100℃后，取出反应管颠倒几次，自然冷却至室温。

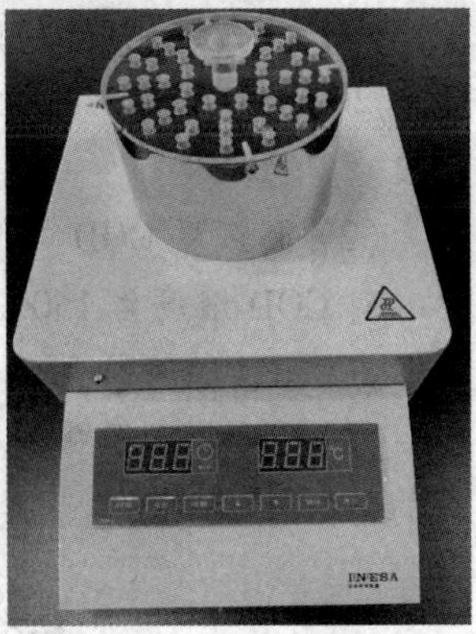

图1.2　消解装置

## 二、仪器的检查和校准过程中的注意事项

(1) 仪器开机预热0.5h后，测量池中不放比色皿。选择低浓度测量，稳定10min后，仪器显示的mV值应在(1600.0±50)mV左右，最多不能超过±80mV。

(2) 仪器开机预热0.5h后，测量池中不放比色皿。选择高浓度测量，稳定10min后，仪器显示的mV值应在(1400.0±50)mV左右，最多不能超过±80mV。

(3) 用标准COD溶液校准时相对应的mV值(参考)

高浓度：1500mg/L→600~650mV左右(消解完的颜色呈深绿色)

0mg/L→1800~1900mV左右(消解完的颜色呈黄色)

低浓度：150mg/L→1350~1450mV左右(消解完的颜色呈浅绿色)

0mg/L→640~690mV左右(消解完的颜色呈黄色)

## 三、测量过程

(1) 打开仪器，预热0.5h，选择测量状态(低或高浓度)，稳定10min后，进行零点、满度的校准，每天使用前需校准，按照样品大致浓度选择浓度，然后进行测量。

(2) 待仪器显示稳定后，将消解好的样品小心倒入比色皿里，打开仪器窗口，放入仪器的比色池中，待仪器显示稳定后，即可得到当前样品的浓度值。测量结束后，按"取消"键退出测量状态。

### 四、结束工作

(1) 测量结束，反应管及管盖使用完毕后，应及时先用去离子水清洗干净(试剂里含有银离子，直接用自来水洗会产生沉淀)，并在110℃下用烘箱烘干备用。

(2) 比色皿用去离子水清洗干净，(不可用碱液洗涤，也不能用硬布、毛刷刷洗)。比色皿口向下倒置于干净的滤纸上，自然晾干(不可在烘箱中烘干)，然后存放于比色皿盒中。

(3) 关闭仪器开关，如果仪器长时间不用，断开电源。用滤纸或干净的软布擦干净仪器，盖好仪器的上盖。

## 注意事项

(1) 有关氯离子干扰问题

由于水中的氯离子能被重铬酸钾氧化，并且与试剂中的硫酸银作用产生沉淀，影响测量结果，故在回流前必须向水样中加入硫酸汞，使成为配合物以消除干扰。对氯离子含量高于2000mg/L的样品必须预先作定量稀释，使含量降低至2000mg/L以下后，再进行测量。

(2) 高浓度COD的测量

对COD浓度为1500mg/L以上的样品，应预先采取以下方法中的一种进行处理。

方法1：减少样品的取样量，其余用重蒸馏水补足至2mL。

方法2：样品预先用重蒸馏水稀释到COD浓度为1500mg/L以下，再取样2mL。根据稀释的倍数计算结果。

# 实验三　水中生化需氧量的测定

## 知识链接

生化需氧量(BOD)是在有氧的条件下，水中微生物分解有机物所需溶解氧的量，以含氧mg/L表示。一般在20℃下培养5d，测定所消耗的溶解氧量，以$BOD_5$表示。主要的测定方法是采用碘量法：叠氮化钠碘量法、高锰酸钾碘量法、明矾凝聚碘量法，但电极法可自动连续监测。本实验目的在于掌握生化需氧量的测定原理及方法，学会使用生化培养箱。

## 碘量法测定生化需氧量

### 一、实验原理

水中微生物在好气条件下分解有机质的同时消耗溶解氧，在20℃下，5d溶解氧减少的量就是5日生化需氧量。

## 二、仪器

生化培养箱[控制温度(20±1)℃]、白瓷盘、量筒(100mL)、锥形瓶(250mL)、溶解氧瓶、移液管(2mL、25mL、100mL)。

## 三、试剂

(1)氯化钙溶液：称取27.5g化学纯无水氯化钙($CaCl_2$)，溶于水中稀释至1L。

(2)三氯化铁溶液：称取0.25g化学纯三氯化铁($FeCl_3 \cdot 6H_2O$)，溶于水中，稀释至1L。

(3)硫酸镁溶液：称取22.5g化学纯硫酸镁($MgSO_4 \cdot 7H_2O$)，溶解于水中稀释至1L。

(4)磷酸盐缓冲液：称取8.5g化学纯磷酸二氢钾($KH_2PO_4$)，21.75g化学纯磷酸氢二钾($K_2HPO_4$)，33.4g化学纯磷酸氢二钠($Na_2HPO_4 \cdot 7H_2O$)和1.7g化学纯氯化氨($NH_4Cl$)溶于500mL水中，稀释至1L。溶液的pH值应为7.2。

(5)稀释水：在20L大玻璃瓶内装入一定量的蒸馏水(含铜量小于0.01mg/L)，其中蒸馏水加上述四种试剂各1mL，用水泵均匀连续通过经活性炭过滤的空气1~2d，使水中溶解氧接近饱和，然后用清洁的棉塞塞好，静置稳定1d。

(6)硫酸锰溶液：称取480g $MnSO_4 \cdot 4H_2O$或364g $MnSO_4 \cdot H_2O$溶于水中，稀释至1L。

(7)碱性碘化钾溶液：称取500g氢氧化钠溶解于300~400mL水中，同时称取150g碘化钾溶解于200mL水中，将两种溶液合并混合，用水稀释至1L，若有沉淀物，则应放置过夜，倾出上层清液，贮于棕色试剂瓶中，用橡皮塞塞紧。

(8)硫酸(1+5)溶液。

(9)0.5%淀粉溶液：将0.5g可溶性淀粉用少量水调成糊状，再用刚煮沸的水稀释至100mL，冷却后，加0.1g或0.4g氯化锌。

(10)0.0042mol/L重铬酸钾标准溶液：精确称取1.226g在110℃干燥2h的重铬酸钾($K_2Cr_2O_7$)，溶于水中，在1L容量瓶中定容混合，摇匀，移至清洁干燥的棕色细口瓶中。

(11)0.025mol/L硫代硫酸钠标准溶液：溶解6.2g硫代硫酸钠($Na_2S_2O_3$)于已煮沸并放冷的水中，定容至1L，加入0.2g碳酸钠或5mL氯仿，贮于棕色瓶中，使用前用0.0042mol/L重铬酸钾标准溶液标定。

## 四、测定步骤

(1)水样的稀释：首先根据水样中有机物含量来选择适当的稀释比，一般需要做三个稀释比，经验的方法是用化学需氧量($COD_{Mn}$)除以3即得最低稀释比，再选用两个近邻较高数值作为第二个稀释比。确定稀释比后，用虹吸法先把一定量污水引入1L量筒中，再引入所需要的稀释水，用特别的搅拌器小心搅匀。然后用虹吸管将此溶液引入两个同一编号溶解氧瓶中，直到充满后溢出少许为止。盖严，注意瓶内不应有气泡。加上封口水，用同样方法配制另外两个稀释比的水样。

(2)另取两个同一编号的溶解氧瓶加入稀释水，作为空白。

(3) 每个稀释比及空白各取一瓶放入培养箱中，在(20±1)℃下培养5d。培养过程中需要每天添加封口水，另一瓶当日测定溶解氧，5昼夜后测定培养箱中水样的溶解氧量。

(4) 溶解氧测定：轻轻打开溶解氧瓶塞，立即用吸管插入液面下，加入2.0mL硫酸锰，再加入2.0mL碱性碘化钾。盖好瓶盖塞，将瓶颠倒数次，打开瓶塞，加入2.0mL浓硫酸，混匀。用100mL移液管吸取上述溶液，注入25mL锥形瓶中，用标定的硫代硫酸钠溶液滴定至溶液呈淡黄色，加入1mL 0.5%淀粉溶液，再继续滴定至恰好使蓝色褪去为止，记录用量。

## 五、计算

$$DO(O_2 mg/L)=\frac{M\times V\times 8\times 1000}{100}$$

式中 $M$——硫代硫酸钠标准溶液浓度，mol/L；

$V$——滴定时消耗硫代硫酸钠标准溶液体积，mL。

$$BOD_5=\frac{(D_1-D_2)-(B_1-B_2)f_1}{f_2}$$

式中 $D_1$——培养液在培养前的溶解氧，mg/L；

$D_2$——培养液在培养后的溶解氧，mg/L；

$B_1$——稀释水在培养前的溶解氧，mg/L；

$B_2$——稀释水在培养后的溶解氧，mg/L；

$f_1$——稀释水在培养液中所占的比例；

$f_2$——水样在培养液中所占的比例。

$$耗氧率=\frac{D_1-D_2}{D_1}\times 100\%$$

选取耗氧率为40%~70%的培养水样计算$BOD_5$。

## 注意事项

(1) 整个操作过程中避免溶解氧瓶中出现气泡。

(2) 水样中若有游离的碱酸，应预先中和再进行稀释培养。

(3) 水样中含有游离氯大于0.1mg/L时，应加亚硫酸钠或硫代硫酸钠除去。

## 思考题

1. 水中生化需氧量的测定为什么用5日生化需氧量来表示？
2. 废水水样在培养过程中有何条件？为什么？

# 活性污泥曝气降解法测定生化需氧量

## 一、实验原理

在温度为30~35℃，用活性污泥强制曝气降解样品2h，经重铬酸钾消解生物降解前、后的样品，测定生物降解前和生物降解后的化学需氧量，其差值即为 BOD，可根据与标准方法的对比实验结果换算为 $BOD_5$。

## 二、干扰及消除

能使活性污泥中毒的物质，如杀菌剂、农药等，会抑制生物氧化作用，使生化需氧量测定结果偏低。挥发性有机物含量高时 $BOD_5$测定结果偏低。

## 三、方法的适用范围

本方法适用于城市污水和组成成分较稳定的工业废水中生化需氧量的测定。取 50mL 水样不稀释可测定 8～2000mg/L 范围的生化需氧量。

## 四、仪器

(1) BOD 培养器：可自动恒温 30～50℃，连续曝气 48h 以上，并能对活性污泥进行曝气培养。

(2) BOD 降解管：与 BOD 培养器配套使用，容积为 150mL。

(3) 活性污泥培养器：恒温 25～30℃，可与 BOD 培养器连接连续曝气。

(4) 高速离心机：最高转速可达到 16000r/min。

(5) 低速离心机：转速 400～4000r/min。

(6) 离心管：20mL，具刻度。

## 五、试剂

1. 营养盐溶液

(1) 磷酸盐缓冲溶液：将 8.5g 磷酸二氢钾($KH_2PO_4$)，21.75g 磷酸氢二钾($K_2HPO_4$)，33.4g 磷酸氢二钠($Na_2HPO_4$)和 1.7g 氯化铵($NH_4Cl$)溶于 500mL 水中，用水稀释至 1000mL。

(2) 硫酸镁溶液：将 22.5g 硫酸镁($MgSO_4$)溶于水中，用水稀释至 1000mL。

(3) 氯化钙溶液：将 27.5g 氯化钙($CaCl_2$)溶于水中，用水稀释至 1000mL。

(4) 氯化铁溶液：将 0.25g 氯化铁($FeCl_3$)溶于水中，用水稀释至 1000mL。

2. 活性污泥

(1) 采集与保存：将生化处理厂曝气池活性污泥装入塑料桶中(不要超过容积的 2/3)，并用 2～3 层纱布罩在桶口上。在实验室保存活性污泥，可连接在生物培养器装置上，曝气保存；也可将污泥澄清，弃去上清液，装于塑料瓶中，在冰箱中 0～4℃保存。使用时将污泥倒入培养器中，加入 5～10g 葡萄糖，待测废水 10～50mL，10mL 磷酸盐缓冲溶液，在 25～35℃曝气培养 24h。活性污泥也可以用废水加营养液、葡萄糖曝气培养，生长出絮状胶体，即活性污泥。

(2) 活性污泥的预处理：取约 18mL 污泥倒入 20mL 刻度离心管中，在 1400r/min 下，离心 3min，弃去上清液。再加入活性污泥，反复几次，待刻度离心管中的污泥约为 3mL，用水洗 5～6 次，备用。检查活性污泥是否洗净，采用紫外扫描方法，即将活性污泥洗涤 6

次，取离心后的上清液在 220~370nm 波长下扫描，并同时与水空白比较，两条吸收曲线相近即可。

## 六、测定步骤

(1) 取 2.00mL 混合均匀的水样(或经稀释后的水样 2.00mL)，测定 $COD_{前}$值。

(2) 取 50mL 混合均匀的水样(或经稀释后的水样 50mL)于 BOD 降解管中。

(3) 加入 3mL 洗净的活性污泥，1mL 氯化钙溶液，1mL 硫酸镁溶液，1mL 三氯化铁溶液，5mL 缓冲溶液。

(4) 将 BOD 降解管置于 BOD 培养器中，连接气路，在 30~35℃连续曝气 2h。如液面降低，需加水至原体积摇匀，静置。

(5) 取上层清液 3~5mL 在高速离心机上，以 14000r/min 的速度，离心分离 3min，然后迅速取 2.00mL 上层清液，测定 $COD_{后}$值。

## 七、计算

生化需氧量 BOD 由下式计算：

$$BOD(O_2,\ mg/L) = (COD_{前} - COD_{后})$$

$$BOD_5(O_2,\ mg/L) = bx + a$$

式中 $COD_{前}$——降解前 COD 值，mg/L；

$COD_{后}$——降解后 COD 值，mg/L；

$x$——本方法测得的 $BOD_5$值，mg/L；

$b$——稀释接种法与本方法测定结果回归曲线的斜率；

$a$——稀释接种法与本方法测定结果回归曲线的截距。

## 八、精密度和准确度

不同类型废水 BOD 的加标回收率在 90%~110%，标准样品的协同试验结果见表 1.5。

**表 1.5 方法的精密度**

| 准溶液 $BOD_5$值/(mg/L) | 实验室数 | 室内相对标准偏差/% | 室间相对标准偏差/% |
|---|---|---|---|
| 134 | 5 | 1.6 | 4.1 |
| 210 | 4 | 5.2 | 9.5 |

## © 注意事项

(1) 活性污泥的性状是试验成功的关键，在培养活性污泥时，要掌握好污泥生长的条件，即温度在 25~30℃；曝气量充分，并能不断搅拌；使碳、氮、磷有适当比例；只用废水驯化污泥，可以测定各种不同的工业废水。

(2) 曝气时间可以通过对降解进程中水样的直接扫描来确定。如 0h、1h、1.5h、2h、2.5h、2.8h，波长为 220~380nm。如降解前后两条扫描曲线几乎重合，即可认为：在相应条件下，水样降解已达到终点。此时间为 2.5h，则今后这种废水降解时间定为 2.5h。

(3) 高速离心活性污泥测定$COD_{后}$，吸样时，不能带进污泥，否则$COD_{后}$高，测定结果偏低。

(4) 从经过验证的印染、造纸、毛纺、制革、石化、焦化、冶炼、城市污水、油田、电厂、制药、麻纺的废水$BOD_5$与BOD的测定值统计回归，其斜率为0.45~0.69，平均为0.558，其产生的误差为+10.8%~13.2%。正负未超过25%。因此，规定其换算系数为$b=0.558$。截距最大值3.6，最小值0.51，平均为2.06，规定截距为$a=2$则在一般情况下，上述已验证过的工业废水，其换算公式为：$BOD_5=0.558x+2$($x=BOD_5$，单位为mg/L)。

对于未经验证的废水，需用同一水样做$BOD_5$和BOD统计回归，再进行换算。

(5) 在测定标样时，由于葡萄糖、谷氨酸在规定条件下，可降解90%以上，因此换算系数为0.655~0.75，平均为0.703。

# 实验四　水样溶解氧的测定

**知识链接**

溶解于水中的氧称为“溶解氧”。当地面水与大气接触及某些含叶绿素的水生植物在其中进行生化作用时，水中就有了溶解氧的存在。其含量随水的深度增加而减少，与空气中氧的分压、大气压力及水的温度有关。

溶解氧(DO)是重要的水质指标，通过本实验，掌握测定DO的经典方法碘量法及膜电极法。

## 碘量法测定水样溶解氧

### 一、实验原理

在水样中加入硫酸锰和碱性碘化钾溶液，水中溶解氧能迅速将二价锰氧化成四价锰的氢氧化物沉淀。加酸溶解沉淀后，碘离子氧化析出与溶解氧相当的游离碘。以淀粉为指示剂，用标准硫代硫酸钠溶液滴定，计算溶解氧含量。

### 二、仪器

溶解氧瓶，250mL碘量瓶或锥形瓶，25mL酸式滴定管，1mL、2mL定量吸管，100mL移液管。

### 三、试剂

(1) 硫酸锰溶液：称取480g $MnSO_4 \cdot 4H_2O$或364g $MnSO_4 \cdot H_2O$溶解于水中，稀释至1L。此溶液在酸性时，加入碘化钾后，不得析出游离碘。

（2）碱性碘化钾溶液：称取500g氢氧化钠溶解于300~400mL水中，另称取150g碘化钾溶于200mL水中，待氢氧化钠溶液冷却后，将两种溶液混合，用水稀释至1L。若有沉淀则放置过夜后取出上清液，贮于塑料瓶中并用黑纸包裹避光。

（3）浓硫酸。

（4）0.5%淀粉溶液：称0.5g可溶性淀粉，用少量水调成糊状，再用刚煮沸的水稀释到100mL，冷却后，加入0.1g水杨酸或0.4g二氯化锌防腐。

（5）硫代硫酸钠标准溶液：称取约25g分析纯硫代硫酸钠（$Na_2S_2O_3 \cdot 5H_2O$）溶于煮沸放冷的水中，稀释至1L。加入0.4g氢氧化钠或数小粒碘化汞，贮于棕色瓶内防止水解。此溶液浓度约为0.1mol/L，再用以下方法标定准确浓度。

碘酸钾（碘酸钠）标定法：精确称取0.1500g干燥的分析纯碘酸钾（$KIO_3$）于250mL碘量瓶中，加入100mL水，加热溶解，加入3g碘化钾及10mL冰醋酸，静置5min。用已配制的硫代硫酸钠溶液滴定，直至颜色变为淡黄色，加入1mL淀粉溶液，继续滴定至蓝色刚好消失为止，记录消耗硫代硫酸钠的量，按下式计算硫代硫酸钠溶液浓度 $c$。

$$c(Na_2S_2O_3 \cdot 5H_2O,\ mL/L)=\frac{W}{\frac{214.01}{600}\times V}=\frac{W}{0.03567\times V}$$

式中 $W$——碘酸钾重量，g；

$V$——消耗硫代硫酸钠溶液的体积，mL。

## 四、测定步骤

（1）采样时将水灌满，采用自制采样瓶时，提起样瓶，迅速取下橡皮塞，换用磨口玻璃塞盖紧，注意瓶内不能留有空气泡，立即送回实验室。

（2）用虹吸法把水样转移到溶解氧瓶内，并使水样从瓶口溢流出数秒钟。

（3）用定量吸管插入液面下，加入1mL硫酸锰溶液和2mL碱性碘化钾溶液，盖好瓶塞，勿使瓶内有气泡，充分颠倒混匀。

（4）待棕色絮状沉淀下沉，轻轻打开溶解氧瓶塞，立即用吸管插入液面下加入2mL浓硫酸，小心盖好瓶盖，颠倒混合摇匀至沉淀物全部溶解为止（如沉淀物溶解不完全，需再加少量酸使其全部溶解）。然后放置暗处5min，用移液管吸取100mL上述溶液，注入250mL锥形瓶中，用硫代硫酸钠标准溶液滴定到溶液呈微黄色，加入1mL淀粉溶液，用硫代硫酸钠继续滴定至恰好使蓝色褪去为止，记录用量。

## 五、计算

$$DO(mg/L)=\frac{c\times V\times 8\times 1000}{100}$$

式中 $c$——硫代硫酸钠标准溶液浓度，mol/L；

$V$——滴定时消耗硫代硫酸钠标准溶液的体积，mL；

8——（$1/4O_2$）的摩尔质量，g；

100——所取的水样体积，mL。

## 注意事项

(1) 如水样中含有游离氯大于 0.1mg/L 时，应预先加入相当量的硫代硫酸钠去除。可先取两个溶解氧瓶，将其中一瓶水样倒入锥形瓶中，加入 5mL 硫酸(1+5)和 1g 碘化钾，摇匀，待碘析出，以淀粉为指示剂，用硫代硫酸钠标准溶液滴定，记录用量。然后向另一瓶水样中加入上述用量的硫代硫酸钠标准溶液，摇匀，再按前述操作步骤进行固定和测定。

(2) 水样中如含有大量悬浮物，由于吸附作用要消耗较多的碘而干扰测定，此时加入 1~2mL 浓氨水，盖好瓶塞，颠倒混匀，放置 10min 后，将上清液虹吸及至溶解氧瓶中，进行固定和测定。

(3) 水样中如含有较多亚硝酸盐氮和亚铁离子，由于它们的还原作用而干扰测定，可采用叠氮化钠修正法或高锰酸钾修正法进行测定。

## 思考题

1. 水样中含有游离氯大于 0.1mg/L 时，为什么要加入相当量的硫代硫酸钠去除？
2. 亚硝酸盐氮和亚铁离子对水样溶解氧的测定有何影响？

# 溶解氧的测定——电化学探头法

## 一、实验原理

溶解氧电化学探头是一个用选择性薄膜封闭的小室，室内有两个金属电极并充有电解质。氧和一定数量的其他气体及亲液物质可透过这层薄膜，但水和可溶性物质的离子几乎不能透过这层膜。将探头浸入水中进行溶解氧的测定时，由于电池作用或外加电压在两个电极间产生电位差，使金属离子从阳极进入溶液，同时氧气通过薄膜扩散在阴极获得电子被还原，产生的电流与穿过薄膜和电解质层的氧的传递速度呈正比，即在一定的温度下该电流与水中氧的分压(或浓度)呈正比。

薄膜对气体的渗透性受温度变化的影响较大，要采用数学方法对温度进行校正，也可在电路中安装热敏元件对温度变化进行自动补偿。

若仪器在电路中未安装压力传感器不能对压力进行补偿时，仪器仅显示与气压有关的表观读数，当测定样品的气压与校准仪器时的气压不同时，应按本标准的规定进行校正。

若测定海水、港湾水等含盐量高的水，应根据含盐量对测量值进行修正。

## 二、试剂和材料

除非另有说明，本标准所用试剂均使用符合国家标准的分析纯化学试剂，实验用水为新制备的去离子水或蒸馏水。

(1) 无水亚硫酸钠($Na_2SO_3$)或七水合亚硫酸钠($Na_2SO_3 \cdot 7H_2O$)。

(2) 二价钴盐，例如六水合氯化钴(Ⅱ)($CoCl_2 \cdot 6H_2O$)。

(3) 零点检查溶液：称取 0.25g 亚硫酸钠和约 0.25mg 钴(Ⅱ)盐，溶解于 250ml 蒸馏水中。临用时现配。

(4) 氮气：99.9%。

## 三、仪器和设备

本标准除非另有说明，分析时均使用符合国家 A 级标准的玻璃量器。

(1) 溶解氧测量仪

① 测量探头：原电池型(例如铅/银)或极谱型(例如银/金)，探头上宜附有温度补偿装置。

② 仪表：直接显示溶解氧的质量浓度或饱和百分数。

(2) 磁力搅拌器

(3) 电导率仪：测量范围 2~100mS/cm。

(4) 温度计：最小分度为 0.5℃。

(5) 气压表：最小分度为 10Pa。

(6) 溶解氧瓶。

(7) 实验室常用玻璃仪器。

## 四、分析步骤

使用测量仪器时，应严格遵照仪器说明书的规定。

1. 校准

1) 零点检查和调整

当测量的溶解氧浓度水平低于 1mg/L(或 10%饱和度)时，或者当更换溶解氧膜罩或内部的填充电解液时，需要进行零点检查和调整。若仪器具有零点补偿功能，则不必调整零点。

零点调整：将探头浸入零点检查溶液中，待反应稳定后读数，调整仪器到零点。

2) 接近饱和值的校准

在一定的温度下，向蒸馏水中曝气，使水中氧的含量达到饱和或接近饱和。在这个温度下保持 15min，采用 GB 7489 规定的方法测定溶解氧的浓度。

将探头浸没在瓶内，瓶中完全充满按上述步骤制备并测定的样品，让探头在搅拌的溶液中稳定 2~3min 以后，调节仪器读数至样品已知的溶解氧浓度。

当仪器不能再校准，或仪器响应变的不稳定或较低时，及时更换电解质或(和)膜。

注 1：如果以往的经验已给出空气饱和样品需要的曝气时间和空气流速，可以查表 1.6 或表 1.8 来代替碘量法的测定。

注 2：有些仪器能够在水饱和空气中校准。

2. 测定

将探头浸入样品，不能有空气泡截留在膜上，停留足够的时间，待探头温度与水温达到平衡，且数字显示稳定时读数。必要时，根据所用仪器的型号及对测量结果的要求，检验水温、气压或含盐量，并对测量结果进行校正。

探头的膜接触样品时，样品要保持一定的流速，防止与膜接触的瞬间将该部位样品中的溶解氧耗尽，使读数发生波动。

对于流动样品(例如河水)：应检查水样是否有足够的流速(不得小于0.3m/s)，若水流速低于0.3m/s需在水样中往复移动探头，或者取分散样品进行测定。

对于分散样品：容器能密封以隔绝空气并带有搅拌器。将样品充满容器至溢出，密闭后进行测量。调整搅拌速度，使读数达到平衡后保持稳定，并不得夹带空气。

## 五、结果计算

*1. 溶解氧的质量浓度*

溶解氧的质量浓度以每升水中氧的毫克数表示。

(1) 温度校正

测量样品与仪器校准期间温度不同时，需要对仪器读数按下式进行校正。

$$\rho(O)=\rho'(O)\times\frac{\rho(O)_m}{\rho(O)_c}$$

式中　$\rho(O)$——实测溶解氧的质量浓度，mg/L；

$\rho'(O)$——溶解氧的表观质量浓度(仪器读数)，mg/L；

$\rho(O)_m$——测量温度下氧的溶解度，mg/L；

$\rho(O)_c$——校准温度下氧的溶解度，mg/L。

例如：

校准温度为25℃时氧的溶解度为8.3mg/L(见附表1.6)；

测量温度为10℃时氧的溶解度为11.3mg/L(见附表1.6)；

测量时仪器的读数为7.0mg/L。

10℃时实测溶解氧的质量浓度：$\rho(O)=7.0\times11.3/8.3=9.5$mg/L

上式中$\rho(O)_m$和$\rho(O)_c$值，可根据对应的大气压力和温度由附录一中公式计算而得，也可以由表1.6和表1.8中查得。

注：有些仪器能自动进行温度补偿。

(2) 气压校正

气压为$P$(kPa)时，水中溶解氧的浓度$\rho(O)_s$可由下式求出：

$$\rho(O)=\rho'(O)_s\times\frac{P-P_w}{101.325-P_w}$$

式中　$\rho(O)$——温度为$t$、大气压力为$P$(kPa)时，水中氧的质量浓度，mg/L；

$\rho'(O)_s$——仪器默认大气压力为101.325kPa，温度为$t$时，仪器的读数，mg/L；

$P_w$——温度为$t$时，饱和水蒸气的压力，kPa。

注：有些仪器能自动进行压力补偿。

(3) 盐度修正

当水中含盐量大于等于3g/kg时，需要对仪器读数按下式进行修正。

$$\rho(O)=\rho''(O)_s-\Delta\rho(O)_s\times W\times\frac{\rho''(O)_s}{\rho(O)_s}$$

式中　$\rho(O)$——$P$大气压下和温度为$t$时，盐度修正后溶解氧的质量浓度，mg/L；

$\Delta\rho(O)_s$——气压为 101.325kPa，温度为 $t$ 时，水中溶解氧的修正因子，(mg/L)/(g/kg)，见附录 1.6；

$W$——水中含盐量，g/kg；

$\rho(O)_s$——$P$ 大气压下和温度为 $t$ 时水中氧的溶解度，mg/L，见附录 1.8；

$\rho''(O)_s$——$P$ 大气压下和摄氏温度为 $t$ 时，盐度修正前仪器的读数，mg/L；

$\dfrac{\rho''(O)_s}{\rho(O)_s}$——$P$ 大气压下和温度为 $t$ 时水中溶解氧的饱和率。

注：水中的含盐量可以用电导率值估算(见表 1.7)。使用 IS0 7888 电导率仪法测量水样的电导率，如果测定时水样的温度不是 20℃，应换算成 20℃时的电导率，测得结果以 mS/cm 表示。用表 1.7 提供的数据，估计水中的含盐量到最接近的整数(W)，代入上式中，计算盐度修正后水中溶解氧的浓度。

2. 以饱和百分数表示的溶解氧浓度

水中溶解氧的饱和百分数，按照以下公式计算：

$$S=\frac{\rho''(O)_s}{\rho(O)_s}\times 100$$

式中　$S$——水中溶解氧的饱和百分率,%；

$\rho''(O)_s$——实测值，mg/L，表示在 $P$ 大气压和温度为 $t$ 时水中溶解氧的质量浓度；

$\rho(O)_s$——理论值，mg/L，表示在 $P$ 大气压和温度为 $t$ 时水中氧的溶解度(参见附录 1.8)。

## 六、检测报告

检测报告应包括下列信息。

(1) 方法依据和来源；

(2) 结果及其表示方法；

(3) 仪器校准时水的温度和大气压力；

(4) 采样和测量时水的温度；采样和测量时大气压力；

(5) 水的电导率及含盐量；

(6) 所用的仪器型号；

(7) 检测期间注意到的特殊现象；

(8) 本标准中没有规定的或任选的操作细节。

## 七、注意事项

1. 干扰

水中存在的一些气体和蒸汽，例如氯、二氧化硫、硫化氢、胺、氨、二氧化碳、溴和碘等物质，通过膜扩散影响被测电流而干扰测定。水样中的其他物质如溶剂、油类、硫化物、碳酸盐和藻类等物质可能堵塞薄膜、引起薄膜损坏和电极腐蚀，影响被测电流而干扰测定。

2. 线性检查

新仪器投入使用前、更换电极或电解液以后，应检查仪器的线性，一般每隔 2 个月运行一次线性检查。

检查方法：通过测定一系列不同浓度蒸馏水样品中溶解氧的浓度来检查仪器的线性。向3~4个250mL完全充满蒸馏水的细口瓶中缓缓通入氮气泡，去除水中氧气，用探头时刻测量剩余的溶解氧含量，直到获得所需溶解氧的近似浓度，然后立刻停止通氮气，用GB 7489测定水中准确的溶解氧浓度。

若探头法测定的溶解氧浓度值与碘量法在显著性水平为5%时无显著性差异，则认为探头的响应呈线性。否则，应查找偏离线性的原因。

3. 电极的维护和再生

(1) 电极的维护

任何时候都不得用手触摸膜的活性表面。

电极和膜片的清洗：若膜片和电极上有污染物，会引起测量误差，一般1~2周清洗一次。清洗时要小心，将电极和膜片放入清水中涮洗，注意不要损坏膜片。

经常使用的电极建议放在存有蒸馏水的容器中，以保持膜片的湿润。干燥的膜片在使用前应该用蒸馏水湿润活化。

(2) 电极的再生

当电极的线性不合格时，就需要对电极进行再生。电极的再生约一年一次。

电极的再生包括更换溶解氧膜罩、电解液和清洗电极。

每隔一定时间或当膜被损坏和污染时，需要更换溶解氧膜罩并补充新的填充电解液。如果膜未被损坏和污染，建议2个月更换一次填充电解液。

更换电解质和膜之后，或当膜干燥时，都要使膜湿润，只有在读数稳定后，才能进行校准，仪器达到稳定所需要的时间取决于电解质中溶解氧消耗所需要的时间。

4. 其他注意事项

当将探头浸入样品中时，应保证没有空气泡截留在膜上。

样品接触探头的膜时，应保持一定的流速，以防止与膜接触的瞬时将该部位样品中的溶解氧耗尽而出现错误的读数。应保证样品的流速不致使读数发生波动，在这方面要参照仪器制造厂家的说明。

## 附录一

### 水中氧的溶解度与温度、压力和盐分的关系

水中氧的溶解度在给定的压力条件下随温度变化；同样，在给定的温度条件下随压力变化。另外，氧的溶解度随着盐分的增加而减少。

一、氧在水中的溶解度与水温和含盐量的函数关系

1. 温度的影响

表1.6给出了标准大气压(101.325kPa)下、在水蒸气饱和、含氧体积百分数为20.94%(体)的空气存在时，纯水中氧的溶解度$\rho(O)_s$，以每升纯水中氧的毫克数表示。

2. 含盐量的影响

水中氧的溶解度随着含盐量的增加而减少，总盐量在35g/kg以下时，二者呈线性关系。

表1.6给出了水温为$t$℃(0~39℃之间，间隔为1℃)、水中含盐量(以NaCl计)每变化1g/kg时，水中溶解氧的修正因子$\Delta\rho(O)_s$。该修正因子适用于海水或港湾水，使用上述修正值能给盐水中的溶解氧计算结果带来大约1%的误差。

**表1.6　氧的溶解度与水温和含盐量的函数关系**

| 温度/℃ | $\rho(O)_s$/(mg/L) | $\Delta\rho(O)_s$/(mg/L)/(g/kg) | 温度/℃ | $\rho(O)_s$/(mg/L) | $\Delta\rho(O)_s$/(mg/L)/(g/kg) |
|---|---|---|---|---|---|
| 0 | 14.62 | 0.0875 | 21 | 8.91 | 0.0464 |
| 1 | 14.22 | 0.0843 | 22 | 8.74 | 0.0453 |
| 2 | 13.83 | 0.0818 | 23 | 8.58 | 0.0443 |
| 3 | 13.46 | 0.0789 | 24 | 8.42 | 0.0432 |
| 4 | 13.11 | 0.0760 | 25 | 8.26 | 0.0421 |
| 5 | 12.77 | 0.0739 | 26 | 8.11 | 0.0407 |
| 6 | 12.45 | 0.0714 | 27 | 7.97 | 0.0400 |
| 7 | 12.14 | 0.0693 | 28 | 7.83 | 0.0389 |
| 8 | 11.84 | 0.0671 | 29 | 7.69 | 0.0382 |
| 9 | 11.56 | 0.0650 | 30 | 7.56 | 0.0371 |
| 10 | 11.29 | 0.0632 | 31 | 7.43 | |
| 11 | 11.03 | 0.0614 | 32 | 7.30 | |
| 12 | 10.78 | 0.0593 | 33 | 7.18 | |
| 13 | 10.54 | 0.0582 | 34 | 7.07 | |
| 14 | 10.31 | 0.0561 | 35 | 6.95 | |
| 15 | 10.08 | 0.0545 | 36 | 6.84 | |
| 16 | 9.87 | 0.0532 | 37 | 6.73 | |
| 17 | 9.66 | 0.0514 | 38 | 6.63 | |
| 18 | 9.47 | 0.0500 | 39 | 6.53 | |
| 19 | 9.28 | 0.0489 | 40 | 6.43 | |
| 20 | 9.09 | 0.0475 | | | |

表1.7提供了电导率与盐含量(以NaCl计)的函数关系。

**表1.7　电导率与含盐量的函数关系**

| 电导率/(mS/c) | 水中含盐量*/(mg/kg) | 电导率/(mS/c) | 水中含盐量*/(mg/kg) | 电导率/(mS/c) | 水中含盐量*/(mg/kg) |
|---|---|---|---|---|---|
| 5 | 3 | 10 | 6 | 15 | 10 |
| 6 | 4 | 11 | 7 | 16 | 10 |
| 7 | 4 | 12 | 8 | 17 | 11 |
| 8 | 5 | 13 | 8 | 18 | 12 |
| 9 | 6 | 14 | 9 | 19 | 13 |

续表

| 电导率/(mS/c) | 水中含盐量*/(mg/kg) | 电导率/(mS/c) | 水中含盐量*/(mg/kg) | 电导率/(mS/c) | 水中含盐量*/(mg/kg) |
|---|---|---|---|---|---|
| 20 | 13 | 30 | 21 | 39 | 28 |
| 21 | 14 | 31 | 22 | 40 | 29 |
| 22 | 15 | 32 | 22 | 42 | 30 |
| 23 | 15 | 33 | 23 | 44 | 32 |
| 24 | 16 | 34 | 24 | 46 | 33 |
| 25 | 17 | 35 | 25 | 48 | 35 |
| 26 | 18 | 36 | 25 | 50 | 37 |
| 27 | 18 | 37 | 26 | 52 | 38 |
| 28 | 19 | 38 | 27 | 54 | 40 |
| 29 | 20 | | | | |

*20℃时测定的电导率(mS/cm)所对应的含盐量(g/kg)。

二、溶解氧与大气压力和水温的函数关系

气压为$P$(kPa)时，水中氧的溶解度$\rho'(O)_s$可由下式求出：

$$\rho'(O)_s=\rho(O)_s\times\frac{P-P_w}{101.325-P_w}$$

式中　$\rho'(O)_s$——温度为$t$、大气压力为$P$(kPa)时，水中氧的溶解度，mg/L；

$\rho(O)_s$——温度为$t$、气压为101.325kPa时，水中溶解氧的理论浓度，mg/L，由附表1.6中可查到；

$P_w$——摄氏温度为$t$℃时，饱和水蒸气的压力，kPa。

附表1.8给出了大气压范围在50.5～110.5kPa之间(间隔为5kPa)、温度范围在0～400℃之间(间隔为1℃)，水中氧的溶解度$\rho'(O)_s$，用每升溶解氧的毫克数表示。

间隔更小的数据则由公式(1)导出，也可以用内插法推算。

**附表1.8　不同大气压和水温条件下氧的溶解度**　单位：mg/L

| 温度/℃ | $P_w$/kPa | 大气压/kPa | | | | | | | | | | | | |
|---|---|---|---|---|---|---|---|---|---|---|---|---|---|---|
| | | 50.5 | 55.5 | 60.5 | 65.5 | 70.5 | 75.5 | 80.5 | 85.5 | 90.5 | 95.5 | 100.5 | 105.5 | 110.5 |
| 0 | 0.61 | 7.24 | 7.97 | 8.69 | 9.42 | 10.15 | 10.87 | 11.60 | 12.32 | 13.05 | 13.77 | 14.50 | 15.23 | 15.95 |
| 1 | 0.66 | 7.04 | 7.75 | 8.45 | 9.16 | 9.87 | 10.57 | 11.28 | 11.98 | 12.69 | 13.40 | 14.10 | 14.81 | 15.52 |
| 2 | 0.71 | 6.84 | 7.53 | 8.22 | 8.91 | 9.59 | 10.28 | 10.97 | 11.65 | 12.34 | 13.03 | 13.72 | 14.40 | 15.09 |
| 3 | 0.76 | 6.66 | 7.33 | 8.00 | 8.67 | 9.33 | 10.00 | 10.67 | 11.34 | 12.01 | 12.68 | 13.35 | 14.02 | 14.69 |
| 4 | 0.81 | 6.48 | 7.13 | 7.79 | 8.44 | 9.09 | 9.74 | 10.39 | 11.05 | 11.70 | 12.35 | 13.00 | 13.65 | 14.31 |
| 5 | 0.87 | 6.31 | 6.94 | 7.58 | 8.22 | 8.85 | 9.49 | 10.12 | 10.76 | 11.39 | 12.03 | 12.67 | 13.30 | 13.94 |
| 6 | 0.93 | 6.15 | 6.77 | 7.39 | 8.01 | 8.63 | 9.25 | 9.87 | 10.49 | 11.11 | 11.73 | 12.35 | 12.97 | 13.59 |
| 7 | 1.00 | 5.99 | 6.59 | 7.20 | 7.80 | 8.41 | 9.02 | 9.62 | 10.23 | 10.83 | 11.44 | 12.04 | 12.65 | 13.25 |
| 8 | 1.07 | 5.84 | 6.43 | 7.02 | 7.61 | 8.20 | 8.79 | 9.38 | 9.97 | 10.56 | 11.15 | 11.74 | 12.33 | 12.92 |
| 9 | 1.15 | 5.69 | 6.27 | 6.85 | 7.43 | 8.00 | 8.58 | 9.16 | 9.73 | 10.31 | 10.89 | 11.46 | 12.04 | 12.62 |
| 10 | 1.23 | 5.56 | 6.12 | 6.69 | 7.25 | 7.81 | 8.38 | 8.94 | 9.51 | 10.07 | 10.63 | 11.20 | 11.76 | 12.32 |

续表

| 温度/℃ | $P_w$/kPa | 大气压/kPa | | | | | | | | | | | | |
|---|---|---|---|---|---|---|---|---|---|---|---|---|---|---|
| | | 50.5 | 55.5 | 60.5 | 65.5 | 70.5 | 75.5 | 80.5 | 85.5 | 90.5 | 95.5 | 100.5 | 105.5 | 110.5 |
| 11 | 1.31 | 5.42 | 5.98 | 6.53 | 7.08 | 7.63 | 8.18 | 8.73 | 9.28 | 9.84 | 10.39 | 10.94 | 11.49 | 12.04 |
| 12 | 1.40 | 5.30 | 5.84 | 6.38 | 6.92 | 7.45 | 7.99 | 8.53 | 9.07 | 9.61 | 10.15 | 10.69 | 11.23 | 11.77 |
| 13 | 1.49 | 5.17 | 5.70 | 6.23 | 6.76 | 7.29 | 7.81 | 8.34 | 8.87 | 9.40 | 9.93 | 10.45 | 10.98 | 11.51 |
| 14 | 1.60 | 5.06 | 5.57 | 6.09 | 6.61 | 7.12 | 7.64 | 8.16 | 8.67 | 9.19 | 9.71 | 10.22 | 10.74 | 11.26 |
| 15 | 1.71 | 4.94 | 5.44 | 5.95 | 6.45 | 6.96 | 7.47 | 7.97 | 8.48 | 8.98 | 9.49 | 10.00 | 10.50 | 11.01 |
| 16 | 1.81 | 4.83 | 5.33 | 5.82 | 6.32 | 6.81 | 7.31 | 7.80 | 8.30 | 8.80 | 9.29 | 9.79 | 10.28 | 10.78 |
| 17 | 1.93 | 4.72 | 5.21 | 5.69 | 6.18 | 6.66 | 7.15 | 7.64 | 8.12 | 8.61 | 9.09 | 9.58 | 10.07 | 10.55 |
| 18 | 2.07 | 4.62 | 5.10 | 5.57 | 6.05 | 6.53 | 7.01 | 7.48 | 7.96 | 8.44 | 8.91 | 9.39 | 9.87 | 10.35 |
| 19 | 2.20 | 4.52 | 4.99 | 5.46 | 5.93 | 6.39 | 6.86 | 7.33 | 7.80 | 8.27 | 8.73 | 9.20 | 9.67 | 10.14 |
| 20 | 2.81 | 4.42 | 4.88 | 5.34 | 5.80 | 6.26 | 6.72 | 7.18 | 7.64 | 8.10 | 8.56 | 9.01 | 9.47 | 9.93 |
| 21 | 2.99 | 4.33 | 4.78 | 5.23 | 5.68 | 6.13 | 6.58 | 7.03 | 7.48 | 7.93 | 8.38 | 8.84 | 9.29 | 9.74 |
| 22 | 3.17 | 4.24 | 4.68 | 5.12 | 5.57 | 6.01 | 6.45 | 6.90 | 7.34 | 7.78 | 8.22 | 8.67 | 9.11 | 9.55 |
| 23 | 3.36 | 4.15 | 4.59 | 5.02 | 5.46 | 5.90 | 6.33 | 6.77 | 7.20 | 7.64 | 8.07 | 8.51 | 8.94 | 9.38 |
| 24 | 3.56 | 4.07 | 4.50 | 4.92 | 5.35 | 5.78 | 6.21 | 6.64 | 7.06 | 7.49 | 7.92 | 8.35 | 8.78 | 9.21 |
| 25 | 3.77 | 3.98 | 4.40 | 4.82 | 5.25 | 5.67 | 6.09 | 6.51 | 6.93 | 7.35 | 7.77 | 8.19 | 8.61 | 9.03 |
| 26 | 4.00 | 3.90 | 4.32 | 4.73 | 5.14 | 5.56 | 5.97 | 6.39 | 6.80 | 7.21 | 7.63 | 8.04 | 8.46 | 8.87 |
| 27 | 4.24 | 3.83 | 4.23 | 4.64 | 5.05 | 5.46 | 5.86 | 6.27 | 6.68 | 7.09 | 7.50 | 7.90 | 8.31 | 8.72 |
| 28 | 4.49 | 3.75 | 4.15 | 4.55 | 4.95 | 5.36 | 5.76 | 6.16 | 6.56 | 6.96 | 7.36 | 7.76 | 8.17 | 8.57 |
| 29 | 4.76 | 3.67 | 4.07 | 4.46 | 4.86 | 5.25 | 5.65 | 6.04 | 6.44 | 6.83 | 7.23 | 7.62 | 8.02 | 8.41 |
| 30 | 5.02 | 3.60 | 3.99 | 4.38 | 4.77 | 5.16 | 5.55 | 5.94 | 6.33 | 6.72 | 7.11 | 7.50 | 7.89 | 8.27 |
| 31 | 5.32 | 3.53 | 3.91 | 4.30 | 4.68 | 5.06 | 5.45 | 5.83 | 6.22 | 6.60 | 6.98 | 7.37 | 7.75 | 8.13 |
| 32 | 5.62 | 3.46 | 3.84 | 4.21 | 4.59 | 4.97 | 5.35 | 5.73 | 6.10 | 6.48 | 6.86 | 7.24 | 7.62 | 7.99 |
| 33 | 5.94 | 3.39 | 3.76 | 4.14 | 4.51 | 4.88 | 5.25 | 5.63 | 6.00 | 6.37 | 6.75 | 7.12 | 7.49 | 7.86 |
| 34 | 6.28 | 3.33 | 3.70 | 4.06 | 4.43 | 4.80 | 5.17 | 5.54 | 5.90 | 6.27 | 6.64 | 7.01 | 7.38 | 7.75 |
| 35 | 6.62 | 3.26 | 3.62 | 3.99 | 4.35 | 4.71 | 5.07 | 5.44 | 5.80 | 6.16 | 6.53 | 6.89 | 7.25 | 7.62 |
| 36 | 6.98 | 3.20 | 3.55 | 3.91 | 4.27 | 4.63 | 4.99 | 5.35 | 5.71 | 6.06 | 6.42 | 6.78 | 7.14 | 7.50 |
| 37 | 2.81 | 3.13 | 3.49 | 3.84 | 4.19 | 4.55 | 4.90 | 5.26 | 5.61 | 5.96 | 6.32 | 6.67 | 7.03 | 7.38 |
| 38 | 2.99 | 3.07 | 3.42 | 3.77 | 4.12 | 4.47 | 4.82 | 5.17 | 5.52 | 5.87 | 6.22 | 6.57 | 6.92 | 7.27 |
| 39 | 3.17 | 3.01 | 3.36 | 3.70 | 4.05 | 4.40 | 4.74 | 5.09 | 5.43 | 5.78 | 6.13 | 6.47 | 6.82 | 7.17 |
| 40 | 7.37 | 2.95 | 3.29 | 3.64 | 3.98 | 4.32 | 4.66 | 5.00 | 5.35 | 5.69 | 6.03 | 6.37 | 6.72 | 7.06 |

## 三、大气压力与海拔高度的函数关系

作为海拔高度函数的平均大气压值可用下式计算：

$$\lg P_h = \lg 101.325 - \frac{h}{18400}$$

式中 $P_h$——海拔高度为 $h$(以 m 表示)时的平均大气压，kPa。

$h$——海拔高度，m。

表 1.9 给出海拔高度和平均大气压的部分对应值(海拔高度间隔 100m)。

**表 1.9　海拔高度和平均大气压的对应值**

| 海拔高度 $h$/m | $P_h$/kPa | 海拔高度 $h$/m | $P_h$/kPa |
|---|---|---|---|
| 0 | 101.3 | 2100 | 77.9 |
| 100 | 100.1 | 2200 | 76.9 |
| 200 | 98.8 | 2300 | 76.0 |
| 300 | 97.6 | 2400 | 75.0 |
| 400 | 96.4 | 2500 | 74.1 |
| 500 | 95.2 | 2600 | 73.2 |
| 600 | 94.0 | 2700 | 72.3 |
| 700 | 92.8 | 2800 | 71.4 |
| 800 | 91.7 | 2900 | 70.5 |
| 900 | 90.5 | 3000 | 69.6 |
| 1000 | 89.4 | 3100 | 68.7 |
| 1100 | 88.3 | 3200 | 67.9 |
| 1200 | 87.3 | 3300 | 67.0 |
| 1300 | 86.1 | 3400 | 66.2 |
| 1400 | 85.0 | 3500 | 65.4 |
| 1500 | 84.0 | 3600 | 64.6 |
| 1600 | 82.9 | 3700 | 64.6 |
| 1700 | 81.9 | 3800 | 63.0 |
| 1800 | 80.9 | 3900 | 62.2 |
| 1900 | 79.9 | 4000 | 61.4 |
| 2000 | 78.9 | 4100 | 60.7 |

## 附件二

### JPSJ-605F 溶解氧测定仪的使用方法

溶解氧是指在一定条件下溶解于水中分子状态的氧，其含量用每升水中氧气的毫克数表示(以 $O_2$mg/L 计)，通常记作 DO。

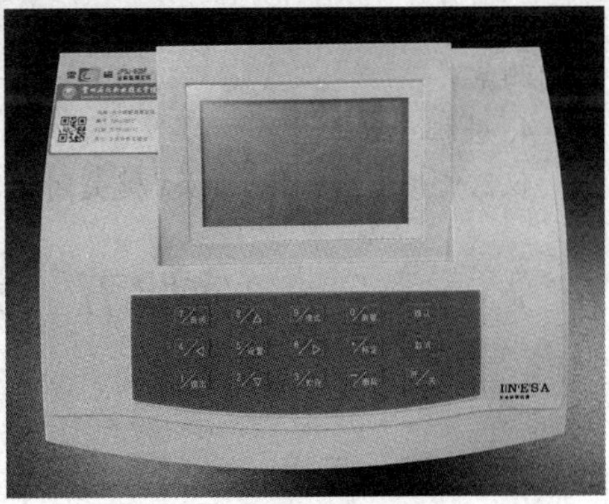

图 1.3　JPSJ-605F 溶解氧测定仪

溶解氧分析仪(见图 1.3)测量原理：氧在水中的溶解度取决于温度、压力和水中溶解的盐等。溶解氧分析仪传感部分是由金电极(阴极)和银电极(阳极)及氯化钾或氢氧化钾电解液组成，氧通过膜扩散进入电解液与金电极和银电极构成测量回路。当给溶解氧分析仪电极加上 0.6~0.8V 的极化电压时，氧通过膜扩散，阴极释放电子，阳极接受电子，产生电流，整个反应过程为：

阳极：$Ag+Cl^- \longrightarrow AgCl+2e^-$

阴极：$O_2+2H_2O+4e^- \longrightarrow 4OH^-$

根据法拉第定律：通过溶解氧分析仪电极的电流和氧分压呈正比，在温度不变的情况下，电流和氧浓度之间呈线性关系。因此，通过测定电流就可以得到溶解氧的浓度。

**一、准备工作**

溶解氧电极的安装：

溶解氧电极出厂时为干燥状态，在使用前应按以下步骤安装膜盖。

(1) 用蒸馏水清洗电极内芯和电极膜盖数次，再用电解液清洗电极内芯和电极膜盖一次。

(2) 在膜盖中加入适量电解液，将电极置于垂直位置，小心缓慢将膜盖旋入电极内芯，使薄膜逐渐贴紧白金电极表面。

(3) 旋装膜盖后，用蒸馏水清洗电极外壳残余电解液。

(4) 在膜盖上旋上电解保护罩，此时电极处于待用状态。

**二、仪器操作**

1. 开机

连接电源，按开关键开机，仪器自检。

2. 标定

“零氧”标定：将溶解氧电极用蒸馏水清洗干净后，放入新鲜配制的5% $Na_2SO_3$溶液中。按“标定”键，保证标定类型为标定零氧状态，否则按“设置”键进行选择。等读数稳定后，按“确认”，仪器存贮并显示标定结果。

“满度”标定：把溶解氧电极从溶液中取出，用蒸馏水冲洗干净，用滤纸小心吸干薄膜表面的水分，并放入盛有蒸馏水容器(如：三角烧瓶、高脚烧杯中)靠近水面的空气上或者放入空气中，电极表面不能沾上水滴。切换标定类型为标定满度状态(按“设置”键选择或者直接按“模式”键切换)。等读数稳定后，按“确认”键，仪器存贮并显示标定结果，同时，结束标定状态。

注意：在标定过程中，随时可以按“取消”键结束标定。

3. 测量

检查测量模式、电极信息、温度电极信息、标定结果、样品信息、结果信息等。上述所有工作完成后，将蒸馏水清洗干净的溶解氧电极浸入被测水样中，按“确认”键进行溶解氧的测量。

4. 关机

仪器使用完毕，按“开关”键关闭仪器。

# 实验五　废水中酚类的测定

**知识链接**

酚类化合物来自炼油、炼焦、煤气洗涤和某些化工厂的排水和排放废物。作为饮用水，如果含有酚类化合物，会在加氯过程中形成产生令人反感气味的氯酚。如果天然水体含有的酚类化合物超过一定浓度，鱼类会产生回避，甚至引起水产品发臭。本实验要求学生掌握用4-氨基安替比林分光光度法测定废水中酚类化合物；掌握预蒸馏的操作方法；掌握双波长法与导数光谱法的使用。

# 4-氨基安替比林分光光度法

## 一、实验原理

酚类化合物于 pH 值为 10.0±0.2 介质中，在铁氰化钾存在下，与 4-氨基安替比林反应，生成橙红色的吲哚酚氨基安替比林染料，其水溶液在 510nm 波长处有最大吸收。用光程长为 2cm 比色皿测量时，酚的最低检出浓度为 0.1mg/L。

## 二、仪器

全玻璃蒸馏器(500mL)、分光光度计等。

## 三、试剂

实验用水应为无酚水。

(1) 无酚水：于 1L 水中加入 0.2g 经 200℃活化 0.5h 的活性炭粉末，充分振荡后，放置过夜。用双层中速滤纸过滤，或加入氢氧化钠使水呈强碱性，并滴加高锰酸钾溶液至紫红色，移入蒸馏瓶中加热蒸馏，收集馏出液备用[无酚水应贮于玻璃瓶中，取用时应避免与橡胶制品(橡皮塞或乳胶管)接触]。

(2) 硫酸铜溶液：称取 50g 硫酸铜($CuSO_4 \cdot 5H_2O$)溶于水，稀释至 500mL。

(3) 磷酸溶液：量取 50mL 磷酸(20℃密度 1.69g/mL)，用水稀释至 500mL。

(4) 甲基橙指示液：称取 0.05g 甲基橙溶于 100mL 水中。

(5) 苯酚标准储备液：称取 1.00g 无色苯酚溶于水，移入 1000mL 容量瓶中，稀释至标线。置冰箱内保存，至少稳定一个月。

标定方法：

① 吸取 10.00mL 酚储备液于 250mL 碘量瓶中，加水稀释至 100mL，加 0.1mol/L 溴酸钾-溴化钾溶液 10.00mL，立刻加入 5mL 盐酸，盖好瓶盖，轻轻摇匀，暗处放置 10min。加入 1g 碘化钾，密塞，再轻轻摇匀，放置暗处 5min。用 0.0125mol/L 硫代硫酸钠标准溶液滴定至淡黄色，加入 1mL 淀粉溶液，继续滴定至蓝色刚好褪去，记录用量。

② 同时以水代替苯酚储备液作空白试验，记录硫代硫酸钠标准溶液用量。

③ 苯酚储备液浓度由下式计算。

$$C_{苯酚}=15.68\times c\times(V_1-V_2)/V$$

式中 $C_{苯酚}$——苯酚储备液浓度，mg/mL；

$V_1$——空白实验中硫代硫酸钠标准用量，mL；

$V_2$——滴定苯酚储备液时，硫代硫酸钠标准溶液用量，mL；

$V$——取用苯酚储备液体积，mL；

$c$—硫代硫酸钠标准溶液浓度，mol/L；

15.68——$1/6C_6H_5OH$ 摩尔质量，g/mol。

(6) 苯酚标准中间液：取适量苯酚储备液，用水稀释至每毫升含 0.010mg 苯酚，使用时当天配制。

(7) 溴酸钾-溴化钾标准参考溶液($C_{1/6KBrO_3}$=0.1mol/L):称取2.784g溴酸钾($KBrO_3$)溶于水,加入10g溴化钾(KBr),使其溶解,移入1000mL容量瓶中,稀释至标线。

(8) 碘酸钾标准参考溶液($C_{1/6KIO_3}$=0.0125mol/L):称取预先经180℃烘干的碘酸钾0.4458g溶于水,移入1000mL容量瓶中,稀释至标线。

(9) 硫代硫酸钠标准溶液($C_{Na_2S_2O_3 \cdot 5H_2O}$≈0.0125mol/L):称取3.1g硫代硫酸钠溶于煮沸放冷的水中,加入0.2g碳酸钠,稀释至1000mL,临用前,用碘酸钾溶液标定。

标定方法:取10.00mL碘酸钾溶液置于250mL容量瓶中,加水稀释至100mL,加1g碘化钾,再加5mL硫酸(1+5),加塞,轻轻摇匀。置暗处放置5min,用硫代硫酸钠溶液滴定至淡黄色,加1mL淀粉溶液,继续滴定至蓝色刚褪去为止,记录硫代硫酸钠溶液用量。按下式计算硫代硫酸钠溶液浓度(mol/L)。

$$C_{Na_2S_2O_3 \cdot 5H_2O}=\frac{0.0125\times V_4}{V_3}$$

式中 $V_3$——硫代硫酸钠标准溶液消耗量,mL;

$V_4$——移取碘酸钾标准参考溶液量,mL;

0.0125——碘酸钾标准参考溶液浓度,mol/L。

(10) 淀粉溶液:称取1g可溶性淀粉,用少量水调成糊状,加沸水至100mL,冷却后,置冰箱内保存。

(11) 缓冲溶液(pH值约为10):称取20g氯化铵($NH_4Cl$)溶于100mL氨水中,加塞,置冰箱中保存。

注:应避免氨挥发引起pH值的改变,注意在低温下保存和取用后立即加塞盖严,并根据使用情况适量配置。

(12) 2%(*m*/*V*)4-氨基安替比林溶液:称取2g 4-氨基安替比林($C_{11}H_{13}N_3$)溶于水,稀释至100mL,置于冰箱中保存,可使用一周。

注:固体试剂易潮解、氧化,宜保存在干燥器中。

(13) 8%(*m*/*V*)铁氰化钾溶液:称取8g铁氰化钾{$K_3[Fe(CN)_6]$}溶于水,稀释至100mL,置于冰箱内保存,可使用一周。

## 四、测定步骤

1. 水样预处理

(1) 量取250mL水样置于蒸馏瓶中,加数粒小玻璃珠以防暴沸,再滴加2滴甲基橙指示液,用磷酸溶液调节至pH=4(溶液呈橙红色),加5.0mL硫酸铜溶液(如采样时已加过硫酸铜,则补加适量)。

如加入硫酸铜溶液后产生较多量的黑色硫化铜沉淀,则应摇匀后放置片刻,待沉淀后,再滴加硫酸铜溶液,至不产生沉淀为止。

(2) 连接冷凝器,加热蒸馏,至蒸馏出约225mL馏出液时,停止加热,放冷。向蒸馏瓶中加入25mL水,继续蒸馏至馏出液为250mL为止。

蒸馏过程中,如发现甲基橙的红色褪去,应在蒸馏结束后,再加1滴甲基橙指示液。

如发现蒸馏后残液不呈酸性，则应重新取样，增加磷酸加入量，进行蒸馏。

2. 标准曲线的绘制

于 50mL 比色管中，分别加入 0mL、0. 50mL、1. 00mL、3. 00mL、5. 00mL、7. 00mL、10. 0mL、12. 50mL 酚标准中间液，加水至 50mL 标线。加 0. 5mL 缓冲溶液，混匀，此时 pH 值为 10. 0±0. 2，加 1mL 4-氨基安替比林，混匀。再加 1mL 铁氰化钾，充分混匀，放置 10min 后立即于 510nm 波长，用光程为 2cm 的比色皿以水为参比测量吸光度。经空白校正后，绘制吸光度对苯酚含量的标准曲线。

3. 水样的测定

分取适量的馏出液放入 50mL 比色管中，稀释至 50mL 标线。用与绘制标准曲线相同的步骤测定吸光度，最后减去空白实验所得吸光度。

4. 空白试验

以水代替水样，经蒸馏后，按水样测定步骤进行测定，以其结果作为水样测定的空白校正值。

## 五、计算

$$c=\frac{1000\times m}{V}$$

式中　$c$——挥发酚浓度，mg/L；

$m$——由水样校正吸光度，从标准曲线上查得的苯酚含量，mg；

$V$——移取馏出液体积，mL。

### 注意事项

如水样含挥发酚较高，移取适量水样并加至 250mL 进行蒸馏，则在计算时应乘以稀释倍数。

### 思考题

1. 酚的测定为什么要进行预蒸馏？预蒸馏可去除哪些干扰？

2. 该方法能否测定出水中所有酚类物质？为什么？

# 双波长法与导数光谱法测定废水中苯酚与 2,4-二硝基苯酚

## 一、实验原理

用经典的分光光度法测定浑浊或背景吸收大的试样时，操作步骤烦琐，测定误差较大；分别测定多组分试样的各个组分时，遇到许多困难。采用双波长或导数光谱分析技术，能从分析波长的信号中除去来自参比波长的信号，消除试样的散射、其他物质的干扰及光源的波动等不利因素，有利于提高方法的灵敏度和选择性，同时简化了分析步骤，扩大应用范围。

1. 双波长法

根据朗伯-比尔定律：

$$-\lg\frac{I_\lambda}{I_0}=A_\lambda=E_\lambda cb \tag{1}$$

式中 $I_\lambda$——在波长 $\lambda$ 出射光强度；

$I_0$——入射光强度；

$A_\lambda$——吸收值；

$E_\lambda$——化合物在波长 $\lambda$ 的摩尔吸收系数；

$c$——化合物的物质的量浓度；

$b$——吸收池长度。

如果有两束单色光 $I_1$ 和 $I_2$（入射强度 $I_0$ 相等），交替地照射在样品池，则样品在波长 $\lambda_2$ 与 $\lambda_1$ 处的吸收值分别为：

$$-\lg\frac{I_{\lambda_1}}{I_0}=A_{\lambda_1}=E_{\lambda_1}cb \tag{2}$$

$$-\lg\frac{I_{\lambda_2}}{I_0}=A_{\lambda_2}=E_{\lambda_2}cb \tag{3}$$

以式(3)-式(2)，则得

$$-\lg\frac{I_{\lambda_2}}{I_{\lambda_1}}=A_{\lambda_2}-A_{\lambda_1}=(E_{\lambda_2}-E_{\lambda_1})cb \tag{4}$$

对于一个确定的组分，其 $E_{\lambda_2}$、$E_{\lambda_1}$ 是固定的，从式(4)可知，$\Delta A=A_{\lambda_2}-A_{\lambda_1}$ 的值与组分的浓度呈正比，这是双波长的定量基础。

如图 1.4 所示，在苯酚与三氯苯酚共存的情况下，用普通的分光光度法难以测定苯酚和三氯苯酚的含量。但用双波长法可分别测定苯酚和三氯苯酚的含量，如在 $\lambda_2$、$\lambda_1$ 测吸收值，求得 $\Delta A$ 用于苯酚的测定，$\lambda_2'$、$\lambda_1'$ 另测吸收值，求得 $\Delta A'$ 用于三氯苯酚的测定。

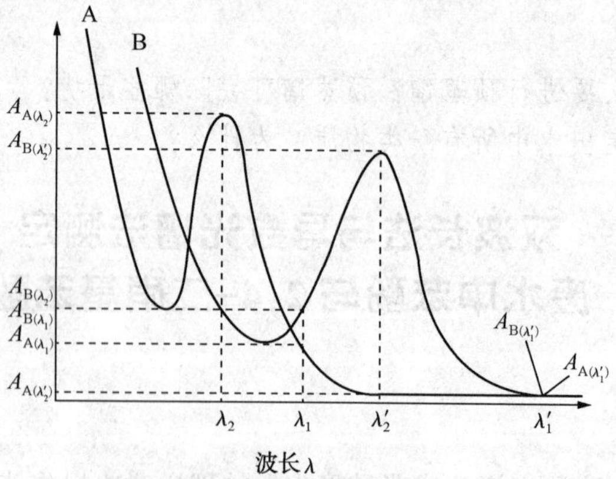


图 1.4 苯酚、三氯苯酚共存时波长与吸光度关系

2. 导数光谱法

导数光谱法与普通分光光度法不同，它不是测定待测液的吸光度($A$)，而是测定吸光度

对波长的导数输出信号（$d^nA/d\lambda^n$）。根据朗伯-比尔定律：

$$A = Ecb \tag{5}$$

$$\frac{dA}{d\lambda} = \left(\frac{dE}{d\lambda}\right)cb \tag{6}$$

在较短的波长内，可以以 $\Delta\lambda$ 替代 $d\lambda$，则有：

$$\frac{\Delta A}{\Delta\lambda} = \left(\frac{\Delta E}{\Delta\lambda}\right)cb \tag{7}$$

$$\Delta A = \Delta Ecb \tag{8}$$

当有背景干扰吸收时，背景吸收几乎不随 $\lambda$ 改变而变化，而待测组分则有 $\Delta A$，因而可以消除干扰，在双组分和多组分的测定时，同样也可以用导数光谱法。

在测定某组分时，选择其 $\Delta A/\Delta\lambda$ 值最大处或较大处，而其他组分的 $\Delta A/\Delta\lambda$ 接近零，图 1.5 是苯酚的一阶导数，由图 1.5 可知，在 220nm 波长处，可利用一阶导数测定苯酚，而在 231nm 处可测定其他共存物质，苯酚无明显干扰。

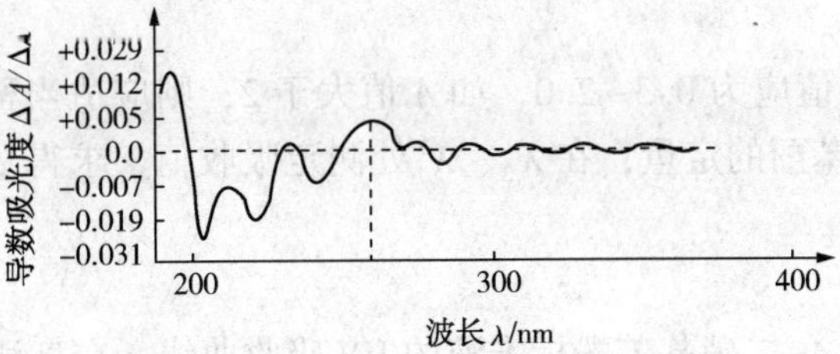


图 1.5　导数吸光度与波长关系

导数光谱虽然可以用手动计算获得，但较费时，一般是在较先进的全自动分光光度计上用计算程序直接获得数据和导数曲线，从而进行定量分析。

3. 在环境检测和环境科学研究中的应用

工业废水中常含有两种或两种以上的组分，有时需要分别测定它们的含量。例如，苯酚和 2,4-二硝基苯酚，在生产上前者是中间体，后者是产品，后者的环境毒性远比前者大。由于苯酚和 2,4-二硝基苯酚的 UV 光谱有较大的差异，因此可应用双波长法或导数光谱法分别测定它们在工业废水中的含量。

在环境科学领域内，经常研究污染物的降解反应，降解物的光谱往往有别于污染物自身的光谱，所以，双波长法和导数光谱法经常用于降解速率的研究。

## 二、仪器与试剂

（1）岛津 Unico-1800 型（或其他型号自动扫描及手动分析）紫外-可见分光光度计。

（2）苯酚标准储备液（25mg/100mL 水溶液）。

（3）2,4-二硝基苯酚标准储备液（25mg/100mL 水溶液）。

## 三、实验步骤

1. 配制苯酚和 2,4-二硝基苯酚系列标准使用液

吸取适量的苯酚（或 2,4-二硝基苯酚）标准储备液，用蒸馏水稀释至标线。

2. 仪器操作

(1) 接通电源，开启显示器、计算机和分光光度计。

(2) 双击桌面的“UV Probe”图标。

(3) 当仪器质检结束后，按“Enter”进入程序，然后按计算机控制键，再点击控制软件上的“连接”，此时，仪器由软件控制。

(4) 在窗口菜单上，点击相应模块，进行操作。

3. 双波长法

(1) 分别绘制苯酚和2,4-二硝基苯酚标准液的UV吸收曲线，根据它们的吸收波长，找出适宜各自的$\lambda_2$(~231nm)、$\lambda_1$(~330nm或~410nm)和$\lambda_2'$(~350nm)、$\lambda_1'$(当干扰物质的吸收值很低时，此波长可以忽略)。

(2) 测定苯酚系列标准溶液在$\lambda_2$、$\lambda_1$处的吸收值，求得$\Delta A$可用于苯酚的工作曲线的绘制；然后，测定2,4-二硝基苯酚在$\lambda_2'$、$\lambda_1'$处的吸收值，求得$\Delta A'$可用于2,4-二硝基苯酚的工作曲线的绘制。

(3) 测定未知样品。

(4) 未知样品的$A$值应为0.3~2.0，如$A$值大于2，则应适当稀释，在$\lambda_2$、$\lambda_1$处测定吸收值，求得$\Delta A$用于苯酚的定量；在$\lambda_2'$、$\lambda_1'$处测定吸收值，求得$\Delta A'$用于2,4-二硝基苯酚的定量。

4. 导数光谱法

(1) 根据苯酚和2,4-二硝基苯酚标准液的UV吸收曲线，在岛津Unico-1800型分光光度计上绘制它们的导数光谱曲线。找出各自适宜的定量测定的波长段(苯酚，~263nm/210nm；2,4-二硝基苯酚，~330nm)。

(2) 测定苯酚系列标准溶液在$\Delta\lambda$波段的$\Delta A$用于苯酚的工作曲线的绘制；然后，测定2,4-二硝基苯酚在$\Delta\lambda$波段的$\Delta A'$用于2,4-二硝基苯酚的工作曲线的绘制。

(3) 测定未知样品。

(4) 未知样品的$A$值应为0.3~2.0，如$A$值大于2，则应适当稀释，测定在$\Delta\lambda$波段内的$\Delta A$，根据苯酚的导数光谱工作曲线求得样品中苯酚的含量；测定在$\Delta\lambda'$波段内的$\Delta A'$，根据2,4-二硝基苯酚的导数光谱工作曲线求得样品中二硝基苯酚的含量。

## 四、数据处理

$$c_{(\text{苯酚},\text{水样})} = c_{(\text{苯酚},\text{标样})} \times \left(\frac{\Delta A}{\Delta A_{\text{标}}}\right)$$

$$c_{(2,4\text{-二硝基苯酚},\text{水样})} = c_{(2,4\text{-二硝基苯酚},\text{标样})} \times \left(\frac{\Delta A'}{\Delta A_{\text{标}}}\right)$$

## 注意事项

(1) 双波长法或导数光谱法可用于同时测定水样中两种物质，也可用于排除干扰测定某一种物质，但被测物质的浓度引起的光吸收不应太低，或两种物质在选定的波长吸收相差很大。

(2) 双波长法应尽量寻找两个波长，其中一个是某一组分吸收峰值，另一个是另一组分的吸收峰值，两个波长之间至少是某一组分吸收值变化较小的区间。

### 思考题

1. 试述双波长法与导数光谱法的优缺点。
2. 导数光谱法的测定波长应如何选择？
3. 还有哪些方法可以用于多组分的分光光度法测定？

# 实验六 水样中总氮的测定

### 知识链接

大量生活污水或含氮工业废水排入水体，使水中有机氮和各种无机氮化物含量增加，水生生物和微生物的大量繁殖，消耗水中的溶解氧，使水体质量恶化。湖泊、水库中含一定量的氮、磷类物质时，造成浮游生物繁殖旺盛，出现富营养化状态。因此，总氮是衡量水质的重要指标之一。

1. 方法的选择

总氮测定方法，通常采取分别测定有机氮和无机氮化物(氨氮、亚硝酸盐氮和硝酸盐氮)后，以加和的办法或以过硫酸钾氧化使有机氮和无机氮化物转变为硝酸盐后，再以紫外法或还原为亚硝酸盐后，用偶氮比色法，以及离子色谱法进行测定。本实验选用过硫酸钾氧化，紫外分光光度法进行，该法主要适用于湖泊、水库、江河水中总氮的测定。方法检测下限为 0. 05mg/L，检测上限为 4mg/L。

2. 样品的保存

水样采集后，用浓硫酸酸化到 $pH<2$，在 24h 内进行测定。

掌握过硫酸钾氧化、紫外分光光度法测定总氮的方法，熟悉分光光度计的操作。

## 一、实验原理

在 60℃以上的水溶液中过硫酸钾按如下反应式分解，生成氢离子和氧。

$$K_2S_2O_8+H_2O \longrightarrow 2KHSO_4+1/2O_2$$

$$KHSO_4 \longrightarrow K^++HSO_4^-$$

$$HSO_4^- \longrightarrow H^++SO_4^{2-}$$

加入氢氧化钠用以中和氢离子，使过硫酸钾分解完全。在 120～124℃的碱性介质条件下，用过硫酸钾作氧化剂，不仅可将水样中的氨氮和亚硝酸氮盐氧化为硝酸盐，同时将水样中大部分有机氮化合物氧化为硝酸盐。而后，用紫外分光光度法分别于波长 220nm 与 275nm 处测定其吸光度，按下式计算硝酸盐氮的吸光度：

$$A=A_{220}-2\times A_{275}$$

从而计算总氮的含量，其摩尔吸光系数为 $1.47\times10^3$。

## 二、仪器和试剂

1. 仪器

紫外分光光度计：压力蒸汽消毒器或家用压力锅(压力为1.1~1.3kg/cm$^2$，相应温度为120~124℃)；具塞玻璃磨口比色管(25mL)。

2. 试剂

(1) 无氨水：每升水中加入0.1mL浓硫酸，蒸馏，收集馏出液于玻璃容器中。

(2) 20%(*m/V*)氢氧化钠：称取20g氢氧化钠，溶于无氨水中，稀释至100mL。

(3) 碱性过硫酸钾溶液；称取40g过硫酸钾($K_2S_2O_8$)、15g氢氧化钠，溶于无氨水中，稀释至1000mL，溶液存放在聚乙烯瓶内，可贮存1个月。

(4) 盐酸(1+9)。

(5) 硝酸钾标准溶液：①标准储备液。称取0.7218g经105~110℃烘干4h的硝酸钾($KNO_3$)溶于无氨水中，移至1000mL容量瓶中，定容。此溶液每毫升含100μg硝酸盐氮。加入2mL三氯甲烷为保护剂，至少可稳定6个月。②标准使用液。将储备液用无氨水稀释10倍而得。此溶液每毫升含10μg硝酸盐氮。

## 三、实验步骤

1. 干扰及消除

(1) 水样中含有六价铬离子及三价铁离子时，可加入5%盐酸羟胺溶液1~2mL，以消除其对测定的影响。

(2) 碘离子及溴离子对测定有干扰。测定20μg硝酸盐氮时，碘离子含量相对于总氮含量的0.2倍时无干扰。溴离子含量相对于总氮含量的3.4倍时无干扰。

(3) 碳酸盐及碳酸氢盐对测定的影响，在加入一定量的盐酸后可消除。

(4) 硫酸盐及氯化物对测定无影响。

2. 校准曲线的绘制

(1) 分别吸取0mL、0.50mL、1.00mL、2.00mL、3.00mL、5.00mL、7.00mL、8.00mL硝酸钾标准溶液于25mL比色管中，用无氨水稀释至10mL标线。

(2) 加入5mL碱性过硫酸钾溶液，塞紧磨口塞，用纱布及纱绳裹紧管塞，以防迸出。

(3) 将比色管置于压力蒸汽消毒器中，加热0.5h，放气使压力指针回零。然后升温至120~124℃开始计时(或将比色管置于家用压力锅中，加热至顶压阀吹气开始计时)，使比色管在过热水蒸气中加热0.5h。

(4) 自然冷却，开阀放气，移去外盖，取出比色管并冷至室温。

(5) 加入1mL盐酸(1+9)，用无氨水稀释至25mL标线。

(6) 在紫外分光光度计上，以新鲜无氨水做参比，用1cm石英比色皿分别在220nm及275nm波长处测定吸光度。用校正的吸光度绘制校准曲线。

3. 样品测定步骤

取10mL水样，或取适量水样(使氮含量为20~80μg)，按校准曲线绘制步骤(2)~(6)操作。然后按校正吸光度，在校准曲线上查出相应的总氮量，再用下列公式计算总氮含量：

$$C = m/V$$

式中　$C$——总氮浓度，mg/L；

$m$——从校准曲线上查得的含氮量，μg；

$V$——所取水样体积，mL。

### 注意事项

(1) 参考吸光度比值 $A_{220}/A_{275}$ 大于20%时，应予鉴别。

(2) 玻璃具塞比色管的密合性应良好。使用压力蒸汽消毒器时，冷却后放气要缓慢；使用家用压力锅时，要充分冷却方可揭开锅盖，以免比色管塞迸出。

(3) 玻璃器皿可用10%盐酸浸洗，用蒸馏水冲洗后再用无氨水冲洗。

(4) 使用高压蒸汽消毒器时，应定期校核压力表；使用民用压力锅时，应检查橡胶密封圈，使不致漏气而减压。

(5) 测定悬浮物较多的水样时，在过硫酸钾氧化后可能出现沉淀，遇此情况，可吸取氧化后的上清液进行紫外分光光度法测定。

### 思考题

1. 水体中氮的存在形式有哪些？对水体有哪些危害？
2. 为什么要同时测定220nm和275nm波长处的吸光度，并用 $A=A_{220}-2\times A_{275}$ 公式进行校正？

# 实验七　水样中磷的测定

### 知识链接

在天然水和废水中，磷几乎都以各种磷酸盐的形式存在，它们分为正磷酸盐、缩合磷酸盐（焦磷酸盐、偏磷酸盐和多磷酸盐）和有机结合的磷酸盐，它们存在于溶液、腐殖质粒子或水生生物中。

天然水中磷酸盐含量较少，化肥、冶炼、合成洗涤剂等行业的工业废水及生活污水中常含有较大量的磷。磷是生物生长必需的元素之一，但水体中磷含量过高（如超过0.2mg/L），可造成藻类的过度繁殖，直至数量上达到有害的程度（称为富营养化），造成湖泊、河流透明度降低，水质变坏。

1. 方法的选择

水中磷的测定，通常按其存在的形式，分别测定总磷、溶解性正磷酸盐和总溶解性磷。正磷酸盐的测定，可采用钼锑抗分光光度法、氯化亚锡还原钼蓝法和离子色谱法。

2. 样品的采集和保存

总磷的测定，于水样采集后，加硫酸酸化至pH<1保存。溶解性正磷酸盐的测定，不加任何试剂，于2~5℃保存，在24h内进行分析。

## 一、水样的预处理

采集的水样立即经 0.45μm 微孔滤膜过滤，其滤液供可溶性正磷酸盐的测定。滤液经下述强氧化剂的氧化分解，测得可溶性总磷含量。取混合水样(包括悬浮物)，也经下述强氧化剂分解，测得水中总磷含量。

1. 仪器

医用手提式高压蒸汽消毒器或一般民用压力锅(0.1～0.15MPa)；电炉(2kW)；具塞刻度管(50mL)。

2. 试剂

5%(*m/V*)过硫酸钾溶液：溶解 5g 过硫酸钾于水中，并稀释至 100mL。

3. 实验步骤

(1) 吸取 25.0mL 混匀水样(必要时，酌情少取水样，并加水至 25mL，使含磷量不超过 30μg)于 50mL 具塞刻度管中，加过硫酸钾溶液 4mL，加塞后管口包一小块纱布并用线扎紧，以免加热时玻璃塞冲出。将具塞刻度管放在大烧杯中，置于高压蒸汽消毒器或压力锅中加热，待锅内压力达 0.11MPa(相应温度为 120℃)时，调节电炉温度使此压力保持 30min 后，停止加热，待压力表指针降至零后，取出放冷。

(2) 试剂空白和标准溶液系列也经同样的消解操作。

## 注意事项

(1) 如采样时水样用酸固定，则用过硫酸钾消解前将水样调至中性。

(2) 一般民用压力锅，在加热至顶压阀出气孔冒气时，锅内温度约为 120℃。

(3) 当不具备压力消解条件时，亦可在常压下进行，操作步骤如下：

分取适量混匀水样(含磷不超过 30μg)于 150mL 锥形瓶中，加水至 50mL，加数粒玻璃珠，加 1mL 硫酸溶液(3+7)，5mL 5%过硫酸钾溶液，置电热板或可调电炉上加热煮沸，调节温度使保持微沸 30～40min，至最后体积为 10mL 停止。放冷，加 1 滴酚酞指示剂，滴加氢氧化钠溶液至刚呈微红色，再滴加 1mol/L 硫酸溶液使红色褪去，充分摇匀。如溶液不澄清，则用滤纸过滤于 50mL 比色管中，用水洗锥形瓶及滤纸，一并移入比色管中，加水至标线，供分析用。

## 二、测定方法——钼锑抗分光光度法

1. 方法原理

在酸性条件下，正磷酸盐与钼酸铵、酒石酸锑氧钾反应，生成磷钼杂多酸，被还原剂抗坏血酸还原，变成蓝色配合物，通常即称磷钼蓝。

干扰及消除：砷含量大于 2mg/L 有干扰，可用硫代硫酸钠去除。硫化物含量大于 2mg/L 有干扰，在酸性条件下通氮气可以去除；六价铬大于 50mg/L 有干扰，用亚硫酸钠去除；亚硝酸盐大于 1mg/L 有干扰，用氧化消解或加氨磺酸均可以去除；铁浓度为 20mg/L，使结果偏低 5%；铜浓度达 10mg/L 不干扰；氟化物小于 70mg/L 是允许的。海水中大多数离子对显色的影响可以忽略。

方法的适用范围：本方法最低检出浓度为 0.01mg/L（吸光度 $A=0.01$ 时所对应的浓度）；测定上限为 0.6mg/L。可适用于测定地面水、生活污水及日化、磷肥、机械加工金属表面磷化处理、农药、钢铁及焦化等行业的工业废水中的正磷酸盐分析。

2. 仪器

分光光度计。

3. 试剂

（1）硫酸（1+1）。

（2）10%（*m/V*）抗坏血酸溶液：溶解 10g 抗坏血酸于水中，并稀释至 100mL。把溶液贮存在棕色玻璃瓶中，在冷处可稳定几周。如颜色变黄，则弃去重配。

（3）钼酸盐溶液：溶解 13g 钼酸铵 $(NH_4)_6Mo_7O_{24}\cdot 4H_2O$ 于 100mL 水中。溶解 0.35g 酒石酸锑氧钾 $K(SbO)C_4H_4O_6\cdot 1/2H_2O$ 于 100mL 水中。在不断搅拌下，将钼酸铵溶液徐徐加到 300mL 硫酸（1+1）中，加酒石酸锑氧钾溶液并且混合均匀。试剂贮存在棕色的玻璃瓶中于冷处保存，至少稳定 2 个月。

（4）浊度-色度补偿液：混合两份体积的硫酸（1+1）和一份体积的 10%（*m/V*）抗坏血酸溶液。此溶液当天配制。

（5）磷酸盐储备溶液：将磷酸二氢钾（$KH_2PO_4$）于 110℃ 干燥 2h，在干燥器中放冷。称取 0.217g 溶于水，移入 1000mL 容量瓶中。加 5mL 硫酸（1+1），用水稀释至标线。此溶液每毫升含 50.0μg 磷（以 P 计）。

（6）磷酸盐标准溶液：吸取 10.00mL 磷酸盐储备液于 250mL 容量瓶中，用水稀释至标线。此溶液每毫升含 2.00μg 磷。临用时现配。

4. 实验步骤

（1）校准曲线的绘制：向 50mL 具塞比色管中分别加入磷酸盐标准使用液 0mL、0.50mL、1.00mL、3.00mL、5.00mL、10.0mL、15.0mL，加水至 50mL。

显色：向比色管中加入 1mL 10%（*m/V*）抗坏血酸溶液混匀，30s 后加 2mL 钼酸盐溶液充分混匀，放置 15min。

测量：用 10mm 或 30mm 比色皿，于 700nm 波长处，以零浓度溶液为参比，测量吸光度。

（2）样品测定：取适量水样（使含磷量不超过 30μg）用水稀释至标线，按以下绘制标准曲线的步骤进行显色和测量，减去空白试验的吸光度，并从标准曲线上查出含磷量。

5. 计算

$$C=m/V$$

式中　*C*——正磷酸盐的浓度，mg/L；

*m*——由校准曲线查得的磷量，μg；

*V*——水样体积，mL。

## 注意事项

（1）如试样中浊度或色度影响测量吸光度时，需做补偿校正。在 50mL 比色管中，水样定容后加入 3mL 浊度补偿液，测量吸光度，然后从水样的吸光度中减去校正吸光度。

(2) 室温低于13℃时，可在20~30℃水浴中显色15min。

(3) 操作所用的玻璃器皿，可用盐酸(1+5)浸泡2h，或用不含磷酸盐的洗涤剂刷洗。

(4) 比色皿用后应以稀硝酸或铬酸洗液浸泡片刻，以除去吸附的钼蓝显色物。

### 思考题

1. 水体中磷的存在形式有哪些？对水体有哪些危害？
2. 分析显色温度和时间对显色的影响，如何控制？

# 实验八 废水浊度的测定

### 知识链接

浊度是由于水中含有泥沙、粘土、有机物、无机物、浮游生物和微生物等悬浮物质所造成的，可使光散射或吸收。天然水经过混凝、沉淀和过滤等处理，使水变得清澈。

测定水样浊度可用分光光度法、目视比浊法或浊度计法。

样品收集于具塞玻璃瓶内，应在取样后尽快测定。如需保存，可在4℃冷藏、暗处保存24h，测试前要激烈振摇水样并恢复到室温。

本实验的目的是让学生掌握水体中浊度的测定方法。

## 分光光度法

### 一、实验原理

在适当温度下，硫酸肼与六次甲基四胺聚合，形成白色高分子聚合物。以此作为浊度标准液，在一定条件下与水样浊度相比较。

### 二、干扰及消除

水样应无碎屑及易沉降的颗粒。器皿不清洁及水中溶解的空气泡会影响测定结果。如在680nm波长下测定，天然水中呈现的淡黄色、淡绿色无干扰。

### 三、方法的适用范围

本法适用于测定天然水、饮用水的浊度，最低检测浊度为3度。

### 四、仪器

(1) 50mL比色管。

（2）分光光度计。

## 五、试剂

1. 无浊度水

将蒸馏水通过 0.2μm 滤膜过滤，收集于用过滤水荡洗两次的烧瓶中。

2. 浊度贮备液

（1）硫酸肼溶液；称取 1.000g 硫酸肼[$(NH_2)_2SO_4 \cdot H_2SO_4$]溶于水中，定容至 100mL。

（2）六次甲基四胺溶液：称取 10.00g 六次甲基四胺[$(CH_2)_6N_4$]溶于水中，定容至 100mL。

（3）浊度标准溶液：吸取 5.00mL 硫酸肼溶液与 5.00mL 六次甲基四胺溶液于 100mL 容量瓶中，混匀。于 25℃±3℃下静置反应 24h。冷却后用水稀释至标线，混匀。此溶液浊度为 400 度。可保存一个月。

## 六、实验步骤

1. 标准曲线的绘制

吸取浊度标准溶液 0mL、0.50mL、1.25mL、2.50mL、5.00mL、10.00mL 和 12.50mL，置于 50mL 比色管中，加入无浊度水至标线。摇匀后即得浊度为 0 度、4 度、10 度、20 度、40 度、80 度、100 度的标准系列。于 680nm 波长，用 3cm 比色皿，测定吸光度，绘制校准曲线。

2. 水样的测定

吸取 50.0mL 摇匀水样（无气泡，如浊度超过 100 度可酌情少取，用无浊度水稀释至 50.0mL），于 50mL 比色管中，按绘制校准曲线步骤测定吸光度，由校准曲线查得水样浊。

## 七、计算

$$\text{浊度(度)}=\frac{A(B+C)}{C}$$

式中 $A$——释后水样的浊度，度；

$B$——稀释水体积，mL；

$C$——原水样体积，mL。

不同浊度范围测试结果的精度要求如下。

| 浊度范围/度 | 精度/度 |
| --- | --- |
| 1~10 | 1 |
| 10~100 | 5 |
| 100~400 | 10 |
| 400~1000 | 50 |
| 大于 1000 | 100 |

## 注意事项

硫酸肼毒性较强，属致癌物质，取用时注意。

# 目视比浊法

## 一、实验原理

将水样和硅藻土(或白陶土)配制的浊度标准液进行比较，确定水样浊度。1mg 一定粒度的硅藻土(白陶土)在 1000mL 水中所产生的浊度，称为 1 度。

## 二、仪器

具塞比色管(100mL)；容量瓶(1L)；量筒(1L)；具塞无色玻璃瓶(250mL)，玻璃质量和直径均须一致。

## 三、试剂——浊度标准液

(1) 称取 10g 通过 0.1mm 筛孔(150 目)的硅藻土，于研钵中加入少许蒸馏水调成糊状并研细，移至 1000mL 量筒中，加水至刻度。充分搅拌，静置 24h，用虹吸法仔细将上层 800mL 悬浮液移至第二个 1000mL 量筒中。向第二个量筒内加水至 1000mL，充分搅拌后再静置 24h。

虹吸出上层含较细颗粒的 800mL 悬浮液，弃去。下部沉积物加水稀释至 1000mL，充分搅拌后贮于具塞玻璃瓶中，作为浊度原液，其中含硅藻土颗粒直径大约为 400μm。

取上述悬浊液 50mL 置于已称至恒重的蒸发皿中，在水浴上蒸干。于 105℃ 烘箱内烘 2h，置于干燥器中冷却 30min，称重。重复以上操作，即烘 1h，冷却，称重，直至恒重。求出每毫升悬浊液中含硅藻土的重量(mg)。

(2) 吸取含 250mg 硅藻土的悬浊液，置于 1000mL 容量瓶中，加水至刻度，摇匀，此溶液浊度为 250 度。

(3) 吸取浊度为 250 度的标准液 100mL 置于 250mL 容量瓶中，加入 10mL 甲醛溶液，用水稀释至标线，此溶液即浊度为 100 度的标准液。

## 四、测定步骤

1. 低于 10 度的水样

(1) 吸取浊度为 100 度的标准液 0mL、1.0mL、2.0mL、3.0mL、4.0mL、5.0mL、6.0mL、7.0mL、8.0mL、9.0mL 及 10.0mL 分别于 100mL 比色管中，加水稀释至标线，混匀。其浊度依次为 0 度、1.0 度、2.0 度、3.0 度、4.0 度、5.0 度、6.0 度、7.0 度、8.0 度、9.0 度、10.0 度的标准液。

(2) 取 100mL 摇匀水样置于 100mL 比色管中，与浊度标准液进行比较。可在黑色底板上，由上往下垂直观察。

2. 10 度以上的水样

(1) 吸取浊度为 250 度的标准液 0mL、10mL、20mL、30mL、40mL、50mL、60mL、70mL、80mL、90mL 及 100mL 置于 250mL 的容量瓶中，加水稀释至标线，混匀，即得浊度为 0 度、10 度、20 度、30 度、40 度、50 度、60 度、70 度、80 度、90 度和 100 度的标准

液，移入成套的250mL具塞玻璃瓶中，密封保存。

(2) 取250mL摇匀水样，置于成套的250mL具塞玻璃瓶中，瓶后放一有黑线的白纸作为判别标志，从瓶前向后观察，根据目标清晰程度，选出与水样产生视觉效果相近的标准液，记下其浊度值。

(3) 水样浊度超过100度时，用水稀释后测定。

## 五、计算

$$f=\frac{A(B+C)}{C}$$

式中　$f$——浊度，度；

$A$——稀释后水样的浊度，度；

$B$——稀释水体积，mL；

$C$——原水样体积，mL。

### 思考题

据水样浊度的测定结果，分析水样中固体物质的存在情况。

# 实验九　锅炉水溶解固形物的测定

### 知识链接

溶解固形物是指分离悬浮固形物后的滤液经蒸发、干燥所得的残渣。

本标准方法规定了锅炉水溶解固形物的测定方法，适用于锅炉水溶解固形物的测定。

## 一、实验原理

用某种过滤材料分离出来的固形物为悬浮固形物，按国家标准采用$G_4$玻璃过滤器为过滤材料。将一定体积水样过滤、烘至恒重，称量后计算出悬浮固形物含量。取一定体积滤液蒸发，干燥至恒重，称量后计算出溶解固形物含量。

## 二、仪器与试剂

(1) 烧杯：600mL。

(2) 瓷蒸发皿：$\phi$150mm。

(3) 硫酸标准液($1/2H_2SO_4$)：0.05000mol/L。

(4) 滴定管：25mL。

(5) 烘箱：0~200℃。

(6) 电炉。

（7）干燥器：$\phi$250mm，内装变色硅胶。

（8）分析天平：1/10000。

## 三、测定步骤

（1）取 50mL 已过滤的澄清锅炉水样，加入与其全碱度相当量的硫酸标准液，使水样中和后，将此中和的水样逐次注入已恒重的蒸发皿（在 105～110℃的烘箱内恒重）中，在水浴上蒸干。

（2）将已蒸干的样品连同蒸发皿移入 105～110℃的烘箱中烘干 1h。

（3）取出蒸发皿放在干燥器内冷却至室温后，迅速称量。

（4）再在相同条件下烘干 0.5h，冷却后，再次称量，如此反复操作直至恒重。

（5）计算

$$RG=\frac{m_1-m_2}{V}\times 1000+1.06(OH^-)+0.517(CO_3^{2-})-0.05\times b\times 49$$

式中 $RG$——溶解固形物，mg/L；

$m_1$——蒸发皿与蒸干残留物的总质量，mg；

$m_2$——蒸发皿的质量，mg；

$V$——水样的体积，mL；

$(OH^-)$——水样中氢氧化物的含量 mg/L，即 17×$(OH^-)$ mmoL/L；

1.06——$OH^-$ 被中和后变成 $H_2O$ 而损失的换算系数；

$(CO_3^{2-})$——水样中碳酸盐碱度的含量 mg/L，即 30×$(CO_3^{2-})$ mmoL/L；

0.517——$CO_3^{2-}$ 变成 $HCO_3^-$ 后在蒸发过程中损失的换算系数；

$b$——每升水样所加 0.05mol/L 标准硫酸溶液的体积，mL。

### 思考题

测定溶解固形物应注意哪些问题？

# 实验十　水样 pH 值的测定

### 知识链接

pH 值是溶液中氢离子浓度的负对数，即 pH＝$\lg c_{H^+}$。pH 值大小表示水的酸碱性的强弱。

pH 值是最常用的水质指标之一。天然水的 pH 值在 6～9 范围内；饮用水 pH 值要求在 6.5～8.5 之间；某些工业用水的 pH 值必须保持在 7.0～8.5 之间，以防止金属设备或管道被腐蚀。

完成了本实验的学习之后，能够熟练掌握酸度计法测定水样的 pH 值的操作，并能加深对 pH 值测定原理的理解。

## 一、实验原理

测定水样 pH 值的方法有酸碱指示剂法、玻璃电极法和 pH 试纸比色法。本单元讲述用玻璃电极法测定水样 pH 值。玻璃电极法测水样 pH 值基本不受水的颜色、浊度、氧化剂、还原剂等物质的干扰，但温度影响水样的 pH 值测定，因此在测定时须注意调节仪器的补偿装置与溶液的温度一致，并使被测样品与校正仪器用的标准缓冲溶液温度误差在 1℃以内。

玻璃电极法测定 pH 值是以 pH 玻璃电极为指示电极，饱和甘汞电极为参比电极，并将二者与被测定溶液组成测量电池，并测定电池的电动势。测定时常用比较法，即先用已知 pH 值的标准缓冲溶液(其 pH 值用 $pH_s$ 表示，测得电动势为 $E_s$)校正仪器(一般采用两点法校正仪器)，再在相同测定条件下测定水样的电动势(记为 $E_x$)，通过下式计算水样的 pH 值(记为 $pH_x$)：

$$pH_x = pH_s + (E_x - E_s)/0.0592 \text{（298K 时）}$$

若水样的 pH 值太大或太小，则可先稀释水样后再行测定水样 pH 值(记下稀释比)，再计算原水样的 pH 值。

水样 pH 值最好在采样现场测定；否则，应在采样后把样品保存在 4℃，并在采样后 6h 之内进行测定。

## 二、仪器、药品和设备

(1) 聚乙烯塑料烧杯(50mL)：2 个。

(2) 酸度计及配套电极：1 套。

(3) 温度计(100℃)：1 支。

(4) 邻苯二甲酸氢钾标准溶液(0.05mol/L)：50mL。

(5) 磷酸二氢钾和磷酸氢二钠标准溶液(0.025mol/L)：50mL。

(6) 硼砂标准溶液(0.01mol/L)：50mL。

## 三、测定步骤

1. 准备

配制好邻苯二甲酸氢钾标准溶液、磷酸二氢钾和磷酸氢二钠标准溶液、硼砂标准溶液。pH 玻璃电极应预先在蒸馏水中浸泡 24h 以上。按仪器说明书要求组装好测量电池并预热。

2. 测定

(1) 仪器校准操作程序按仪器使用说明书进行。先用温度计测定水样和标准溶液温度，将水样与标准溶液调到同一温度，记录测定温度，并将仪器温度补偿旋钮调到该温度上。用标准溶液校正仪器，该标准溶液与水样 pH 值相差不超过 2 个 pH 单位。从标准溶液中取出电极，彻底冲洗并用滤纸吸干。再将电极浸入第二个标准溶液中，若 pH 值大致与第一个标准溶液相差 3 个 pH 单位，如果仪器响应的示值与第二个标准溶液的 $pH_s$ 值之差大于 0.1 个 pH 单位，就要检查仪器、电极或标准溶液是否存在问题。当三者均正常时，方可用于测定样品。

(2) 样品测定测定样品时，先用蒸馏水认真冲洗电极，再用水样冲洗，然后将电极浸入样品中，小心摇动或进行搅拌，使其均匀，静置；再按下酸度计的读数按钮，待读数稳定时记下 pH 值。

3. 水样 pH 值测定

采集 250mL 水样并记录该水样的类型、采样地点及时间，测定该水样温度和用 pH 试纸初测水样的 pH 值并记录；调节好酸度计，平行(三次)测定该水样的 pH 值，用算术平均值表示水样的 pH 值。

### 思考题

**(一) 填空题**

1. 水样 pH 值的测定方法有________、________和________。

2. 酸度计的定位方法可用________定位和________定位。

3. 酸度计的定位时所用的溶液是 pH 标准________，常用的该溶液有________、________和等。

**(二) 判断题**(正确的在括号内划“√”，错误的在括号内划“×”)

1. 酸度计测定水样 pH 值的原理一般叫两次测量法。 (　)

2. 酸度计法测定水样 pH 值不受水样颜色、氧化剂等的干扰。 (　)

# 实验十一　水样残渣的测定

### 知识链接

残渣分为总残渣、总可滤残渣和总不可滤残渣三种，它们是表示水样溶解性物质、不溶性物质含量的指标。完成了本实验的学习之后，能够掌握水样残渣的测定原理和方法。

## 一、仪器、药品和设备

(1) 电热恒温干燥箱：1 台。

(2) 分析天平(分度值为 0.1mg)：1 台。

(3) 干燥器：1 个。

(4) 滤膜(0.45μm)及相应滤器或中速定量滤纸：1 张。

(5) 玻璃漏斗：1 个。

(6) 称量瓶(内径为 30~50mm)：1 个。

## 二、总残渣

总残渣是指水和废水在一定的温度下蒸发、烘干后剩余的物质，包括总不可滤残渣和总可滤残渣。

1. 测定方法

取适量(50mL)振荡均匀的水样于烘至恒重的蒸发皿中，在蒸汽浴或水浴上蒸干，移入

103~105℃烘箱中烘至恒重，称取蒸发皿及残渣总质量，增加的质量即为总残渣质量。

2. 计算式

$$总残渣(mg/L)=\frac{(A-B)\times1000\times1000}{V}$$

式中　$A$——蒸发皿及残渣总质量，g；

$B$——蒸发皿的质量，g；

$V$——水样的体积，mL。

## 三、总可滤残渣

总可滤残渣是指将过滤后的水样放在烘至恒重的蒸发皿上蒸干，再在一定温度下烘至恒重所增加的质量。

一般测定103~105℃烘干的总可滤残渣，但有时要求测定(180±2)℃烘干总可滤残渣。水样在此温度下烘干，可将附着水全部赶尽，所得结果与化学分析结果所计算的总矿物质含量较接近，计算式同总残渣。

## 四、总不可滤残渣(悬浮物)

水样经过滤后残留在过滤器上的固体物质，于103~105℃烘至恒重后得到的物质称为总不可滤残渣。它包括不溶于水的泥砂、各种污染物、微生物及难溶无机物等。常用的过滤器有滤纸、滤膜、石棉坩埚。由于它们的滤孔大小不一致，故报告结果时应注明。

1. 测定方法

(1) 将滤膜放在称量瓶中，打开瓶盖，在103~105℃烘干2h，取出冷却后盖好瓶盖称重，直至恒重(两次称量相差不超过0.0005g)。

(2) 去除漂浮物后振荡水样，量取均匀适量水样(使悬浮物大于2.5mg)，通过上面烘至恒重的滤膜过滤；用蒸馏水洗残渣3~5次。如样品中含油脂，用10mL石油醚分两次淋洗残渣。

(3) 小心取下滤膜，放入原称量瓶内，在103~105℃烘箱中，打开瓶盖，烘至恒重为止。

2. 计算式

$$悬浮物(SS)(mg/L)=\frac{(A-B)1000\times1000}{V}$$

式中　$A$——残渣、滤膜和称量瓶的总质量，g；

$B$——滤膜和称量瓶的总质量，g；

$V$——水样的体积，mL。

## 注意事项

(1) 树叶、木棒、水草等杂质应先从水中除去。

(2) 废水黏度高时，可加2~4倍蒸馏水稀释，振荡均匀，待沉淀下降后再过滤。

(3) 可采用石棉坩埚过滤。

## 五、水样测定

采集三份体积各为250mL的水样，记录水样的来源、类型、采样人员和时间等，按上述悬浮物(*SS*)方法和步骤分析测定该水样的总不可滤残渣。

### 思考题

**(一) 填空题**

1. 表征水中溶解性物质和不溶性物质含量的指标，分为________、________和________三种。

2. 水样残渣测定都涉及烘干操作，一般烘箱温度应控制在________℃。

3. 测定总不可滤残渣时，至少应经________次烘干过程。

**(二) 问答题**

简述总残渣与总可滤残渣、总不可滤残渣的区别。

# 实验十二　水样碱度的测定

### 知识链接

碱度(JD)与碱的浓度在概念上是完全不同的。碱度一般用pH值表示，有时也用pOH值表示。

水中碱度是指水中含有能接受质子($H^+$)的物质的量。

水中能接受质子的物质很多，例如，氢氧根离子、碳酸盐、碳酸氢盐、磷酸盐、磷酸氢盐、硅酸盐、硅酸氢盐、亚硫酸盐、亚硫酸氢盐和氨等。

通常碱度可分为理论碱度$(JD)_{理}$和操作碱度$(JD)_{操}$。操作碱度又分为酚酞碱度$(JD)_{酚酞}$和全碱度$(JD)_{全}$。理论碱度定义为：

$$(JD)_{理}=[HCO_3^-]+2[CO_3^{2-}]+[OH^-]-[H^+]$$

完成了本实验的学习之后，能够掌握水样碱度的测定原理及测定方法。

## 双指示剂滴定法

## 一、实验原理

碱度的测定有指示剂滴定法和pH电位滴定法，常用的是指示剂滴定法。酚酞碱度是以酚酞作指示剂测得的碱度，全碱度是以甲基橙(或甲基红-亚甲基蓝)作指示剂测得的碱度。

1. 酚酞碱度

酚酞碱度是以酚酞为指示剂，用酸标准滴定溶液滴定后计算所得的含量。滴定反应终点(酚酞变色点)时 pH＝8.3，滴定中发生下列反应。

(1) $OH^-$的反应

$$OH^- + H^+ = H_2O$$

酚酞变色时，$OH^-$与$H^+$完全反应。

(2) $CO_3^{2-}$的反应

$$CO_3^{2-} + H^+ = HCO_3^-$$

酚酞变色时，$CO_3^{2-}$几乎全部生成$HCO_3^-$。

(3) $PO_4^{3-}$的反应

$$PO_4^{3-} + H^+ = HPO_4^{2-}$$

酚酞碱度的测定步骤如下：取 100mL 透明水样置于锥形瓶中，加入 2~3 滴 1%酚酞指示液。用 0.05000mol/L 或 0.1000mol/L 氢离子的硫酸标准滴定溶液滴定至恰无色，记下硫酸消耗的体积 $a$。

$$(JD)_{酚酞} = C_{(H^+)} a \times 1000/V$$

式中　$(JD)_{酚酞}$——酚酞碱度，mmol/L；

$C_{(H^+)}$——硫酸标准滴定溶液的氢离子浓度，mol/L；

$a$——硫酸标准滴定溶液消耗的体积，mL；

$V$——所取水样的体积，mL。

2. 全碱度

全碱度是以甲基橙为指示剂，用酸标准滴定溶液滴定后计算所得的含量。滴定反应终点(甲基橙变色点)时 pH＝4.2。滴定中发生下列反应。

(1) $OH^-$的反应

$$OH^- + H^+ —— H_2O$$

甲基橙变色时，$OH^-$与$H^+$完全反应。

(2) $CO_3^{2-}$的反应

$$CO_3^{2-} + 2H^+ —— H_2CO_3$$

甲基橙变色时，$CO_3^{2-}$全部反应完毕。

(3) $PO_4^{3-}$的反应

$$PO_4^{3-} + 2H^+ —— H_2PO_4^-$$

全碱度的测定步骤如下：取 100mL 透明水样置于锥形瓶中，加入 2 滴甲基橙指示剂。用 0.05000mol/L 或 0.1000mol/L 氢离子的硫酸标准滴定溶液滴定至橙色，记下硫酸消耗的体积 $b$。

$$(JD)_{全} = C_{(H^+)} b \times 1000/V$$

式中　$(JD)_{全}$——全碱度，mmol/L；

$C_{(H^+)}$——硫酸标准滴定溶液的氢离子浓度，mol/L；

$b$——硫酸标准滴定溶液消耗的体积，mL；

$V$——所取水样的体积，mL。

用酸标准液滴定可测总碱度，并以 $Na_2O$ 表示。

碱度、总碱度分析在化工生产分析中，在原材料、中控、产品分析中广泛应用。

碱度测定在食品检验中可测定皮蛋总碱度、饼干中 $Na_2CO_3$-$NaHCO_3$ 含量、白酒中总碱含量、锡罐头钝化液中游离碱含量。

医药工业中硼砂、$Na_2CO_3$、$NaHCO_3$、MgO、硅酸镁、硬脂酸镁、碳酸镁、碳酸钙均用酸标准液直接滴定或剩余量回滴。

## 二、基本反应

试样用已知浓度的酸中和，求出试样中的总碱度。

主要反应：

$$MOH+HCl \longrightarrow MCl+H_2O$$（$M$ 表示一价金属离子）

$$MeCO_3+2HCl \longrightarrow MeCl_2+CO_2+H_2O$$（$Me$ 表示二价金属离子）

$$MHCO_3+HCl \longrightarrow MCl+CO_2+H_2O$$

## 三、仪器、药品和设备

（1）酸式滴定管(50mL)：1 支。

（2）移液管(100mL)：1 支。

（3）甲基橙溶液(0.1%)：适量。

（4）盐酸标准溶液(0.1mol/L)：适量。

（5）水样：适量。

## 四、测定步骤

把需测定的水样用干燥滤纸过滤入 250mL 的干烧杯中(前 20mL 弃去)，以移液管吸取 100mL，注入 250mL 锥形瓶中，加一滴甲基橙，用 0.1mol/L 的盐酸标准溶液滴定至橙色为终点，以下面公式计算水样的碱度。

$$总碱度(mmol/L)=\frac{VC}{G}\times1000$$

式中 $V$——消耗 0.1mol/L 盐酸标准溶液的体积，mL；

$C$——盐酸标准溶液的浓度，mol/L；

$G$——试样的体积，mL。

**思考题**

水样碱度的测定原理是什么？

# 电位滴定法

## 一、方法原理

测定水样的碱度，用玻璃电极为指示电极，甘汞电极为参比电极，用酸标准溶液滴定，其终点通过 pH 计或电位滴定仪指示。

以 pH=8.3 表示水样中氢氧化物被中和及碳酸盐转为重碳酸盐时的终点，与酚酞指示剂刚刚褪色时的 pH 值相当。以 pH=4.4~4.5 表示水中重碳酸盐(包括原有重碳酸盐和由碳酸盐转成的重碳酸盐)被中和的终点，与甲基橙刚刚变为橘红色的 pH 值相当。对于工业废水或含复杂组分的水，可以 pH=3.7 指示总碱度的滴定终点。

电位滴定法可以绘制成滴定时 pH 值对酸标准滴定液用量的滴定曲线，然后计算出相应组分的含量或直接滴定到指定的终点。

## 二、干扰及消除

脂肪酸盐、油状物质、悬浮固体或沉淀物能覆盖于玻璃电极表面致使响应迟缓。但由于这些物质可能参与酸碱反应，因此不能用过滤的方法除去。为消除其干扰，可采用减慢滴定剂加入速度或延长滴定间歇时间，并充分搅拌至反应达到平衡后再增加滴定剂的办法。搅拌应采用磁力搅拌器或机械法搅拌，不能通气搅拌。

## 三、适用范围

该法可适用于饮用水、地表水、含盐水及生活污水和工业废水碱度的测定。

根据 15 个地表水水样的测定，在浓度范围 28~139mg/L 时(CaO)，相对标准偏差为 0%~0.78%，加标回收率为 97.4%~100.3%。

## 四、仪器

(1) pH 计、电位滴定仪或离子活度计，pH 值能读至 0.05，最好有自动温度补偿装置。

(2) 玻璃电极。

(3) 甘汞电极。

(4) 磁力搅拌器。

(5) 滴定管：50mL、25mL 及 10mL。

(6) 高型烧杯：100mL、200mL 及 250mL。

## 五、试剂

(1) 无二氧化碳水：蒸馏水临用前煮沸 15min，冷却至室温。pH 值应大于 6.0，电导率小于 2μS/cm。

(2) 碳酸钠标准溶液($C_{1/2Na_2CO_3}$)浓度 0.0250mol/L：称取无水碳酸钠 $Na_2CO_3$ 基准试剂(于 250℃烘 4h)1.3249g 溶于少量无二氧化碳水中，转移至 1000mL 容量瓶中，稀释至刻线，摇匀。

(3) 盐酸(HCl)标准溶液浓度 0.0250mol/L：盐酸标准溶液亦可按下述方法进行标定。

按使用说明书准备好仪器和电极，并用 pH 标准缓冲溶液进行校准。

用分度吸管吸取 2.1mL 浓盐酸($c$=1.17g/mL)，并用蒸馏水稀释至 1000mL。此溶液浓度约为 0.0250mol/L，按下法标定其准确浓度。

用无分度吸管吸取25.00mL碳酸钠标准溶液置于200mL高型烧杯中，加入75mL无二氧化碳水，将烧杯放在电磁搅拌器上，插入电极连续搅拌，用盐酸标准溶液滴定，当滴定至pH值为4.4~4.5时，记录所耗盐酸标准溶液用量，并按下式计算其浓度。

$$C=\frac{25.00\times 0.0250}{V}$$

式中　$C$——盐酸标准溶液浓度，mol/L；

　　　$V$——盐酸标准溶液用量，mL。

## 六、实验步骤

(1) 分取100mL水样置于200mL高型烧杯中，用盐酸标准溶液滴定，滴定方法同盐酸标准溶液的标定。当滴定到pH=8.3时，到达第一个终点，即酚酞指示的终点，记录盐酸标准溶液的消耗量。

(2) 继续用盐酸标准溶液滴定至pH值达4.4~4.5时，到达第二个终点，即甲基橙指示的终点，记录盐酸标准溶液用量。

## 七、计算

$$\text{总碱度(以 CaO 计，mg/L)}=\frac{C(P+M)\times 28.04}{V}\times 1000$$

$$\text{总碱度(以 }CaCO_3\text{ 计，mg/L)}=\frac{C(P+M)\times 50.05}{V}\times 1000$$

式中　$P$——酚酞为指示剂消耗盐酸体积，mL；

　　　$M$——甲基橙为指示剂消耗盐酸体积，mL；

　　　$C$——盐酸标准溶液浓度，mol/L；

　28.04——氧化钙(1/2CaO)摩尔质量，g/mol；

　50.05——碳酸钙($1/2CaCO_3$)摩尔质量，g/mol。

## 八、精密度和准确度

5个实验室对人工配制的统一标样进行方法验证的结果，在$HCO_3^-$含量为43.50mg/L时，总碱度的室内相对标准偏差为1.0%，室间相对标准偏差为1.29%，相对误差为0.93%，加标回收率为(100.5±9.75)%。

## 注意事项

(1) 对于低碱度的水样，可用10mL微量滴定管以提高测定精度。对于高碱度的水样，可改用0.05mol/L标准溶液，用量超过25mL时，可改用0.1mol/L盐酸标准溶液滴定。

(2) 对于复杂水样，可制成盐酸标准液滴定用量对pH值的滴定曲线。有时可能在曲线上看不出明显的突跃点，这可能是由于盐类水解反应较慢，不易达到电极反应平衡所致。不同组分的反应速度各异，为此，应放慢滴定速度，采用较长的时间间隔，以便达到平衡时突跃点明显可辨。

# 实验十三　水样中氟化物的测定

## 知识链接

氟化物是人体必需的微量元素，广泛存在于天然水体中，饮用水中含氟的适宜浓度为0.5~1.0mg/L($F^-$)。当长期饮用含氟量高于1~1.5mg/L的水时，则易患斑齿病，如水中含氟量高于4mg/L时，则可导致氟骨病，而缺氟易患龋齿病，氟化物的污染源有钢铁、有色冶金、铝加工、焦炭、玻璃、陶瓷、电子、电镀、化肥、农药及含氟矿物等行业排放的工业废水。

氟化物的测定方法有氟离子选择电极法、氟试剂分光光度法、茜素磺酸锆目视比色法、离子色谱法和硝酸钍滴定法，下面介绍氟离子选择电极法。

完成了木实验的学习之后，能够掌握水样中氟化物的测定原理及测定方法。

## 一、实验原理

以氟离子选择电极为指示电极，饱和甘汞电极为参比电极，与被测水样组成原电池，以pH计(或离子计)测量电池电势，用标准曲线法或标准加入法定量，求出水样中氟化物的含量。

该方法的最低检出浓度为0.05mg/L，氟化物测定上限可达1900mg/L氟化物(以$F^-$计)。

## 二、仪器、药品和设备

(1) 氟离子选择电极：1支。

(2) 饱和甘汞电极：1支。

(3) pH计或离子活度计(精确至0.1mV)：1台。

(4) 磁力搅拌器：1台。

(5) 聚乙烯或聚四氟乙烯包裹的搅拌子：7只。

(6) 聚乙烯杯(100mL)：7只。

(7) 氟化物标准储备液(每毫升含氟离子100μg)：适量。

(8) 氟化物标准溶液(每毫升含氟离子10μg)：适量。

(9) 乙酸钠(150g/L)：适量。

(10) 总离子强度调节缓冲溶液(TISAB)：适量。

(11) 盐酸溶液(2mol/L)：适量。

(12) 容量瓶(50mL)：7只。

(13) 水样：适量。

① 氟化物标准储备液：称取0.2210g基准氟化钠(预先在105~110℃烘2h，或于500~

650℃烘干 40min，冷却)，用水溶解后转入 1000mL 容量瓶中，稀释至标线，摇匀。储存在聚乙烯瓶中，此溶液含氟离子 100μg/mL。

② 氟化物标准溶液：用无分度吸管吸取氟化钠标准储备液 10.00mL，注入 100mL 容量瓶中，稀释至标线，摇匀，此溶液含氟离子 10μg/mL。

③ 总离子强度调节缓冲溶液(TISAB)：称取 58.8g 二水合柠檬酸钠和 85g 硝酸钠，加水溶解，用盐酸调节 pH 值至 5~6，转入 1000mL 容量瓶中，稀释至标线，摇匀。

## 三、测定步骤

1. 采样

按采样要求采集具有代表性的水样。

2. 仪器准备

按照所用测量仪器和电极使用说明，首先接好线路，将各开关置于"关"的位置，开启电源开关，预热 15min，以后操作按说明书要求进行，测定前，试液应达到室温，并与标准溶液温度一致(温差不得超过±1℃)。

3. 标准曲线的绘制

用无分度吸管取 1.00mL、3.00mL、5.00mL、10.00mL、20.00mL 氟化物标准溶液，分别置于 5 只 50mL 容量瓶中，加入 10mL 总离子强度调节缓冲溶液，用水稀释至标线摇匀。分别移入 100mL 聚乙烯杯中，各放入一只塑料搅拌子，按浓度由低到高的顺序，依次插入电极，连续搅拌溶液，读取搅拌状态下的稳态电位值($E$)。在每次测量之前，都要用水将电极冲洗干净，并用滤纸吸去水分，在半对数坐标纸上绘制 $E-\lg c_{F^-}$ 标准曲线。浓度标于对数分格上，最低浓度标于横坐标的起点线上。

4. 水样的测定

用无分度吸管吸取适量水样，置于 50mL 容量瓶中，用乙酸钠或盐酸溶液调节至近中性，加入 10mL 总离子强度调节缓冲溶液，用水稀释至标线，摇匀。将其移入 100mL 聚乙烯杯中，放入一只塑料搅拌子，插入电极，连续搅拌溶液，待电位稳定后，在连续搅拌下读取电位值($E$)。在每次测量之前，都要用水充分洗涤电极，并用滤纸吸去水分，根据测得的电位值(mV)，由标准曲线上查得氟化物的含量。

5. 空白实验

用蒸馏水代替水样，按测定水样的条件和步骤进行测定。

当水样组成复杂或成分不明时，宜采用一次标准加入法，以便减少基体的影响。其操作是：先按步骤 3 测定出试液的电位值($E_1$)，然后向试液中加入一定量(与试液中氟的含量相近)的氟化物标准溶液，在不断搅拌下读取稳态电位值($E_2$)，再用标准加入法公式计算得氟化物的含量。

标准加入法。

$$c_x=\frac{c_s V_s}{V_x+V_s}\left(10\frac{\Delta E}{S}-\frac{V_s}{V_x+V_s}\right)^{-1}$$

式中 $c_x$——水样中 $F^-$浓度，mg/L；

$V_x$——水样体积，mL；

$C_s$——氟标准溶液的浓度，mg/L；

$V_s$——加入氟标准溶液的体积，mL；

$\Delta E$——等于 $E_1 - E_2$（对阴离子选择性电极），其中，$E_1$为测得水样试液的电位值，mV，$E_2$为试液中加入标准溶液后测得的电位值，mV；

$S$——氟离子选择性电极的实测斜率。

如果 $V_s \ll V_x$，则上式可简化为：$C_x = C_s V_s (10^{\Delta E/S} - 1)^{-1} / V_x$。

## 注意事项

(1) 电极用后应用水充分冲洗干净，并用滤纸吸去水分，放在空气中，或者放在稀的氟化物标准溶液中。如果短时间不再使用，应洗净，吸去水分，套上保护电极敏感部位的保护帽。电极使用前仍应洗净，并吸去水分。

(2) 如果试液中氟化物含量低，则应从测定值中扣除空白实验值。

(3) 不得用手触摸电极的敏感膜；如果电极膜表面被有机物等玷污，必须先清洗干净后才能使用。

(4) 一次标准加入法所加入标准溶液的浓度（$C_s$），应比试液浓度（$C_x$）高 10～100 倍，加入的体积为试液的 1/100～1/10，以使体系的 TISAB 浓度变化不大。

## 思考题

1. 分析干扰测定的因素和消除方法。
2. 离子选择电极法与其他方法相比，有哪些优点？
3. 氟电极在使用前应怎样处理？达到什么要求？
4. 加入 TISAB 的作用是什么？

# 实验十四　水样中镁的测定

## 知识链接

通常可以把硬度认为是水中存在的多价阳离子的总和。最普通的此类阳离子是钙和镁。硬度通常以碳酸钙（$CaCO_3$）表示，硬水和软水尚无明显的区分界限，一般认为水中 $CaCO_3$ 少于 75mg/L 时属于软水，超过此浓度时就是硬水。

早期水的硬度是以水沉淀肥皂的能力来衡量，因此，测定的方法亦是以肥皂溶液进行滴定，目前已改用 EDTA 溶液配位滴定法。

水中含 $HCO_3^-$，煮沸时，Ca、Mg 会生成碳酸盐沉淀，使硬度减低，其减少部分称为暂时硬度，把经煮沸而不减少的硬度称为永久硬度。

对于污染较少的水，硬度成分几乎为 Mg 和 Ca，而受到工业废水污染的河水中，Fe 和其他金属离子亦会影响硬度。

水的硬度对人体健康有关系，一般认为，硬度过高可引致肠胃功能紊乱，关于硬度高低与心血管疾病发病的关系，虽有文献报道，但有待进一步深入研究、弄清楚水的因素是否与诱发心血管或其他疾病有因果关系。在日常生活上可使洗涤织物时消耗过多的肥皂。而工业上，则可使锅炉及其管道结垢而造成极大的危害。因此，锅炉用水的硬度有一定的规定，必要时需作软化处理。我国生活饮用水的标准为450mg/L(以 $CaCO_3$ 计)。

EDTA 与 Ca、Mg 等二价金属离子反应形成三个五元环。

以铬黑 T 为指示剂，用 EDTA 滴定 $Ca^{2+}$、$Mg^{2+}$ 时，若有 $Al^{3+}$、$Fe^{3+}$、$Cu^{2+}$、$Co^{2+}$、$Ni^{2+}$ 等离子存在，铬黑 T 便被封闭，不能指示终点。遇此情况，需加入合适的掩蔽剂，使干扰离子生成更稳定的络合物，不再与指示剂作用。如 $Al^{3+}$、$Fe^{3+}$ 对铬黑 T 的封闭可用三乙醇胺加以消除，$Cu^{2+}$、$Co^{2+}$、$Ni^{2+}$ 则用 KCN 来消除封闭，当干扰离子含量太大时，则需采用分离方法。此外 $Na_2S$ 对一般干扰(除 Al 外)来说亦是一种良好的掩蔽剂。

金属离子与 EDTA 生成的配位化合物受 pH 值的影响很大。pH 值降低，则金属配位化合物的表观稳定常数变小，$Ca^{2+}$、$Mg^{2+}$ 与 EDTA 不能定量生成，因此 pH 值必须在 8 以上，以 pH = 10 左右最为合适，过高的 pH 值如 12 以上，则 $Mg^{2+}$ 变成 $Mg(OH)_2$ 沉淀，不与 EDTA 反应。

由于使用了对 $Ca^{2+}$ 滴定终点变化不明显的铬黑 T 为指示剂，因此，通常在缓冲溶液中加入适量的 EDTA 镁盐或硫酸镁和等量的 EDTA，以获得良好的终点显示。

完成了本实验的学习之后，能够掌握水样中镁的测定原理及测定方法。

## 一、实验原理

氨法沉淀 $Fe^{3+}$、$Al^{3+}$ 后，滤液在 pH>12 时，用钙指示剂，EDTA 滴定 $Ca^{2+}$。滤液在 pH = 10 介质中，以铬黑 T 为指示剂，EDTA 滴定 $Ca^{2+}$、$Mg^{2+}$，用差减法求出 $Mg^{2+}$ 含量。$Zn^{2+}$、$Cu^{2+}$ 的干扰可用 $Na_2S$、三乙醇胺、硫脲、硫代乙醇酸掩蔽。

## 二、仪器、药品和设备

(1) 酸式滴定管(50mL)：1 支。
(2) 氯化铵：适量。
(3) 氨水溶液(1+1)：适量。
(4) 硝酸铵溶液(1%)：适量。
(5) 氨-氯化铵缓冲溶液(pH = 10)：适量。
(6) 硫代乙醇酸：适量。
(7) 三乙醇胺(1+2)：适量。
(8) 铬黑 T 指示剂(0.5%)：适量。
(9) EDTA 标准溶液(0.02mol/L)：适量。

(10) 硫化钠溶液(5%)：适量。

(11) 氢氧化钠溶液(2mol/L)：适量。

(12) 水样：适量。

## 三、测定步骤

1. 氨-氯化铵分离

准确移取水样 50.00mL，置于 250mL 烧杯中，加入 1g $NH_4Cl$，加热至微沸，稍冷搅拌下滴加氨水(1+1)至溶液出现棕红色 $Fe(OH)_3$ 沉淀，继续滴加至沉淀完全，溶液有氨味。然后加 50mL 沸水搅拌，加热煮沸 2～3min，待沉淀下沉，趁热用快速定量滤纸过滤于 250mL 容量瓶中，用 1%$NH_4NO_3$ 溶液洗至无 $Cl^-$ 为止。滤液冷至室温，用去离子水稀释至刻度，摇匀，备用。

2. $Ca^{2+}$-$Mg^{2+}$ 测定

准确移取分离 $Fe^{3+}$、$Al^{3+}$ 后的试液 25.00mL，置于 250mL 锥形瓶中，加水稀释至 100mL，加 10mL pH＝10 的 $NH_3$-$NH_4Cl$ 缓冲溶液，加 0.2mL 硫代乙醇酸、3mL 三乙醇胺(1+2)、1mL $Na_2S$(5%)，再加入 3～5 滴 0.5%铬黑 T 指示剂，用 0.02mol/L EDTA 标准溶液滴定至纯蓝色终点，记录消耗 EDTA 体积 $V_1$。

3. $Ca^{2+}$ 测定

准确移取 25.00mL 分离 $Fe^{3+}$、$Al^{3+}$ 后的试液置于 250mL 锥形瓶中，加水稀释至 100mL，加 10mL 2mol/L NaOH 充分振荡，放置数分钟，加 0.2mL 硫代乙醇酸、3mL 三乙醇胺(1+2)、1mL $Na_2S$(5%)，再加入 8 滴 0.5%钙指示剂，用 0.02mol/L EDTA 标准溶液滴至纯蓝色终点。记录消耗的 EDTA 体积，按下式计算水样中 $Mg^{2+}$ 含量。

$$\rho_{(Mg^{2+})}=\frac{c_{(EDTA)}(V_1-V_2)M_{(Mg^{2+})}}{V_{水}}$$

式中 $\rho_{(Mg^{2+})}$——水中镁的含量，g/L；

$c_{(EDTA)}$——EDTA 标准溶液的浓度，mol/L；

$V_1$——测定 $Ca^{2+}$、$Mg^{2+}$ 总量时消耗 EDTA 的体积，L；

$V_2$——测定 $Ca^{2+}$ 时消耗 EDTA 的体积，L；

$M_{(Mg^{2+})}$——镁的摩尔质量，g/mol；

$V_{水}$——测定时所取水样的体积，L。

## 思考题

### (一) 问答题

1. 水样中镁含量的测定原理是什么？

2. 以铬黑 T 为指示剂，用 EDTA 标准溶液直接滴定水中的 $Ca^{2+}$、$Mg^{2+}$ 时，为什么要用氨性缓冲溶液将水样控制在 pH＝10？

### (二) 操作题

测定水样中镁含量，检查：(1)操作过程是否正确。(2)终点判断是否正确。

# 实验十五　水样中钙的测定

## 知识链接

同实验十四

完成了本实验的学习之后，能够掌握水样中钙的测定原理及测定方法。

## 一、实验原理

在 pH 值为 10~13 时，水中的 $Ca^{2+}$ 与钙-羧酸指示剂有如下反应：

$$\underset{\text{（蓝色）}}{Ca^{2+}+In^{2-}} = \underset{\text{（红色）}}{CaIn}$$

用 EDTA 标准溶液滴定至溶液由红色变为蓝色为终点。反应如下：

$$\underset{\text{（红色）}}{CaIn}+H_2Y^{2-} = CaY^{2-}+\underset{\text{（蓝色）}}{In^{2-}}+2H^+$$

根据滴定消耗的 EDTA 标准溶液的体积和所取水样的体积，可以计算出水中 $Ca^{2+}$ 的含量。

## 二、仪器、药品和设备

（1）酸式滴定管(50mL)：1 支。

（2）硫酸溶液(1+1)：适量。

（3）过硫酸钾溶液(40g/L)：适量。

（4）三乙醇胺(1+2)：适量。

（5）钙-羧酸固体指示剂：适量。

（6）EDTA 标准溶液(0. 02mol/L)：适量。

（7）氢氧化钾溶液(200g/L)：适量。

（8）水样：适量。

固体钙-羧酸指示剂的配制方法：将 0. 2g 钙-羧酸指示剂与 100g NaCl(或 KCl、$KNO_3$)混合研磨均匀，储存于磨口瓶中备用。

## 三、测定步骤

1. 试液的量取

用 50mL 移液管准确移取 50. 00mL 水样置于 250mL 锥形瓶中。

2. 试液的处理

用 5mL 量杯量取 1mL 体积比浓度为(1+1)的 $H_2SO_4$溶液，加入试液锥形瓶中，再用另一只 5mL 量杯量取 5mL 质量浓度为 40g/L 的过硫酸钾溶液加入混匀，加热煮沸至近干(目的是使有机磷系列物质氧化以消除对测定的干扰)。取下冷却至室温，用 50mL 量杯加 50mL

蒸馏水稀释，用 5mL 量杯量取 3mL 体积比浓度为(1+2)的三乙醇胺溶液，再用 10mL 量杯量取 7mL 质量浓度为 200g/L 的 KOH 溶液，混匀，待滴。

3. 滴定

用托盘天平称取 0.1g 钙-羧酸固体指示剂加入锥形瓶中，用 0.02mol/L EDTA 标准溶液滴定至溶液由红色变为蓝色为终点。平行测定三次。记录消耗的 EDTA 体积 $V$，按下式计算水样中 $Ca^{2+}$ 含量：

$$\rho_{(Ca^{2+})}=\frac{c_{(EDTA)}VM_{(Ca^{2+})}}{V_{水}}$$

式中　$\rho_{(Ca^{2+})}$——水中钙的含量，g/L；

$c_{(EDTA)}$——EDTA 标准溶液的浓度，mol/L；

$V$——测定 $Ca^{2+}$ 时消耗 EDTA 的体积，L；

$M_{(Ca^{2+})}$——钙的摩尔质量，g/mol；

$V_{水}$——测定时所取水样的体积，L。

## 思考题

**(一) 问答题**

1. 水样中钙含量的测定原理是什么？
2. 什么叫暂时硬度和永久硬度？

**(二) 操作题**

测定水样中钙含量，检查：(1)操作过程是否正确。(2)终点判断是否正确。

# 实验十六　火焰原子吸收法测定钙、镁(含总硬度)

## 知识链接

钙(Ca)广泛地存在于各种类型的天然水中，浓度为每升含零点几毫克到数百毫克不等，它主要来源于含钙岩石(如石灰岩)的风化溶解，是构成水中硬度的主要成分。钙是构成动物骨骼的主要元素之一。硬度过高的水不适宜工业使用，特别是锅炉作业。长期加热会使锅炉内壁结成水垢，这不仅影响热的传导，而且还隐藏着爆炸的危险，所以应进行软化处理。此外，硬度过高的水也不利于人们生活中的洗涤及烹饪，饮用了这些水还会引起肠胃不适。但水质过软也会引起或加剧某些疾病。因此，适量的钙是人类生活中不可缺少的。

镁(Mg)是天然水中的一种常见成分，它主要是含碳酸镁的白云岩以及其他岩石的风化溶解产物。镁在天然水中的浓度为每升零点几到数百毫克不等。镁是动物体内所必需的元素之一，人体每日需镁量约为 0.3~0.5g，浓度超过 125mg/L 时，还具有导泻和利尿作用。镁盐也是水质硬化的主要因素，硬度过高的水不适宜工业使用，它能在锅炉中形成水垢，故应对其进行软化处理。

1. 方法选择

(1) EDTA 配位滴定法简单快速，是最常选用的方法。

(2) 原子吸收法测定钙、镁，简单、快速、灵敏、准确，干扰易于消除，当采用 EDTA 法有干扰时，最好改用原子吸收法。

(3) 等离子发射光谱法快速、灵敏度高、干扰少，且可同时测定多种元素，也是较为理想的方法之一。

2. 样品保存

采集水样贮存于聚乙烯瓶中，将水样用硝酸或盐酸调节到 pH<2。

# 火焰原子吸收法

## 一、实验原理

将试液喷入空气–乙炔火焰中，使钙、镁原子化，并选用 422.7nm 共振线吸收定量钙，用 285.2nm 共振线吸收定量镁。

## 二、方法的适用范围

本方法适用于测定地下水、地表水和废水中的钙、镁。

本方法适用的校准溶液浓度范围(见表 1.10)与仪器的特性有关，随着仪器的参数变化而变化。通过样品的浓缩和稀释还可使测定实际样品浓度范围得到扩展。

**表 1.10　测定范围及最低检出浓度** mg/L

| 元素 | 最低检出浓度 | 测定范围 | 元素 | 最低检出浓度 | 测定范围 |
|---|---|---|---|---|---|
| 钙 | 0.02 | 0.1~6.0 | 镁 | 0.002 | 0.01~0.6 |

## 三、干扰

原子吸收法测定钙、镁的主要干扰有铝、硫酸盐、磷酸盐、硅酸盐等，它们能抑制钙、镁的原子化，产生干扰，可加入锶、镧或其他释放剂来消除干扰。火焰条件直接影响着测定灵敏度，必须选择合适的乙炔量和火焰观测高度。试样需检查是否有背景吸收，如有背景吸收应予以校正。

## 四、仪器

(1) 原子吸收分光光度计及其附件。

(2) 钙、镁空心阴极灯。

(3) 仪器工作参数如表 1.11 所示。因仪器不同而异，可根据仪器说明书选择，此表所列仅供参考。

表 1.11　仪器工作参数

| 元素 | 光源 | 灯电流/mA | 测量波长/nm | 通带宽度/nm | 观测高度/mm | 火焰种类 |
|---|---|---|---|---|---|---|
| 钙 | 空心阴极灯 | 0.0 | 422.7 | 2.6 | 12.5 | 空气-乙炔化学计量火焰 |
| 镁 | 空心阴极灯 | 7.5 | 285.2 | 2.6 | 7.5 | 空气-乙炔化学计量火焰 |

## 五、试剂

除另有说明外，分析时均使用符合国家标准或专业标准的分析纯试剂，去离子水或同等纯度的水。

（1）硝酸（$HNO_3$）：$p$=1.40g/mL。

（2）高氯酸（$HClO_4$）：$p$=1.68g/mL，优级纯。

（3）硝酸溶液：（1+1）。

（4）燃气：乙炔，用钢瓶气供给，也可用乙炔发生器供给，但要适当纯化。

（5）助燃气：空气，一般由空气压缩机供给，进入燃烧器以前应经过适当过滤，以除去其中的水、油和其他杂质。

（6）镧溶液（0.1g/mL）：称取氧化镧（$La_2O_3$）23.5g，用少量硝酸溶液（3）溶解，蒸至近干，加 10mL 硝酸溶液及适量水，微热溶解，冷却后用水定容至 200mL。

（7）钙标准贮备液（1000mg/L）：准确称取 105～110℃烘干过的碳酸钙（$CaCO_3$，优级纯）2.4973g 于 100mL 烧杯中，加入 20mL 水，小心滴加硝酸溶液至溶解，再多加 10mL 硝酸溶液加热煮沸，冷却后用水定容至 1000mL。

（8）镁标准贮备液（100mg/L）：准确称取 800℃灼烧至恒重的氧化镁（MgO，光谱纯）0.1658g 于 100mL 烧杯中，加入 20mL 水，滴加硝酸溶液至完全溶解，再多加 10mL 硝酸溶液，加热煮沸，冷却后用水定容至 1000mL。

（9）钙、镁混合标准溶液（钙 50mg/L、镁 5.0mg/L）：准确吸取钙标准贮备液和镁标准贮备液各 5.0mL 于 100mL 容量瓶中，加入 1mL 硝酸溶液，用水稀释至标线。

## 六、步骤

1. 试样的制备

（1）分析可滤态钙、镁时，如水样有大量的泥沙，悬浮物，样品采集后应及时澄清，澄清液通过 0.45μm 有机微孔滤膜过滤，滤液加硝酸酸化至 pH 值为 1～2。

（2）分析钙、镁总量时，采集后立即加硝酸酸化至 pH 值为 1～2。如果样品需要消解，则校准曲线溶液，空白溶液也要消解。

（3）消解步骤：取 100mL 待处理样品，置于 200mL 烧杯中，加入 5mL 硝酸，在电热板上加热消解，蒸至 10mL 左右，加入 5mL 硝酸和 2mL 高氯酸，继续消解，蒸至 1mL 左右，取下冷却，加水溶解残渣，通过用酸洗涤后的中速滤纸，滤入 50mL 容量瓶中，用水稀释至标线（注意：消解中使用的高氯酸易爆炸，要求在通风柜中进行）。

2. 测定试样溶液

准确吸取经预处理的试样 1.00～10.00mL（含钙不超过 250μg，镁不超过 25μg）于 50mL 容量瓶中，加入 1mL 硝酸溶液和 1mL 镧溶液用水稀释至标线，摇匀。

3. 空白试验

在测定的同时应进行空白实验。空白实验时用 50mL 水取代试样。所用试剂及其用量、步骤与试样完全相同。

4. 标准系列

参照表 1.12 在 50mL 容量瓶中，依次加入适量的钙、镁混合标准溶液，以下按步骤 2. 至少配制五个标准溶液(不包括零点)。

**表 1.12　钙、镁标准系列的配制**

| 元　素 | 序　号 | | | | | | | |
|---|---|---|---|---|---|---|---|---|
| | 1 | 2 | 3 | 4 | 5 | 6 | 7 | 8 |
| 混合标准溶液体积/mL | 0 | 0.05 | 1.00 | 2.00 | 3.00 | 4.00 | 5.00 | 6.00 |
| 钙含量/(mg/L) | 0 | 0.50 | 1.00 | 2.00 | 3.00 | 4.00 | 5.00 | 6.00 |
| 镁含量/(mg/L) | 0 | 0.05 | 0.10 | 0.20 | 0.30 | 0.40 | 0.50 | 0.60 |

5. 测定

(1) 根据表 1.9 选择波长等参数并调节火焰至最佳工作状态，依次从稀至浓测定标准系列和水样的吸光度。

(2) 根据试样扣除空白后的吸光度，在校准曲线上查出(或用回归方程计算出)试样中的钙、镁浓度。

## 七、计算

$$X=f \cdot C$$

式中　$X$——钙或镁含量，以 Ca 或 Mg 计，mg/L；

$f$——试样定容体积与试样体积之比；

$C$——由校准曲线查得的钙、镁浓度，mg/L。

## 八、精密度和准确度

5 个实验室分析统一的合成水样结果。水样中含钙 40.64mg/L，含镁 8.39mg/L。

(1) 重复性。重复性相对标准偏差：钙为 1.2g%，镁为 1.52%。

(2) 再现性。再现性相对标准偏差：钙为 1.72%，镁为 1.70%。

(3) 准确度。相对误差：钙为+0.05%，钾为-0.30%。

# 实验十七　亚硫酸盐的测定

**知识链接**

亚硫酸钠是中低压锅炉常用的化学除氧剂，它与水中氧气发生如下反应：

$$2SO_3^{2-}+O_2=\!=\!=2SO_4^{2-}$$

锅炉水中亚硫酸钠含量越高，与氧反应越快，除氧效果越好。但含量太高，不仅增加药剂消耗，还增加锅炉水含盐量。按水质标准规定，一般锅炉水中 $SO_3^{2-}$ 含量控制在 10~40mg/L。

## 一、实验原理

亚硫酸钠的测定是用碘酸钾-碘化钾（$KIO_2$-KI）标准溶液在酸性条件下滴定亚硫酸钠。淀粉溶液为指示剂，蓝色出现为终点。在酸性条件下，碘酸钾与碘化钾作用，定量生成 $I_2$。

$$IO_3^- + 5I^- + 6H^+ \xlongequal{} 3I_2 + 3H_2O$$

$I_2$ 与 $SO_3^{2-}$ 发生定量反应

$$I_2 + SO_3^{2-} + H_2O \xlongequal{} 2I^- + SO_4^{2-} + 2H^+$$

$SO_3^{2-}$ 与 $IO_3^-$ 的定量关系为

$$n(SO_3^{2-}) \xlongequal{} \frac{1}{3} n(IO_3^-)$$

## 二、试剂

（1）0.005mol/L $KIO_3$-KI 标准溶液的配制：天平上准称基准物碘酸钾 1.0700g，台秤称取碘化钾 8g，$NaHCO_3$ 0.5g，蒸馏水溶解后，定容为 1000mL。浓度 $C_{IO_3^-} = 0.005000$mol/L。

（2）1%淀粉溶液。

（3）盐酸溶液（1+1）。

## 三、操作步骤

取水样 100mL 于 250~300mL 锥形瓶中，加淀粉指示剂 1mL 和（1+1）盐酸 1mL。摇匀后，用上述碘酸钾-碘化钾标准溶液滴定至微蓝色出现为终点，记下所消耗标准溶液体积 $V_1$。

同时取蒸馏水 100mL，用相同操作方法做空白实验，消耗标准溶液体积为 $V_2$。用下式计算水样中 $SO_3^{2-}$ 的含量。

$$SO_3^{2-}(mg/L) = \frac{3c(V_1 - V_2) \times 80.06}{V_0} \times 1000$$

式中　$c$——碘酸钾-碘化钾标液浓度，mol/L；

$V_1$ 和 $V_2$——为水样和空白所消耗碘酸钾-碘化钾标液的体积，mL；

$V_0$——为水样体积，mL；

80.06——$SO_3^{2-}$ 摩尔质量。

### 思考题

测定亚硫酸钠的影响因素有哪些？

# 实验十八　水中六价铬的测定

**知识链接**

铬是生物体必需的微量元素之一。铬的化合物常见的价态有三价和六价，通常认为六价铬的毒性是三价铬的100倍，六价铬更容易被人体吸收和蓄积。当水中六价铬浓度为1mg/L时水呈淡黄色并有涩味，长期饮用容易引起中毒。本实验要求学生掌握用分光光度法测定六价铬的原理和方法；熟练使用分光光度计。

## 一、实验原理

在酸性溶液中，六价铬离子与二苯碳酰二肼反应，生成紫红色化合物，其最大吸收波长为540nm，吸光度与浓度的关系符合朗伯-比尔定律。

## 二、仪器

分光光度计、比色皿(1cm或3cm)、具塞比色管(50mL)、移液管、容量瓶等。

## 三、试剂

(1) 丙酮。

(2) 硫酸(1+1)、磷酸(1+1)。

(3) 0.2%(*m/V*)氢氧化钠溶液。

(4) 氢氧化锌共沉淀剂：称取硫酸锌($ZnSO_4 \cdot 7H_2O$)8g，溶于100mL水中；称取氢氧化钠2.4g，溶于120mL水中，将以上两溶液混合。

(5) 4%(*m/V*)高锰酸钾溶液。

(6) 铬标准储备液：称取于120℃干燥2h的重铬酸钾(优级纯)0.2829g，用水溶解，移入1000mL容量瓶中，用水稀释至标线，摇匀。每毫升储备液含100μg六价铬。

(7) 铬标准使用液：吸取5.00mL铬标准储备液于500mL容量瓶中，用水稀释至标线，摇匀。每毫升标准使用液含1.00μg六价铬。使用当天配制。

(8) 20%(*m/V*)尿素溶液。

(9) 2%(*m/V*)亚硝酸溶液。

(10) 二苯碳酰二肼溶液：称取二苯碳酰二肼(简称DPC，$C_{13}H_{14}N_4O$)0.2g，溶于50mL丙酮中，加水稀释至100mL，摇匀，贮于棕色瓶中，置冰箱中保存颜色变深后不能再用。

## 四、测定步骤

1. 水样预处理

(1) 对不含悬浮物、低色度的清洁地面水，可直接进行测定。

(2) 如果水样有色但不深，可进行色度校正。即另取一份试样，加入除显色剂以外的各种试剂，以2mL丙酮代替显色剂，用此溶液作为测定试样溶液吸光度的参比溶液。

(3) 对混浊、色度较深的水样，应加入氢氧化锌共沉淀剂并进行过滤处理。

(4) 水样中存在次氯酸盐等氧化性物质时，可加入尿素和亚硝酸钠消除。

(5) 水样中存在低价铁、亚硫酸盐、硫化物等还原性物质时，可将$Cr^{6+}$还原为$Cr^{3+}$，此时，调节水样pH值至8，加入显色剂溶液，放置5min后再酸化显色，并以同样方法做标准曲线。

2. 标准曲线的绘制

取9支50mL比色管，依次加入0mL、0.20mL、0.50mL、1.00mL、2.00mL、4.00mL、6.00mL、8.00mL和10.00mL铬标准使用液，用水稀释至标线，加入硫酸(1+1)0.5mL和磷酸(1+1)0.5mL，摇匀。加入2mL显色剂溶液，摇匀。5~10min后，于540nm波长处，用1cm或3cm比色皿，以水为参比，测定吸光度并做空白校正。以吸光度为纵坐标，以相应六价铬含量为横坐标绘出标准曲线。

3. 水样的测定

取适量(含$Cr^{6+}$少于50μg)无色透明或经预处理的水样于50mL比色管中，用水稀释至标线，测定方法同标准溶液。进行空白校正后根据所测吸光度从标准曲线上查得$Cr^{6+}$的含量。

## 五、计算

$$C=\frac{m}{V}$$

式中　$C$——六价铬的浓度，mg/L；

$m$——从标准曲线上查得的$Cr^{6+}$量，μg；

$V$——水样的体积，mL。

## 注意事项

(1) 用于测定铬的玻璃器皿不应用铬酸钾洗液洗涤。

(2) $Cr^{6+}$与显色剂的显色反应一般控制酸度在0.05~0.3mol/L($C_{1/2H_2SO_4}$)范围，以0.2mol/L时显色最好。显色前，水样应调至中性。显色温度和放置时间对显色有影响，在15℃时，5~15min颜色即可稳定。

## 思考题

1. 分析干扰测定的因素和消除方法。

2. 如果测定水中总铬需采取什么措施？

# 实验十九　废水中苯系物——顶空气相色谱法

### 知识链接

苯系物通常包括苯，甲苯，乙苯，邻、间、对位的二甲苯，异丙苯，苯乙烯八种化合物。除苯是已知的致癌物以外，其他七种化合物对人体和水生生物均有不同程度的毒性。苯系物的工业污染源主要是石油、化工、炼焦生产的废水。同时，苯系物作为重要溶剂及生产原料有着广泛的应用，在油漆、农药、医药、有机化工等行业的废水中也含有较高浓度的苯系物。

1. 方法选择

根据待测水样中苯系物含量的多少，可用溶剂萃取、顶空和吹脱捕集等预处理方法，用 GC-FID 或 GC-MS 进行分析测定。

2. 样品保存

取水样时应使样品充满容器，不留空间，并加盖密封。样品应在冰箱中保存，采用溶剂萃取法应在 7d 内处理完毕，14d 内分析完。采用顶空和吹脱捕集法应在 7d 内分析完。

## 顶空气相色谱法

### 一、实验原理

在恒温的密闭容器中，水样中的苯系物在气、液两相间分配，达到平衡。取液上气相样品进行色谱分析。

### 二、干扰及消除

采用顶空取样、气相色谱法分析苯系物未发现干扰物存在(对复杂样品如有可疑，可采用双柱加以验证)。

### 三、方法的适用范围

本方法的最低检出浓度为 0.005mg/L；测定上限为 0.1mg/L。可用于监测石油化工、焦化、油漆、农药、制药等行业排放的废水，也可用于地表水的监测。

### 四、仪器

（1）气相色谱仪，具 FID 检测器。

（2）带有恒温水槽的振荡器，由康氏电动振荡器、超级恒温水浴等组成或专用恒温装置。

(3) 100mL 全玻璃注射器或气密性注射器，并配有耐油胶帽。

(4) 5mL 全玻璃注射器。

(5) 10μL 微量注射器。

## 五、试剂

(1) 有机皂土：色谱固定液。

(2) 邻苯二甲酸二壬酯(DNP)：色谱固定液。

(3) 101 白色担体：60~80 目。

(4) 苯系物标准物质：苯、甲苯、乙苯、对二甲苯、间二甲苯、邻二甲苯、异内苯和苯乙烯，均为色谱纯。

(5) 苯系物标准贮备液：用 10μL 微量注射器抽取色谱纯的苯系物标准物，以配成浓度为 10mg/L 的苯系物混合水溶液作为苯系物的贮备液。该贮备液应于冰箱中保存，一周内有效，也可直接购买商品标准贮备液。

(6) 氯化钠(优级纯)。

(7) 高纯氮气(99.999%)。

## 六、步骤

1. 顶空样品的制备

(1) 称取 20g 氯化钠，放入 100mL 注射器中，加入 40mL 水样，排出针筒内空气，再吸入 40mL 氮气，然后将注射器用胶帽封好。

(2) 置于振荡器水槽中固定，约恒温在 30℃ 下振荡 5min，抽取液上空间的气样 5mL 做色谱分析。当废水中苯系物浓度较高时，可适当减少进样量。

2. 校准曲线的绘制

(1) 标准溶液的配制：用贮备液配成苯、甲苯、乙苯、对二甲苯、间二甲苯、邻二甲苯、异丙苯、苯乙烯浓度各为 5μg/L、20μg/L、40μg/L、60μg/L、80μg/L、100μg/L 的标准系列水溶液。

(2) 取不同浓度的标准系列溶液，按“顶空样品的制备”方法处理，取 5mL 液上气相样品做色谱分析，并绘制浓度-峰高校准曲线。

3. 色谱条件

(1) 色谱柱：长 3m，内径 4mm 螺旋型不锈钢管柱或玻璃色谱柱。

(2) 柱填料：(3%有机皂土-101 白色担体)：(2.5%DNP-101 白色担体)= 35：65。

(3) 温度：柱温 65℃，汽化室温度 200℃，检测器温度 150℃。

(4) 气体流量：氮气 40mL/min，氢气 40mL/min，空气 400mL/min。应根据仪器型号选用最合适的气体流速。

(5) 检测器：FID。

(6) 进样量：5mL。

分析结果，如图 1.6 所示。

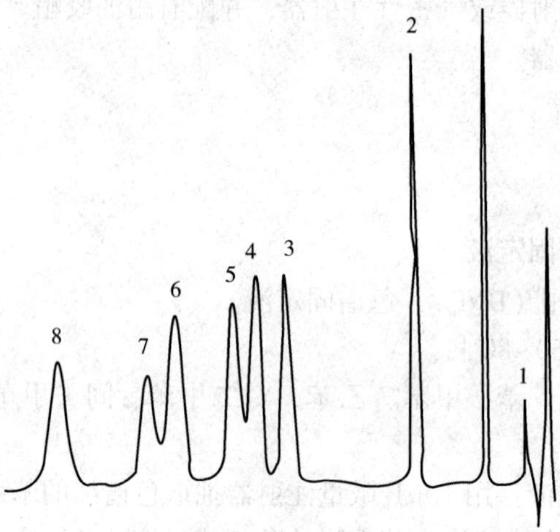


图 1.6　苯系物的标准色谱图

1—苯；2—甲苯；3—乙苯；4—对二甲苯；
5—间二甲苯；6—邻二甲苯；7—异丙苯；8—苯乙烯

## 七、计算

由样品色谱图量得苯系物各组分的峰高值，从各自的校准曲线上直接查得样品的浓度值。

## 八、精密度和准确度

由五个实验室分别配制 0.01mg/L、0.05mg/L、0.09mg/L 浓度的样品进行了精密度试验，苯、甲苯、乙苯、邻二甲苯、间二甲苯、对二甲苯、异丙苯、苯乙烯 8 个组分的相对标准偏差均小于 11.9%，平均回收率为 83%~102%。

## 注意事项

(1) 配制苯系物标准贮备液时，要在通风良好的情况下进行，以免危害健康。

(2) 如不需要单个分析二甲苯异构体或异丙苯，可适当提高柱温，以缩短分析时间。如样品中不含异丙苯，在装柱时适当增加有机皂土对 DNP 的比例，以提高对二甲苯与间二甲苯的分离度。

(3) 顶空样品制备是准确分析样品的重要步骤之一，如振荡时温度的变化及改变气、液两相的比例等都会使分析误差增大。如需第二次进样时，应重新恒温振荡。当温度等条件变化较大时，需对校准曲线进行校正。进样时所用的注射器应预热到稍高于样品温度。

(4) 也可采用自动顶空装置(包括顶空瓶等)。使用前要确定方法的检测限、精密度和准确度能达到测定要求。

(5) 配制苯系物标准贮备液时，可先将移取的色谱纯苯系物加入少量甲醇中后，再配制成水溶液。

# 实验二十　废水中甲醛的测定——乙酰丙酮光度法

## 知识链接

甲醛(HCHO，分子量 30.03)为具有刺激性臭味的无色可燃性液体，易溶于水、醇和醚，其 35%~40%的水溶液被称为“福尔马林”。甲醛的还原性很强，易与多种物质结合，且易于聚合。甲醛对人体的皮肤和黏膜具有刺激作用，进入人体后易对人的中枢神经系统及视网膜造成损害。

甲醛的主要污染来源于有机合成、化工、合成纤维、染料、木材加工及制漆等行业排放的废水。含甲醛的废水排入水体后，能消耗水中的溶解氧，影响水的自净能力。

1. 方法选择

水中甲醛的测定多采用乙酰丙酮光度法或变色酸光度法。乙酰丙酮光度法选择性较好、操作简便、准确度高。变色酸光度法具有一定的选择性，准确度较高。但实验室中浓硫酸用量较大，且苯和乙醛对测定的干扰较乙酰丙酮法严重。

2. 样品保存

水样可用玻璃瓶或聚乙烯瓶采集。为抑制甲醛的分解，采样后于每 500mL 水样中加入 1mL 浓硫酸酸化，并应在 24h 内测定。

## 一、实验原理

在过量铵盐存在下，甲醛与乙酰丙酮生成黄色化合物，该有色化合物在波长 414nm 处有最大吸收。在显色条件下表观摩尔吸光系数为 $7.2\times10^{3}$ L/(mol · cm)。有色物质在 3h 内吸光度基本不变。化学反应式为：

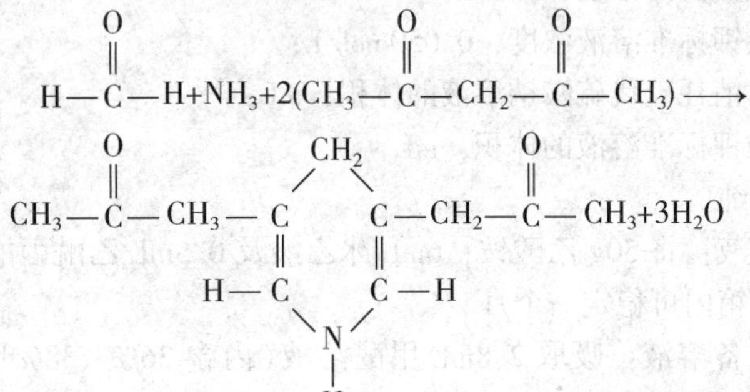

## 二、干扰及消除

在测定条件下，水样中含有 5mg/L 的丙醛、丁醛、丙烯醛无干扰；乙醛在 4mg/L 以下无干扰；此外，当甲醛为 20mg/L，苯酚为 50mg/L，游离氰为 1mg/L 时未见干扰。

## 三、方法的适用范围

本方法的甲醛最低检出浓度为0.05mg/L；测定上限为3.20mg/L。

## 四、仪器

（1）分光光度计。

（2）恒温水浴。

（3）0~100℃温度计。

## 五、试剂

（1）4%氢氧化钠溶液。

（2）(1+5)硫酸溶液；3%硫酸溶液。

（3）碘标准液($C_{1/2I_2}$=0.05mol/L)：称取20g碘化钾溶于少量蒸馏水，加入6.35g碘，待溶解后，稀释至1000mL。

（4）重铬酸钾标准溶液($C_{1/6K_2Cr_2O_7}$=0.050mol/L)：准确称取经105~110℃烘干2h的重铬酸钾2.4516g于烧杯中，用水溶解后移入1000mL容量瓶中，稀释至刻度，摇匀。

（5）1%淀粉溶液。

（6）硫代硫酸钠溶液($C_{Na_2S_2O_3 \cdot 5H_2O}$=0.05mol/L)：称取12.5g硫代硫酸钠溶于煮沸并放冷的水中，稀释至1000mL。加入0.4g氢氧化钠，贮存于棕色瓶内。标定方法如下：

于250mL碘量瓶内，加入约1g碘化钾及50mL水，加入0.050mol/L重铬酸钾标准溶液20.0mL，(1+5)硫酸溶液5mL，混匀，于暗处放置5min。用硫代硫酸钠溶液滴定，待滴至溶液呈淡黄色时，加入淀粉溶液1mL，继续滴定至蓝色刚好褪去，记录用量。按下式计算硫代硫酸钠的浓度。

$$M_1 = \frac{M_2 \cdot V_2}{V_1}$$

式中 $M_1$——硫代硫酸钠的浓度，mol/L；

$M_2$——重铬酸钾标准溶液浓度，0.050mol/L；

$V_1$——滴定时消耗硫代硫酸钠溶液的体积，mL；

$V_2$——重铬酸钾标准溶液的体积，mL。

（7）甲醛，分析纯。

（8）乙酰丙酮溶液：将50g乙酸铵，6mL冰乙酸及0.5mL乙酰丙酮试剂溶解于100mL水中。此溶液放置冰箱内可稳定一个月。

（9）甲醛标准贮备溶液：吸取2.8mL甲醛溶液(内含36%~38%甲醛)，用水稀释至1000mL，此溶液每毫升约含甲醛1mg。标定方法如下：

吸取甲醛贮备溶液20.00mL于250mL碘量瓶中，加入0.05mol/L碘标准溶液50mL，4%氢氧化钠溶液15mL，加塞，混匀放置15min。加3%硫酸20mL，混匀，再放置15min。以硫代硫酸钠溶液滴定至溶液呈淡黄色时，加淀粉溶液1mL，继续滴定至蓝色刚好褪去。同时用水代替甲醛溶液，以相同步骤做空白试验，按下式计算甲醛的浓度：

$$甲醛(HCHO, mg/L)=\frac{(V_1-V_2)M\times15\times1000}{20.0}$$

式中　$V_1$——空白消耗硫代硫酸钠溶液，mL；

$V_2$——标定甲醛消耗硫代硫酸钠溶液，mL；

$M$——硫代硫酸钠溶液的浓度，mol/L；

15——甲醛(1/2HCHO)摩尔质量。

另外也可购买商品甲醛标准贮备液。

(10) 甲醛标准使用液：用水将一定量的甲醛标准贮备溶液逐级稀释成每毫升含甲醛10.0μg的标准使用液。临用时配制。

## 六、步骤

1. 样品预处理

(1) 对无色、不浑浊的清洁地表水调至中性后，可直接测定。

(2) 受污染的地表水和工业废水需按下述方法进行蒸馏：取100mL水样于蒸馏瓶内，另外补加约15mL水，加3~5mL浓硫酸及数粒玻璃珠，加热蒸馏。用100mL容量瓶收集馏出液，加热，待蒸出约95mL的馏出液时，调节加热温度，直到馏出液接近100mL刻度时取下容量瓶，并用水将馏出液补足到100mL，摇匀后备用。

2. 校准曲线的绘制

(1) 取数支25mL比色管，分别加入0mL、0.20mL、0.50mL、1.00mL、3.00mL、5.00mL、8.00mL甲醛标准使用液，加水至标线。加入2.50mL乙酰丙酮溶液，混匀。于45~60℃水浴中加热30min，取出冷却。

(2) 于波长414nm处以水为参比，用10mm比色皿测量吸光度。

3. 水样测定

(1) 取25.0mL水样或馏出液于25mL比色管中(必要时，可酌情少取，用水稀释至刻度)。按绘制校准曲线的操作步骤进行显色和测量。

(2) 以水代替水样，按相同操作步骤进行空白实验，同时做空白校正。

## 七、计算

$$甲醛(HCHO, mg/L)=\frac{m}{V}$$

式中　$m$——由校准曲线查得的甲醛量，μg；

$V$——水样体积，mL。

## 八、精密度和准确度

用水配制的含甲醛1.81mg/L的统一样品，经七个实验室分析，实验室内相对标准偏差为0.8%；实验室间相对标准偏差为2.4%；相对误差为-0.4%。

8个实验室用本方法分别测定了化工、木材加工、合成纤维、有机合成、制漆、炼油、制革、制药、染料化工、橡胶等多种行业废水中的甲醛，六次平行测定的相对标准偏差为0.3%~7.6%，加标回收率为92%~105%。

## 注意事项

(1) 对某些不适于在酸性条件下蒸馏的特殊水样，如染料、制漆废水或含氰较高的废水等，可改加4%氢氧化钠溶液将水样调至弱碱性(pH=8左右)，再进行蒸馏。

(2) 乙酰丙酮的纯度对空白试验吸光度有影响。乙酰丙酮应当无色透明，必要时需进行蒸馏精制。

# 实验二十一　氰化物的测定
# ——异烟酸-巴比妥酸分光光度法

**知识链接**

**易释放氰化物**

易释放氰化物是指在pH=4的介质中，在硝酸锌存在下加热蒸馏，能形成氰化氢的氰化物。包括全部简单氰化物(碱金属的氰化物)和在此条件下能生成氰化氢而被蒸出的部分配合氰化物(如锌氰配合物等)。

## 预　处　理

### 一、实验原理

向水样中加入酒石酸和硝酸锌，在pH=4的条件下，加热蒸馏，简单氰化物和部分配合氰化物(如锌氰配合物)以氰化氢形式被蒸馏出，用氢氧化钠溶液吸收。蒸馏装置见图1.7。

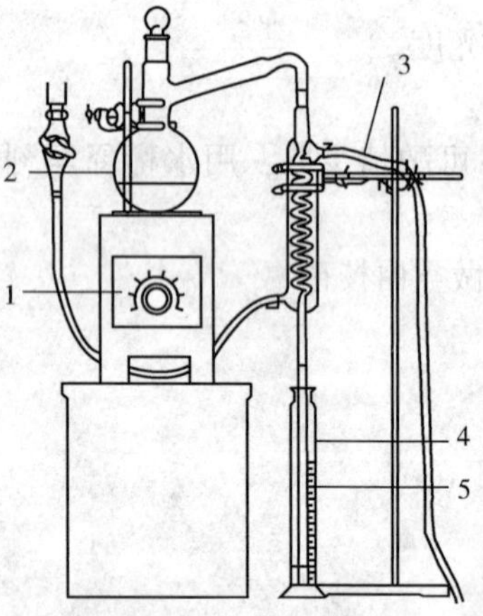


图1.7　氰化物蒸馏装置
1—可调电炉；2—蒸馏瓶；3—冷凝水出水口；4—量筒；5—馏出液导管

### 二、干扰及消除

(1) 若样品中存在活性氯等氧化剂，由于蒸馏时氰化物会被分解，使结果偏低，干扰测定。可量取两份体积相同的样品，向其中一份样品投入淀粉-碘化钾试纸1~3片，加硫酸酸化，用亚硫酸钠溶液滴定至淀粉-碘化钾试纸由蓝色变至无色，记下用量。另一份样品，不加试纸和硫酸，仅加上述同量的亚硫酸钠溶液。此操作应在采样现场进行。

(2) 若样品中含有大量亚硝酸根离子，将干扰测定，可加入适量的氨基磺酸使之分解。通常每毫克亚硝酸根离子需要加2.5mg氨基磺酸。

(3) 若样品中含有少量硫化物($S^{2-}$<1mg/L)，可在蒸馏前加入2mL浓度为0.02mol/L的硝酸银溶液。当大量硫化物存在时，需调节水样pH>11，加入碳酸镉粉末，与硫离子生成黄色硫化镉沉淀。反复操作，直至硫离子除尽(取 1d 处理后的溶液，放在乙酸铅试纸上，不再变色)。将此溶液过滤，沉淀物用 0.1mol/L 氢氧化钠溶液以倾泻法洗涤。合并滤液与洗涤液，供蒸馏用，要防止碳酸镉用量过多，沉淀处理时间不可超过 1h，以免沉淀物吸附氰化物或配合氰化物。

(4) 其他还原性物质：取 200mL 废水样，以酚酞作指标剂，用(1+1)乙酸中和，然后滴加($C_{1/5KMnO_4}$=0.1mol/L)高锰酸钾溶液至生成二氧化锰棕色沉淀时，过量 1mL。再进行蒸馏，收集馏出液，待测定。所加高锰酸钾溶液的浓度不可超过 0.1mol/L。样品虽经蒸馏分离，仍有无机或有机还原性物质馏出而干扰测定时，可对馏出液进行重蒸馏分离。

(5)碳酸盐：含有高浓度碳酸盐的废水(如煤气站废水、水泥废水、洗气水等)，在加酸蒸馏时放出大量的二氧化碳，从而影响蒸馏，同时也会使吸收液中的氢氧化钠含量降低。采集此类废水后，在搅拌下，慢慢加入氢氧化钙，使其 pH 值提高到 12~12.5。沉淀后，倾出上清液进行蒸馏处理后测定。

(6) 少量油类对测定无影响，中性油或酸性油大于 40mg/L 时干扰测定，可加入量为水样体积的 20%的正己烷，在中性条件下短时间萃取，分离出正己烷相后，水相用于蒸馏测定。

## 三、试剂

(1) 15%酒石酸溶液：称取 150g 酒石酸($C_4H_6O_6$，Tartaric acid)溶于水，稀释至 1000mL。

(2) 0.05%甲基橙指示液。

(3) 10%硝酸锌[$Zn(NO_3)_2 \cdot 6H_2O$]溶液。

(4) 乙酸铅试纸：称取 5g 乙酸铅[$Pb(C_2H_3O_2)_2 \cdot 3H_2O$]溶于水中，稀释至 100mL。将滤纸条浸入上述溶液中，1h 后，取出晾干，盛于广口瓶中，密塞保存。

(5) 碘化钾-淀粉试纸：称取 1.5g 可溶性淀粉，用少量水搅成糊状，加入 200mL 沸水，混匀。放冷，加 0.5g 碘化钾和 0.5g 碳酸钠，用水稀释至 250mL，将滤纸条浸渍后，取出晾盛于棕色瓶中密塞保存。

(6) (1+5)硫酸溶液。

(7) 1.26%亚硫酸钠($Na_2SO_3$)溶液。

(8) 氨基磺酸($NH_2SO_2OH$，Sulfaminic acid)。

(9) 4%氢氧化钠溶液。

(10) 1%氢氧化钠溶液。

## 四、仪器

由 500mL 全玻璃蒸馏器和 100mL 量筒组成。

## 五、步骤

### 1. 氰化氢释放和吸收

(1) 按图 1.7 装置，量取 200mL 样品，移入 500mL 蒸馏瓶中(若氰化物含量较高，可酌量少取，加水稀释至200mL)，加数粒玻璃珠。

(2) 往接收器(以量筒为吸收器)内加入10mL的1%氢氧化钠溶液作为吸收液。

注：当水样在酸性蒸馏时，若有较多挥发性酸蒸出，则应增加氢氧化钠浓度。制作校准曲线时，所用碱液浓度应相同。

(3) 馏出液导管上端接冷凝管出口，下端插入接收器的吸收液中，检查连接部位，使其严密。

(4) 将10mL硝酸锌液加入蒸馏瓶内，加入7~8d甲基橙指示液，迅速加入5mL酒石酸溶液，立即盖好瓶塞，使瓶内溶液保持红色。打开冷凝水，以2~4mL/min馏出液速度进行加热蒸馏。

(5) 接收器内溶液近100mL时停止蒸馏，用少量水洗馏出液导管，取出接收器，用水稀释至标线。此为碱性馏出液(A)，供测定易释放氰化物用。

2. 空白试验

按步骤(1)~(5)操作，用实验用水代替样品进行空白实验，得到空白试验馏出液(B)，供测定易释放氰化物用。

# 异烟酸-巴比妥酸分光光度法

## 一、实验原理

在弱酸性条件下，水样中氰化物与氯胺T作用生成氯化氰，然后与异烟酸反应，经水解生成戊烯二醛，最后再与巴比妥酸作用生成一种紫蓝色化合物，在一定浓度范围内，其色度与氰化物含量呈正比。于600nm波长处测其吸光度，与标准系列比较，即可得所测样品中氰化物的含量。

## 二、方法的适用范围

异烟酸-巴比妥酸法的最低检出浓度为0.001mg/L。适用于饮用水、地表水、生活污水和工业废水中氰化物的测定。

## 三、仪器

(1) 分光光度计或光度计。

(2) 25mL具塞比色管。

## 四、试剂

(1) 1%氯胺T溶液：称取0.5g氯胺T溶于水，并稀释至50mL，摇匀，贮于棕色瓶中(置冰箱保存，可使用1周)。

(2) 1.5%氢氧化钠溶液。

(3) 1%氢氧化钠溶液。

(4) 0.1%氢氧化钠溶液。

(5) 磷酸二氢钾溶液(pH=4.0)：称取136.1g无水磷酸二氢钾($KH_2PO_4$)溶于水，并稀释至1000mL，加入2.00mL冰乙酸摇匀。

(6) 异烟酸-巴比妥酸显色试剂：称取2.50g异烟酸和1.25g巴比妥酸溶于100mL1.5%氢氧化钠溶液中。

(7) 试银灵指示剂：称0.02g试银灵(对二甲氨基亚苄基罗丹宁)溶于100mL丙酮中，贮于棕色瓶置暗处保存。

(8) 0.0100mol/L硝酸银标准溶液。

① 称取1.699g硝酸银溶于水中，稀释至1000mL，贮于棕色试剂瓶中，摇匀，待标定后使用。

② 硝酸银溶液的标定：吸取0.0100mol/L氯化钠标准溶液10.00mL，于150mL锥形瓶中加50mL水。同时另取一锥形瓶，加入60mL水做空白试验。

向溶液中加入3~5d铬酸钾指示液，在不断旋摇下，从滴定管加入待标定的硝酸银溶液直至溶液由黄色变成浅砖红色为止，记下读数$V$。同样滴定空白溶液，读数为$V_0$，按下式计算：

$$硝酸银标准溶液(mol/L)=\frac{C\times10.0}{V-V_0}$$

式中　$C$——氯化钠标准溶液浓度，mol/L；

$V$——滴定氯化钠标准溶液时，硝酸银溶液用量，mL；

$V_0$——滴定空白溶液时，硝酸银溶液用量，mL。

(9) 氰化钾标准使用液(1mL含$CN^-$1.00μg)：

称取0.25g氰化钾(KCN，注意剧毒!)溶于0.1%氢氧化钠溶液中，并用0.1%氢氧化钠溶液稀释至100mL，摇匀，避光贮存于棕色瓶中。

吸取10.00mL氰化钾贮备溶液于锥形瓶中，加入50mL水和1mL 2%氢氧化钠溶液，加入0.2mL试银灵指示液，用硝酸银标准溶液(0.0100mol/L)滴定，溶液由黄色刚变为橙红色止，记录硝酸标准溶液用量$V_1$。同时另取10mL实验用水代替氰化钾贮备液作空白试验，记录硝酸银标准溶液用量$V_0$，按下式计算。

$$氰化物(mg/mL)=\frac{C(V_1-V_0)\times52.04}{10.00}$$

式中　$C$——硝酸银标准溶液浓度，mol/L；

$V_1$——滴定氰化钾贮备液时，硝酸银标准溶液用量，mL；

$V_0$——空白试验，硝酸银标准溶液用量，mL；

52.04——氰离子($2CN^-$)的摩尔质量，g/mol；

10.00——取用氰化钾贮备液体积，mL。

## 五、步骤

### 1. 校准曲线的绘制

(1) 取8支25mL具塞比色管，分别加入氰化钾标准使用液0.00mL、0.20mL、0.50mL、

1.00mL、2.00mL、3.00mL、4.00mL、5.00mL，各加0.1%氢氧化钠溶液至10mL。

（2）各管加入5mL磷酸二氢钾溶液，混匀，迅速加入0.30mL1%氯胺T溶液，立即盖塞，徐徐混匀，放置1~2min。

（3）各管加入6.0mL异烟酸-巴比妥酸显色试剂，用水稀释至标线，盖塞混匀。于25℃显色15min（15℃显色25min；30℃显色10min）。

（4）在分光光度计上，用10mm比色皿于600nm波长处，以零浓度空白液管作参比，测量各吸光度，绘制校准曲线。

2. 样品测定

（1）分别吸取10.00mL样品馏出液和10.00mL空白试验馏出液于25mL具塞比色管中，然后按校准曲线绘制步骤②至④进行，测量样品的吸光度。

（2）从校准曲线查出相应的氰化物含量，或以回归方程计算。

## 六、计算

1. 校准曲线查算法

$$\text{氰化物}(CN^-,\ mg/L)=\frac{(m-m_0)\cdot V_1}{V\cdot V_2}$$

式中 $m$——从校准曲线上所查出样品的氰化物含量，μg；

$m_0$——从校准曲线上所查出空白试验的氰化物含量，μg；

$V$——蒸馏预处理所用样品体积，mL；

$V_1$——样品馏出液的体积，mL；

$V_2$——用于显色所取样品馏出液体积，mL。

2. 回归方程计算法

$$\text{氰化物}(CN^-,\ mg/L)=\frac{A-A_0-a}{b}\times\frac{V_1}{V_2\cdot V}$$

式中 $A$——测量样品的吸光度；

$A_0$——测量空白样品的吸光度；

$a$——回归方程截距；

$b$——回归方程斜率；

$V$、$V_1$、$V_2$——含义同上。

## 七、精密度和准确度

8个实验室测定了0.178mg/L±0.015mg/L的统一试样，得到的平均结果是0.1779mg/L，室内相对标准偏差是0.6%；室间相对标准偏差是4.2%。加标0.90~20.0μg $CN^-$的回收率93.4%~102.6%。

# 实验二十二　吹扫捕集-GC-MS 法测定水中挥发性有机化合物

## 知识链接

吹扫捕集技术是20世纪70年代中期出现的一种复杂样品的前处理方法，具有快速、准确、高灵敏度、高富集效率、高精密度和不使用有机溶剂等优点，能够与GC、GC-MS、GC-FTIR和HPLC等分析仪器联用，实现吹扫、捕集、色谱分离全过程的自动化，且不损失精密度和准确度，因此这种方法受到人们的普遍重视。

## 一、实验原理

吹扫捕集分为吹扫、吸附和解吸三个步骤。吹扫阶段用惰性气体(如 $N_2$、He)对溶液连续鼓泡，将挥发性有机化合物(VOC)从溶液中吹扫出来；顶空气相中的有机物在惰性气体推动下进入捕集器并富集在吸附剂上，当解吸器迅速加热捕集管至预定高温时，表面吸附的有机物脱附并随载气全部反吹入色谱柱，经分离和质谱检测器鉴定，利用保留时间和质谱数据同时进行定性定量分析。吹扫捕集技术对于沸点在200℃以下疏水性的VOC有较高的富集效率；而水溶性较大的VOC，可适当延长吹扫时间或加热样品以提高吹扫效率。

本方法适用于饮用水、水源水或水处理工艺任何阶段水中可吹扫的VOC的测定。方法检出限：当进样量为25mL时，可检测到0.01~1.08μg/L。

## 二、仪器与试剂

(1) 吹扫捕集-GC-MS仪。

① 吹扫捕集系统。Tekmar 3000吹扫捕集装置，配有25mL吹扫管和25mL进样器。

② GC-MS分析仪。程序升温及电子压力流量自动控制的气相色谱仪与四极杆质谱仪的联用仪。

③ 25mL吹扫管。

④ 25mL进样器。

⑤ 捕集管(Tenax/Silica，Gel/Charcoal)。

⑥ 25mL气密性注射器。

⑦ 色谱柱。D13-624(30m×0.25mmID×1.4μm)，或DB-5MS(30m×0.25mmID×1.0μm)。

(2) 甲醇。

进口农药级，在GC-MS分析条件下无干扰峰出现。

(3) 试剂水。

方法 1　蒸馏水经水浴吹扫或在碱性高锰酸钾中回流蒸馏，煮 15min 冷却后备用。

方法 2　经纯水净化装置净化处理后，煮 15min 冷却后备用。

(4) 盐酸(1+1)。用优级纯盐酸和试剂水配制而成。

(5) 抗坏血酸(分析纯)。

(6) 标准样品。美国 EPA 的 524 或 624 混合标样。

(7) 配制中间溶液。

混合标样中各化合物浓度均为 200mg/L。在带有聚四氟乙烯垫的螺口棕色玻璃瓶(进样瓶，约 2.5mL)中，用 2.00mL 移液管移入 1.80mL 甲醇，再用 1.00mL 移液管移入 0.20mL 混合标样储备液，混匀，得到 20mg/L 中间溶液。4℃下避光保存，可保存一个月。

(8) GC-MS 分析用标准工作液。

根据 GC-MS 的灵敏度及线性要求，用试剂水稀释中间溶液配制若干不同浓度的标准工作溶液(标样)，当天配制使用。

(9) 内标物使用液。

用甲醇配制内标物使用液(氟代苯)，浓度为 5mg/L。该内标物使用液要分别加入样品、标样及空白样，其浓度需以满足方法要求并不干扰目标的测定为前提。

(10) 采样容器。

60mL 带聚四氟乙烯垫片的螺口盖玻璃瓶，采样前经严格清洗，并于烘箱内 110℃ 烘 2h，在相对无有机物的环境中冷却待用。

## 三、实验步骤

1. 采样

样品的采集：所有样品应采集平行样，假如样品含有剩余氯及准备测定消毒副产物，采样时先在样品瓶中加入 25mg 抗坏血酸，再向样品瓶中充样至溢流。用盐酸(1+1)调节样品至 pH<2，再密封样品瓶。注意聚四氟乙烯垫片面朝下，采集的样品充满充样瓶，不应留气泡。

从水龙头采样：先打开水嘴放水至水温稳定(一般 10min)，然后调节水流流速约 500mL/min 进行采样。

从开放水体中采样：先用大口瓶或 1L 烧杯或不锈钢采样桶从有代表性的区域中采样，再小心地把水样倒入样品瓶。

样品的保存：样品在 4℃保存直至分析，并存放在没有有机物气体干扰的区域。样品在采样后 14d 内完成分析。

2. 仪器条件

(1) 吹扫捕集条件。

吹扫捕集温度：室温。

吹扫时间：11min。

解吸温度：180℃。

解吸时间：3min。

烘烤温度：230℃。

烘烤时间：10min。

(2) 气相色谱条件。

程序升温条件：35℃(保持 5min)→6℃/min→160℃(保持 6min)→20℃/min→210℃(保持 2min)。

载气：$N_2$恒流控制，流速为 3.5mL/min。

(3) 质谱条件。

离子源：EI。

温度：200℃。

传输线温度：250℃。

离子源能量：70eV。

扫描质量范围：35~300amu。

扫描时间：0.45s。

回扫时间：0.05s。

3. 样品测定

分别对若干不同浓度的标准工作溶液(标样)进行 GC-MS 进样分析，GC-MS 条件如上所述。每个浓度进样 2~3 次，计算时取平均值，绘制标准曲线及计算标样和内标物的响应校正因子。

用 25mL 进样器吸取 25mL 样品(不留气泡)，加入 5μL 内标物使用液，然后注入吹扫捕集装置的吹扫管内，进行吹扫捕集预处理，吹扫捕集条件如上所述。

4. 测定操作

(1) 仪器开机，设定各项条件，待稳定。

(2) 用 FC43 进行自动或手动标准调谐，并用 4-溴氟苯(BFB)进行校正调谐，使其离子丰度符合 EPA524.2 方法的要求。

(3) 当吹扫捕集仪通过自检进入等候状态时，通过气密性注射器将 25mL 水样(含内标物氟代苯及标记物 BFB)注入吹扫管内。

(4) 在吹扫捕集装置内进行样品预处理，经过 11min 氮气吹扫水样、吸附、预解吸、解吸以后，进入气相色谱毛细管柱，进行程序升温过程，再通过传输线直接进入质谱仪的离子源部分，同时质谱部分开始采集数据，由计算机输出。

## 四、数据处理

1. 定性分析

用样品组分的质谱(扣除背景后)与数据库内参考质谱图对比的方法进行定性分析。样品组分的色谱保留时间应在混合标准校正液中该组分的平均保留时间的 3 个标准偏差之内。在标准中其质谱相对丰度大于 10%的离子，在样品中质谱的相对丰度是其在标准中绝对值的±20%的范围之内。但有些离子特别是分子离子是非常重要的，即使它的相对丰度小于 10%，也应该进行定性分析。

2. 定量分析

用内标法对多组分化合物分别进行定量分析。用内标物氟代苯计算每种校正溶液中各组分的相对响应因子(RF)，计算工作由GC-MS定量软件进行。

## 注意事项

本方法的主要污染源是吹扫气体和捕集管路中的杂质，吹扫装置及系统中不能含有非聚四氟乙烯的塑料管、密封垫和橡胶元件；实验室环境不应有有机溶剂污染。

为避免高、低浓度交叉分析时的残留污染，在测定两个样品之间需用纯水对吹扫装置和进样器冲洗两次。

## 思考题

1. 吹扫捕集技术的特点是什么？不足之处有哪些？
2. 什么是总挥发性有机物？
3. 请写出本分析方法的定量计算公式。

# 实验二十三　总有机碳

## 知识链接

总有机碳(TOC)，是以碳的含量表示水体中有机物质总量的综合指标。由于TOC的测定采用燃烧法，因此能将有机物全部氧化，它比$BOD_5$或COD更能直接表示有机物的总量，因此常常被用来评价水体中有机物污染的程度。

1. 方法选择

近年来，国内外已研制成各种类型的TOC分析仪。按工作原理不同，可分为燃烧氧化-非分散红外吸收法、电导法、气相色谱法、湿法氧化-非分散红外吸收法等。其中燃烧氧化-非分散红外吸收法只需一次性转化，流程简单、重现性好、灵敏度高，因此这种TOC分析仪被国内外广泛采用。

2. 水样的采集与保存

水样采集后，必须贮存于棕色玻璃瓶中。常温下水样可保存24h，如不能及时分析，水样可加硫酸调至pH值为2，并在4℃下冷藏，则可以保存7d。

## 燃烧氧化-非分散红外吸收法

### 一、实验原理

1. 差减法测定总有机碳

将试样连同净化空气(干燥并除去二氧化碳)分别导入高温燃烧管和低温反应管中，经高温燃烧管的水样受高温催化氧化，使有机化合物和无机碳酸盐均转化成为二氧化碳；经低温反应管的水样受酸化而使无机碳酸盐分解成二氧化碳；所生成的二氧化碳依次引入非色散红外检测器。由于一定波长的红外线可被二氧化碳选择吸收，在一定浓度范围内二氧化碳对红外线吸收的强度与二氧化碳的浓度呈正比，故可对水样总碳(TC)和无机碳(IC)进行定量测定。总碳与无机碳的差值，即为总有机碳。

2. 直接法测定总有机碳

将水样酸化后曝气，将无机碳酸盐分解生成二氧化碳驱除，再注入高温燃烧管中，可直接测定总有机碳。但由于在曝气过程中会造成水中挥发性有机物的损失而产生测定误差，因此其测定结果只是不可吹出的有机碳，而不是TOC。

## 二、测定范围

本方法适用于工业废水、生活污水及地表水中总有机碳的测定，测定浓度范围为0.5~100mg/L，高浓度样品可进行稀释测定，检测下限为0.5mg/L。

## 三、干扰

地表水中常见共存离子超过下列含量时，对测定有干扰，应作适当的预处理，以消除对测定的干扰影响：$SO_4^{2-}$(>400mg/L)、$Cl^-$(>400mg/L)、$NO_3^-$(>100mg/L)、$PO_4^{3-}$(>100mg/L)、$S^{2-}$(>100mg/L)。水样含大颗粒悬浮物时，由于受水样注射器针孔大小的限制，测定结果往往不包括全部颗粒态有机碳。但目前已有大进样孔的仪器出售，使用这类仪器水体颗粒物对测量精度和准确度有影响。

## 四、仪器

1. 非色散红外吸收TOC分析仪

工作条件：

(1) 环境温度。5~35℃。

(2) 工作电压。仪器额定电压，交流电。

(3) 总碳燃烧管温度及无机碳反应管温度选定：按仪器说明书规定的仪器条件设定。

(4) 载气流量。150~180mL/min。

2. 单笔记录仪或微机数据处理系统

工作条件：与仪器匹配。

(1) 工作电压。仪器额定电压，直流电。

(2) 记录纸速。2.5mm/min。

3. 微量注射器：50.0μL(具刻度)

## 五、试剂

除另有说明外，均为分析纯试剂，所用水均为无二氧化碳蒸馏水。

(1) 无二氧化碳蒸馏水：将重蒸馏水在烧杯中煮沸蒸发(蒸发量10%)稍冷，装入插有碱石灰管的下口瓶中备用。

(2) 邻苯二甲酸氢钾($KHC_8H_4O_4$)：优级纯。

(3) 无水碳酸钠($Na_2CO_3$)：优级纯。

(4) 碳酸氢钠($NaHCO_3$)：优级纯，存放于干燥器中。

(5) 有机碳标准贮备溶液($C$=400mg/L)：称取邻苯二甲酸氢钾(预先在110~120℃干燥2h，置于干燥器中冷却至室温)0.8500g，溶解于水中，移入1000mL容量瓶内，用水稀释至标线，混匀。在低温(4℃)冷藏条件下可保存48d。

(6) 有机碳标准溶液($C$=100mg/L)：准确吸取25.00mL有机碳标准贮备溶液，置于100mL容量瓶内，用水稀释至标线，混匀。此溶液用时现配。

(7) 无机碳标准贮备溶液($C$=400mg/L)：称取碳酸氢钠(预先在干燥器中干燥)1.400g和无水碳酸钠(预先在270℃干燥2h，置于干燥器中，冷却至室温)1.770g溶解于水中，转入1000mL容量瓶内，稀释至标线，混匀。

(8) 无机碳标准溶液($C$=100mg/L)：准确吸取25.00mL无机碳标准贮备溶液，置于100mL容量瓶中，用水稀释至标线，混匀。此溶液用时现配。

## 六、步骤

1. 仪器的调试

按说明书调试TOC分析仪及记录仪或微机数据读取系统。选择好灵敏度、测量范围档、总碳燃烧管温度及载气流量，仪器通电预热2h，至红外线分析仪的输出、记录仪上的基线趋于稳定。

2. 干扰的排除

水样中常见共存离子含量超过干扰允许值时，会影响红外线的吸收。这种情况下，必须用无二氧化碳蒸馏水稀释水样，至诸共存离子含量低于其干扰允许浓度后，再进行分析。

3. 进样

(1) 差减测定法：经酸化的水样，在测定前应以氢氧化钠溶液中和至中性．用50.00μL微量注射器分别准确吸取混匀的水样20.0μL，依次注入总碳燃烧管和无机碳反应管，测定记录仪上出现的相应的吸收峰峰高或峰面积，下同。

(2) 直接测定法：将用硫酸已酸化至pH≤2的约25mL水样移入50mL烧杯中[加酸量为每100mL水样中加0.04mL(1+1)硫酸，已酸化的水样可不再加]，在磁力搅拌器上剧烈搅拌几分钟或向烧杯中通入无二氧化碳的氮气，以除去无机碳。吸取20.0μL已经除去无机碳的水样注入总碳燃烧管，测量记录仪上出现的吸收峰峰高。

4. 空白试验

按3中(1)或(2)所述步骤进行空白试验，用20.0μL无二氧化碳水代替试样。

5. 校准曲线的绘制

在每组六个50mL具塞比色管中，分别加入0.00mL、2.50mL、5.00mL、10.00mL、20.00mL、50.00mL有机碳标准溶液、无机碳标准溶液，用蒸馏水稀释至标线，混匀。配制成0.0mg/L、5.0mg/L、10.0mg/L、20.0mg/L、40.0mg/L、100.0mg/L的有机碳和无机碳标准系列溶液。然后按3的步骤操作。从测得的标准系列溶液吸收峰峰高，减去空白试验吸收峰峰高，得校正吸收峰峰高，由标准系列溶液浓度与对应的校正吸收峰峰高分别绘制有机碳和无机碳校准曲线。亦可按线性回归方程的方法，计算出校准曲线的直线回归方程。

## 七、计算

1. *差减测定法*

根据所测试样吸收峰峰高，减去空白实验吸收峰峰高的校正值，从校准曲线上查得或由校准曲线回归方程算得总碳（*TC*，mg/L）和无机碳（*IC*，mg/L）值，总碳与无机碳之差值，即为样品总有机碳（*TOC*，mg/L）的浓度：

$$TOC=TC-IC$$

2. *直接测定法*

根据所测试样吸收峰峰高：减去空白实验吸收峰峰高的校正值，从校准曲线上查得或由校准曲线回归方程算得总碳（*TC*，mg/L）值，即为样品总有机碳（*TOC*，mg/L）的浓度：

$$TOC=TC$$

进样体积为20.0μL，其结果以一位小数表示。

## 八、精密度和准确度

（1）取平行双样测定结果（相对偏差小于10%）的算术平均值为测定结果。

（2）六个实验室测定含TOC 24.0mg/L的标准溶液结果如下。

① 重复性。实验室内相对标准偏差为9%。

② 再现性。实验室间相对标准偏差为3.9%。

③ 准确度。相对误差为-2.9%~6.25%。

（3）加标回收实验：对如制药厂、造纸厂、食品厂、化工厂、印染厂、钢管厂、医院废水等，以及江水、河水、水库水等地表水进行加标回收试验，结果见表1.12。

**表1.12　六个实验室加标回收率**

| 测定TOC方法 | 回收率/% | 测定TOC方法 | 回收率/% |
|---|---|---|---|
| 差减法 | 91.0~109.0 | 直接法 | 93.0~109.0 |

## 注意事项

（1）按仪器厂家说明书规定，定期更换二氧化碳吸收剂、高温燃烧管中的催化剂和低温反应管中的分解剂等。

（2）根据文献报道，当地表水中无机碳含量远高于总有机碳时，会影响有机碳的测定精度。含无机碳和有机碳的合成样品（其中无机碳与总有机碳的倍数关系与我国南北方的某些地表水中的倍数关系相接近，一般为几倍）进行的回收结果（95.9%~103.6%）表明，用差减法测定地表水中总有机碳，对测定精度的影响是可以接受的。

# 实验二十四　阴离子洗涤剂——亚甲蓝分光光度法

## 知识链接

阴离子洗涤剂主要指直链烷基苯磺酸钠和烷基磺酸钠类物质。洗涤剂的污染会造成水面产生不易消失的泡沫，并消耗水中的溶解氧。

水中阴离子洗涤剂的测定方法，常用的有亚甲蓝分光光度法和液相色谱法，前者操作简便，但选择性较差，后者需有专用设备。

水样应采集在预先用甲醇清洗过的清洁玻璃瓶中，并在4℃下冷藏。当保存时间超过24h，则应加水样体积1%的甲醛溶液(40% HCHO)，这样水样可保存4d。如加适量三氯甲烷于水样中使其达到饱和，则可保存8d。

## 一、实验原理

阳离子染料亚甲蓝与阴离子表面活性剂(包括直链烷基苯磺酸钠、烷基磺酸钠和脂肪醇硫酸钠)作用，生成蓝色的离子对化合物，这类能与亚甲蓝作用的物质统称亚甲蓝活性物质(MBAS)。生成的显色物可被三氯甲烷萃取，其色度与浓度呈正比，并可用分光光度计在波长652nm处测量三氯甲烷的吸光度。

## 二、干扰及消除

本方法的选择性较差，除上述三种物质外，有机硫酸盐、磺酸盐、羧酸盐、酚类以及无机硫氰酸盐、硝酸盐和氯化物等，均对本法产生不同程度的正干扰，通过水溶液反洗可部分去除(有机硫酸盐、磺酸盐除外)。经水溶液反洗仍未能除去的非表面活性物质引起的正干扰，可用气提萃取法将阴离子表面活性剂从水相转移到有机相而消除。一般存在于未经处理或一级处理的污水中的硫化物，能与亚甲蓝生成无色的还原物而消耗亚甲蓝试剂，遇此情况可将试样调至碱性，滴加适量的过氧化氢(30%)，避免其干扰。季铵盐类等阳离子化合物和蛋白质能与表面活性剂作用，生成稳定的配合物而不与亚甲蓝反应，因此造成负干扰。这些阳离子类物质在适当条件下可采用阳离子交换树脂去除。在样品中存在的并可被三氯甲烷萃取的有色物质，也会产生一定程度的干扰。

## 三、方法的适用范围

本法适用于测定饮用水、地表水、生活污水及工业废水中溶解态的低浓度亚甲蓝活性物质，亦即阴离子表面活性物质。在实验条件下，主要被测物是直链烷基苯磺酸钠(LAS)、烷基磺酸钠和脂肪醇硫酸钠。但由于含有能与亚甲蓝起显色反应并被三氯甲烷萃取的物质而产生一定的干扰。

当采用10mm比色皿，试样为100mL时，本方法的最低检出浓度为0.050mg/L LAS，检测上限为2.0mg/L LAS。

## 四、仪器

(1) 分光光度计。

(2) 250mL 分液漏斗(最好用 TFE 活塞)。

(3) 索氏抽提器(150mL 平底烧瓶，$\phi 35\times 160$mm 抽出筒，蛇形冷凝管)。

## 五、试剂

(1) 4%氢氧化钠溶液(分析纯)。

(2) 3%硫酸(分析纯)。

(3) 三氯甲烷(分析纯)。

(4) 直链烷基苯磺酸钠标准贮备溶液：称取 0.100g 标准物 LAS(平均分子量 344.4，精确至 0.001g)，溶于 50mL 水中，转移到 100mL 容量瓶中，稀释至标线，混匀，每毫升含 1.00mgLAS。保存于 4℃冰箱中。每周配制一次。

(5) 直链烷基苯磺酸钠标准溶液：准确吸取 10.0mL 直链烷基苯磺酸钠标准贮备液，用水稀释至 1000mL. 每毫升含 10.0μg LAS。当天配制。

(6) 亚甲蓝溶液：称取 50g 一水合磷酸二氢钠($NaH_2PO_4 \cdot H_2O$)置于烧杯中，溶于水，缓慢沿壁加入 6.8mL 浓硫酸，混匀，转移入 1000mL 容量瓶中。另称取 30mg 亚甲蓝(指示剂级)，用 50mL 水溶解后也移入容量瓶中，用水稀释至标线，摇匀。此溶液贮存于棕色试剂瓶中。

(7) 酚酞指示剂溶液：将 1.0g 酚酞溶于 50mL 乙醇，然后边搅拌边加入 50mL 水，滤去沉淀物。

(8) 玻璃棉或脱脂棉：在索氏抽提器中，用三氯甲烷提取 4h 后，取出干燥，保存在清洁的具塞玻璃瓶中备用。

## 六、步骤

1. 校准曲线的绘制

取一组分液漏斗 10 个，分别加入 100mL、99mL、97mL、95mL、93mL、91mL、89mL、87mL、85mL、80mL 的水，然后分别加入 0mL、1.00mL、3.00mL、5.00mL、7.00mL、9.00mL、11.00mL、13.00mL、15.00mL、20.00mL 直链烷基苯磺酸钠标准溶液，摇匀。按“水样测定”步骤操作，以测得的吸光度扣除空白试验值(零浓度标准溶液的吸光度)后，与相应的 LAS 量绘制校准曲线。

2. 试样体积

为了直接分析水和废水样，应根据预计的亚甲蓝表面活性物质的浓度选用试样体积，见表 1.13。

**表 1.13　预计选用的试样体积**

| 预计的 MBAS 浓度/(mg/L) | 试样量/mL | 预计的 MBAS 浓度/(mg/L) | 试样量/mL |
|---|---|---|---|
| 0.050~2.0 | 100 | 10~20 | 10 |
| 2.0~10 | 20 | 20~40 | 5 |

当预计的 MBAS 浓度超过 2mg/L 时，按上表选取试样量，用水稀释至 100mL。

3. 水样测定

将待测水样(100mL)移入分液漏斗中，以酚酞为指示剂，逐滴加入 4%氢氧化钠溶液至水溶液呈紫红色，再滴加 3%硫酸到紫红色刚好消失。

加入 25mL 亚甲蓝溶液，摇匀后再加入 15mL 三氯甲烷，激烈振摇 30s，注意放气。过分地振摇会发生乳化现象，必要时，可加入少量异丙醇(小于 10mL)以破乳(标准系列亦应加入相同体积的异丙醇)。再慢慢旋转分液漏斗，使滞留在内壁上的三氯甲烷液珠降落，静置分层。将三氯甲烷相经脱脂棉吸水后放入比色皿中。

在 652nm 处，以三氯甲烷为参比，测定样品、标准系列和空白实验的吸光度。测定时应使用相同光程的比色皿。

以样品的吸光度减去空白实验的吸光度后，从校准曲线上查得 LAS 的含量。

4. 空白试验

按“水样测定”步骤进行空白实验，仅用 100mL 水代替试样。在试验条件下，以 10mm 光程的比色皿，空白试验的吸光度不应超过 0.02。否则应仔细检查器皿和试剂是否有污染。

## 七、计算

本方法用亚甲蓝活性物质报告结果。以 LAS 计(平均分子量为 344.4)。

$$c=\frac{m}{V}$$

式中 $c$——水样中亚甲蓝活性物质的浓度，mg/L；

$m$——从校准曲线上读取的 LAS 量，μg；

$V$——水样体积，mL。

## 八、精密度和准确度

8 个实验室分析含 0.305mg/L LAS 的统一分发的标准溶液。实验室内相对标准偏差为 2.3%；实验室间总相对标准偏差为 4.3%；相对误差为-2.0%。

## 注意事项

(1) 实验室用玻璃器皿不能用各类洗涤剂清洗。使用前先用水彻底清洗，然后用(1+9)盐酸-乙醇洗涤，最后用水冲洗干净。

(2) 绘制校准曲线和水样的测定，应使用同一批三氯甲烷、亚甲蓝溶液。

(3) 分液漏斗的活塞不得用油脂润滑，可在使用前用三氯甲烷润湿。

(4) 经研究发现使用 15mL 三氯甲烷萃取一次与标准方法中的三次萃取测定结果无明显差异。

(5) 本方法的空白吸光度有时会超过 0.02，且波动性也较大。此时可多做几个空白实验，取均值扣除。

# 第二模块　大气检测分析

## 学习任务

| | |
|---|---|
| 任务目标 | 1. 知识目标<br>(1)了解大气的常见质量指标<br>(2)掌握各个指标测定的方法<br>(3)熟练掌握各个指标测定的原理 |
| | 2. 能力目标<br>(1)能正确按步骤操作，完成实验<br>(2)测定的准确性达到要求<br>(3)对大气采用技术熟练掌握 |
| | 3. 素质目标<br>具备运用学习的技术解决实际问题的能力 |
| 任务内容 | 1. 讲述实验原理，溶液配制方法<br>2. 讲述如何控制实验条件 |

## 任务分析

本模块是通过学习掌握对常见大气质量指标的测定技术。对采样方法、技术条件要重点了解。

具体提要求：

1. 学会每个实验的化学分析方法、仪器分析方法的操作技术；
2. 学会大气采样方法；
3. 学会在实践中能运用学会的技术服务社会。

## 知识链接

### 一、大气、空气和大气污染

大气系指包围在地球周围的气体，其厚度达 1000~1400km。其中，对人类及生物生存起重要作用的是近地面约 10km 内的气体层(对流层)，常称这层气体为空气层。

大气是由多种物质组成的混合物。其中除含有多种气体元素和化合物外，还有水滴、冰晶、尘埃和花粉等杂质。清洁干燥的空气主要组分是 $N_2$(78.06%)、$O_2$(20.95%)及 Ar(0.93%)。这三种气体的总和约占空气总体积的 99.94%，其他气体($CO_2$、He、Ne、CO、Kr、Xe 等)总和不足 0.1%。干燥的空气不包括水蒸气，而实际空气中水蒸气是重要组成部分。大气中的水汽主要来自海洋、江河、湖泊以及其他潮湿物体表面的蒸发和植物的蒸腾。其浓度随地理位置和气象条件不同而异，干燥地区可低至 0.02%，而暖湿地区可高达 0.46%。一般情况下，空气中水汽含量随高度的增加而减少。悬浮于大气中的固体杂质包括烟粒、尘埃等，半径一般为 $10^{-2}$ ~ $10^{-3}$ cm，多分布在底层大气中。大气中的固体含量，在陆地上空多于海洋上空，城市多于农村，冬季多于夏季，白天多于夜间。

人类活动所产生的大量有害物质和烟尘、二氧化硫、氮氧化物、一氧化碳、碳氢化合物等排放到大气中，当其浓度超过环境所能允许的极限并持续一定时间后，就会改变大气特别是空气的正常组成，破坏自然的物理、化学和生态平衡体系，从而危害人们的生活、工作和健康，损害自然资源、财产等。这种情况被称为大气污染或空气污染，这些物质称为大气污染物。

## 二、大气污染物及其存在状态

(1) 依据大气污染物的形成过程可将其分为一次污染物和二次污染物。

① 一次污染物是直接从各种污染源排放到大气中的有害物质。常见的主要有二氧化硫、氮氧化物、一氧化碳、碳氢化合物、颗粒性物质等。颗粒性物质中包含苯并(a)芘等强致癌物质、有毒重金属、多种有机和无机化合物等。

② 二次污染物是一次污染物在大气中相互作用或它们与大气中的正常组分发生反应所产生的新污染物。这些新污染物与一次污染物的化学、物理性质完全不同，多为气溶胶，具有颗粒小、毒性一般比一次污染物大等特点。常见的二次污染物有硫酸盐、硝酸盐、臭氧、醛类(乙醛和丙烯醛等)、过氧乙酰硝酸酯(PAN)等。

(2) 依据其存在状态分类：大气污染物的存在状态是由其自身的理化性质及形成过程决定的，根据其存在状态，可分为分子状态污染物和粒子状态污染物。

① 分子状态污染物指常温常压下以气体或蒸气分子形式分散在大气中的污染物质。按化学组成形式分为：

a. 含硫化合物 $SO_2$、$H_2S$、$SO_3$、硫酸、硫酸盐；

b. 含氮化合物 NO、$NO_2$、$NH_3$、硝酸、硝酸盐；

c. 碳氢化合物 $C_1$ ~ $C_5$ 化合物；醛、酮、PAN；

d. 碳氧化合物 CO、$CO_2$；

e. 卤素化合物 HF、HCl。

无论是气体分子还是蒸气分子，都具有运动速度较大、扩散快、在大气中分布比较均匀的特点。它们的扩散速度与自身的密度、气流流速有关，密度大的污染物向下沉降，如汞蒸气；密度小的污染物向上漂浮，受气象条件的影响，可以沿气流方向传输，到达很远的地方，在空气中长时间滞留。

② 粒子状态污染物(或颗粒物)是分散在大气中的微小液体和固体颗粒，粒径多在0.01～100μm之间，是一个复杂的非均匀体系。通常根据颗粒物在重力作用下的沉降特性将其分为降尘和飘尘。粒径大于10μm的颗粒物能较快地沉降到地面上，称为降尘；粒径小于10μm的颗粒物能长期飘浮在大气中，称为飘尘。飘尘具有胶体性质，易随呼吸进入人体肺部，故又称为可吸入颗粒物(IP或$PM_{10}$)。通常所说的烟(smoke)、雾(fog)、灰尘(dust)均是用来描述飘尘存在形式的。

## 三、大气污染源

大气污染源可分为自然污染源和人为污染源两种。自然污染源是由于自然现象造成的，如火山爆发时喷射出大量粉尘、二氧化硫气体等；森林火灾产生大量二氧化碳、碳氢化合物热辐射等。人为污染源是由于人类的生产和生活活动造成的，是大气污染的主要来源。

为了便于根据污染源的特点对污染物的排放进行控制，人们对人为污染源作了多种形式的分类。

(1) 按污染源存在的形式进行划分，人为污染源可分为固定污染源和流动污染源。

固定污染源是指位置固定不变的污染源，如发电厂、钢铁工业、石油化学工业、化肥和农药制造业等工业生产活动，人类食用和取暖等生活活动，固体废弃物(工业废物、城市垃圾、农业废物等)的焚烧和处理过程排放出的污染物。流动污染源主要是指位置可以移动的污染源，如汽车、火车、飞机、轮船等交通工具在移动过程中排放出大量废气，对环境造成污染。

(2) 按排放污染物的空间分布来划分，人为污染源可以分为点源、线源和面源三类。

点源是指污染源集中在一点或相对于所考察的范围而言可以看作一个点的情况，如燃烧化石燃料的发电厂和大城市的供暖锅炉、高的单个烟囱就可以看做点源。线源是流动污染源在一定的线路上排污，使该线路成为一条线状污染源的情况，如一条汽车来往频繁的公路就可以看作线源。面源是在一个较大范围内，较密集的排污点源连成一片，把整个区域看作一个污染源，如许多低矮烟囱集合起来就构成了面源。

(3) 按污染源排放的时间状况划分，可以将人为污染源分为连续源、间断源和瞬时源三类。

(4) 按人类活动功能划分，人为污染源可以分为工业污染源、能源污染源、交通污染源和生活污染源等。

## 四、大气污染物的时空分布

大气污染物的时空分布及其浓度与污染物排放源的分布、排放量及地形、地貌、气象等条件密切相关。

(1) 时间性。一次污染物和二次污染物在大气中的浓度由于受气象条件的影响，它们在一天内的变化也不同。一次污染物因受逆温层、气温、气压等的限制，在清晨和黄昏时浓度较高，中午即降低；而二次污染物如光化学烟雾等由于是靠太阳光能形成的，故在中午时浓度增加，清晨和夜晚时降低。

因污染源排放规律的变化，导致大气中二氧化硫浓度随时间的变化而发生变化。如在一个城市中，1月、2月、11月、12月为采暖期，$SO_2$平均浓度比其他季节高；在一天24h内，早晨6~10点和下午5~10点为供热高峰时间，$SO_2$平均浓度比其他时段高得多。

(2) 空间性。大气污染物的空间分布与污染源种类、分布情况和气象条件等因素有关，如烟尘的排放市区比郊区多，郊区比农村多。因此除了注意选择适当时间外，还应选择合适的采样点，使结果更具代表性。

**五、监测项目**

我国《环境监测技术规范》中规定的例行监测项目如下。

1. 连续采样实验室分析项目

(1) 必测项目：二氧化硫、氮氧化物、总悬浮颗粒物(TSP)、硫酸盐化速率、灰尘自然降尘量。

(2) 选测项目：一氧化碳、可吸入颗粒物$PM_{10}$、光化学氧化剂、氟化物、铅、苯并(a)芘、总烃及非甲烷烃。

2. 大气环境自动监测系统监测项目

(1) 必测项目：二氧化硫、二氧化氮、一氧化碳、总悬浮颗粒物或可吸入颗粒物$PM_{10}$。

(2) 选测项目：臭氧、总碳氢化合物。

# 实验一　大气中总悬浮颗粒物的测定

**知识链接**

总悬浮颗粒物指能悬浮在空气中，空气动力学当量直径≤100μm的颗粒物和液粒，即指粒径在100μm以下的颗粒物，记作TSP，是大气质量评价中的一个通用的重要污染指标。它主要来源于燃料燃烧时产生的烟尘、生产加工过程中产生的粉尘、建筑和交通扬尘、风沙扬尘以及气态污染物经过复杂物理化学反应在空气中生成的相应的盐类颗粒。总悬浮颗粒物的浓度以每立方米空气中总悬浮颗粒物的毫克数表示。其对人体的危害程度主要取决于自身的粒度大小及化学组成。TSP中粒径大于10μm的物质，几乎都可被鼻腔和咽喉所捕集，不进入肺泡。对人体危害最大的是10μm以下的悬浮状颗粒物，称为飘尘(后改称为可吸入颗粒物)。飘尘可经过呼吸道沉积于肺泡。慢性呼吸道炎症、肺气肿、肺癌的发病与空气颗粒物的污染程度明显相关，当长年接触颗粒物浓度高于0.2mg/$m^3$的空气时，其呼吸系统病症增加。

国家环境质量标准规定，居住区TSP日平均浓度低于0.3mg/$m^3$，年平均浓度低于0.2mg/$m^3$。

## 一、实验原理

用重量法测定大气中总悬浮颗粒物的方法一般分为大流量（1.1~1.7$m^3$/min）采样法和中流量（0.05~0.15$m^3$/min）采样法。其原理基于：抽取一定体积的空气，使之通过已恒重的滤膜，则悬浮微粒被阻留在滤膜上，根据采样前后滤膜重量之差及采气体积，即可计算总悬浮颗粒物的质量浓度。

本实验采用中流量采样法测定。

## 二、仪器

（1）中流量采样器：流量 50~150L/min，滤膜直径 8~10cm。

（2）流量标准装置：经过罗茨流量计校准的孔口校准器。

（3）气压计。

（4）滤膜：超细玻璃纤维滤膜或聚氯乙烯滤膜。

（5）滤膜贮存袋及贮存盒。

（6）分析天平：感量 0.1mg。

## 三、测定步骤

1. 采样器的流量校准

采样器每月用孔口校准器进行流量校准。

2. 采样

（1）每张滤膜使用前均需用光照检测，不得使用有针孔或有任何缺陷的滤膜采样。

（2）迅速称重在平衡室内已平衡 24h 的滤膜，读数准确至 0.1mg，记下滤膜的编号和重量，将其平展地放在光滑洁净的纸袋内，然后贮存于盒内备用。天平放置在平衡室内，平衡室温度在 20~25℃，温度变化小于±3℃，相对湿度小于 50%，湿度变化小于 5%。

（3）将已恒重的滤膜用小镊子取出，毛面向上，平放在采样夹的网托上，拧紧采样夹，按照规定的流量采样。

（4）采样 5min 后和采样结束前 5min，各记录一次 U 形压差计压差值，读数准确至 1mm。若有流量记录器，则直接记录流量。测定日平均浓度一般从 8：00 开始采样至第二天 8：00 结束。若污染严重，可用几张滤膜分段采样，合并后计算日平均浓度。

（5）采样后，用镊子小心取下滤膜，使采样毛面朝内，以采样有效面积的长边为中线对叠好，放回光滑的纸袋并储于盒内。将有关参数及现场温度、大气压力等记录填写在表 2.1 中。

**表 2.1　总悬浮颗粒物采样记录**

________市（县）________监测点

| 月，日 | 时间 | 采样温度/K | 采样气压/kPa | 采样器编号 | 滤膜编号 | 压差值/（cm 水柱） | | | 流量/（$m^3$/min） | | 备注 |
|---|---|---|---|---|---|---|---|---|---|---|---|
| | | | | | | 开始 | 结束 | 平均 | $Q_2$ | $Q_n$ | |
| | | | | | | | | | | | |

3. 样品测定

将采样后的滤膜在平衡室内平衡 24h，迅速称重，结果记录有关参数于表 2.2 中。

**表 2.2 总悬浮颗粒物浓度测定记录**

______市(县)______监测点

| 月，日 | 时间 | 滤膜编号 | 流量 $Q_n$/(m³/min) | 采样体积/m³ | 滤膜重量/g | | | 总悬浮颗粒物浓度/(mg/m³) |
|---|---|---|---|---|---|---|---|---|
| | | | | | 采样前 | 采样后 | 样品重 | |
| | | | | | | | | |

分析者______ 审核者______

## 四、计算

$$TSP = w/Q_n \cdot t$$

式中 $w$——采集在滤膜上的总悬浮颗粒物质量，mg；

$t$——采集时间，min；

$Q_n$——标准状态下的采样流量，m³/min，按下式计算：

$$Q_n = Q_2\sqrt{\frac{T_3p_2}{T_2p_3} \times \frac{273 \times p_3}{101.3 \times T_3}} = Q_2\sqrt{\frac{p_2p_3}{T_2T_3} \times \frac{273}{101.3}} = 2.69 \times Q_2\sqrt{\frac{p_2p_3}{T_2T_3}}$$

式中 $Q_2$——现场采样流量，m³/min；

$p_2$——采样器现场校准时大气压力，kPa；

$p_3$——采样时大气压力，kPa；

$T_2$——采样器现场校准时空气温度，K；

$T_3$——采样时的空气温度，K。

若 $T_3$、$p_3$ 与采样器校准时的 $T_2$、$p_2$ 相近，可用 $T_2$、$p_2$ 代之。

## 注意事项

(1) 滤膜称重时的质量控制：取清洁滤膜若干张，在平衡室内平衡 24h，称重。每张滤膜称 10 次以上，则每张滤膜的平均值为该张滤膜的原始质量，此为“标准滤膜”。每次称清洁或样品滤膜的同时，称量两张“标准滤膜”，若称出的重量在原始重量±5mg 范围内，则认为该批样品滤膜称量合格，否则应检查称量环境是否符合要求，并重新称量该批样品滤膜。

(2) 要经常检查采样头是否漏气。当滤膜上颗粒物与四周白边之间的界线逐渐模糊，则表明应更换面板密封垫。

(3) 称量不带衬纸的聚氯乙烯滤膜时，在取放滤膜时，用金属镊子触一下天平盘，以消除静电的影响。

## 思考题

1. 什么叫 TSP？它主要来源于哪里？

2. 怎样用重量法测定大气中的总悬浮颗粒物？为提高测定准确度，应注意控制哪些因素？

# 实验二　大气中二氧化硫的测定

**知识链接**

二氧化硫是大气中的主要污染物之一，是衡量大气是否遭到污染的重要标志。二氧化硫是一种无色的中等刺激性气体，主要影响呼吸道。二氧化硫主要来自燃烧含硫燃料。空气中的二氧化硫很大部分来自发电过程及工业生产过程。吸入二氧化硫可使呼吸系统功能受损，加重已有的呼吸系统疾病(尤其是支气管炎及心血管病)。对于容易受影响的人，除肺部功能改变外，还伴有一些明显症状，如气喘、气促、咳嗽等。根据世界卫生组织资料，居民长期接触年平均浓度超过100μg/m$^3$的烟尘和二氧化硫，短期接触日平均浓度超过250μg/m$^3$的烟尘和二氧化硫，能促使呼吸系统疾病加重，患者病情恶化。从我国全球大气监测资料分析，北方几个城市(沈阳、北京等)居民区大气飘尘年平均超过400μg/m$^3$，二氧化硫为100μg/m$^3$左右；冬季飘尘日平均浓度超过500μg/m$^3$，二氧化硫约为250μg/m$^3$，均明显超过或相当于引起呼吸系统疾病患者恶化的水平。二氧化硫形成酸雾或酸雨还会腐蚀金属、器材，沉降到地面会破坏土壤和水质。

测定二氧化硫常用的方法有分光光度法、紫外荧光法、电导法、库仑滴定法、火焰光度法。

## 四氯汞钾分光光度法

### 一、实验原理

大气中的二氧化硫被四氯汞钾溶液吸收后，生成稳定的二氯亚硫酸盐络合物，此络合物再与甲醛及盐酸副玫瑰苯胺发生反应，生成紫红色的络合物，据其颜色深浅，用分光光度法测定。按照所用的盐酸副玫瑰苯胺溶液含磷酸量的多少，分为两种操作方法。方法一：含磷酸量少，最后溶液的 pH 值为 1.6±0.1。方法二：含磷酸量多，最后溶液的 pH 值为 1.2±0.1，为我国暂选为环境监测系统的标准方法。

本实验采用方法二测定。

### 二、仪器

(1) 多孔玻璃板吸收管(用于短时间采样)。

(2) 多孔玻璃板吸收瓶(用于 24h 采样)。

(3) 空气采样器：流量 0~1L/min。

(4) 分光光度计。

## 三、试剂

（1）0.04mol/L 四氯汞钾吸收液：称取 10.9g 氯化汞（$HgCl_2$）、6.0g 氯化钾和 0.070g 乙二胺四乙酸二钠盐（EDTA-$Na_2$），溶于水中，稀释至 1000mL，此溶液在密闭容器中储藏，可稳定 6 个月。如发现有沉淀，不能再用。

（2）2.0g/L 甲醛溶液：量取 36%～38%甲醛溶液 1.1mL，用水稀释至 200mL，临用现配。

（3）6.0g/L 氨基磺酸铵溶液：称取 0.60g 氨基磺酸铵（$NH_4NH_2SO_3$），溶解于 100mL 水中，临用现配。

（4）碘储备液（$C_{1/2I_2}=0.10mol/L$）：称取 12.7g 碘于烧杯中，加入 40g 碘化钾和 25mL 水，搅拌至全部溶解后，用水稀释至 1000mL，储于棕色试剂瓶中。

（5）碘使用液（$C_{1/2I_2}=0.010moL/L$）：量取 50mL 碘储备液，用水稀释至 500mL，储于棕色试剂瓶中。

（6）2g/L 淀粉指示剂：称取 0.20g 可溶性淀粉，用少量水调成糊状，慢慢倒入 100mL 沸水中，继续煮沸直至溶液澄清，冷却后储于试剂瓶中。

（7）碘酸钾标准溶液（$C_{1/6KIO_3}=0.1000moL/L$）：称取 3.5668g 碘酸钾（$KIO_3$，优级纯，110℃烘干 2h），溶解于水，移入 1000mL 容量瓶中，用水稀释至标线。

（8）盐酸溶液（$C_{HCl}=1.2mol/L$）：量取 100mL 浓盐酸，用水稀释至 1000mL。

（9）硫代硫酸钠储备液（$C_{Na_2S_2O_3}\approx 0.1moL/L$）：称取 25g 硫代硫酸钠（$Na_2S_2O_3 \cdot 5H_2O$），溶解于 1000mL 新煮沸并已冷却的水中，加 0.20g 无水碳酸钠，储于棕色瓶中，放置一周后标定其浓度。若溶液呈现混浊时，应该过滤。

标定方法：吸取碘酸钾标准溶液 25.00mL，放置 250mL 碘量瓶中，加 70mL 新煮沸并已冷却好的水，加 1.0g 碘化钾，振荡至完全溶解后，再加 1.2mol/L 盐酸溶液 10.0mL，立即盖好瓶塞，混匀。在暗处放置 5min 后，用硫代硫酸钠溶液滴定至淡黄色，加淀粉指示剂 5mL，继续滴定至蓝色刚好消失。按下式计算硫代硫酸钠的浓度 $C$。

$$C=\frac{25.00\times 0.1000}{V}$$

式中 $C$——硫代硫酸钠溶液浓度，mol/L；

$V$——消耗硫代硫酸钠溶液的体积，mL。

（10）硫代硫酸钠标准溶液：取 50.00mL 硫代硫酸钠储备液于 500mL 容量瓶中，用新煮沸并已冷却的水稀释至标线，计算其准确浓度。

（11）亚硫酸钠标准溶液：称取 0.20g 亚硫酸钠（$Na_2SO_3$）及 0.010g 乙二胺四乙酸二钠，将其溶解于 200mL 新煮沸并已冷却的水中，轻轻摇匀（避免振荡，以防充氧），放置 2～3h 后标定。此溶液每毫升相当于含 320～400μg 二氧化硫。

标定方法：取四个 250mL 碘量瓶（$A_1$、$A_2$、$B_1$、$B_2$），分别加入 0.010mol/L 碘溶液 50.00mL。在 $A_1$、$A_2$瓶内各加 25mL 水，在 $B_1$瓶内加入 25.00mL 亚硫酸钠标准溶液，盖好瓶塞。立即吸取 2.00mL 亚硫酸钠标准溶液于已加有 40～50mL 四氯汞钾溶液的 100mL 容量瓶中，使其生成稳定的二氯亚硫酸盐络合物。再吸取 25.00mL 亚硫酸钠标准溶液于 $B_2$瓶内，盖好瓶塞。然后用四氯汞钾吸收液将 100mL 容量瓶中的溶液稀释至标线。

$A_1$、$A_2$、$B_1$、$B_2$四瓶于暗处放置 5min 后，用 0. 01mol/L 硫代硫酸钠标准溶液滴定至浅黄色，加 5mL 淀粉指示剂，继续滴定至蓝色刚好褪去。平行滴定所用硫代硫酸钠溶液体积之差应不大于 0. 05mL。

所配 100mL 容量瓶中的亚硫酸钠标准溶液相当于二氧化硫的浓度，由下式计算：

$$C = \frac{(V_0 - V) \times C \times 32.02 \times 1000}{25.00} \times \frac{2.00}{100}$$

式中　$C$——$SO_2$的浓度，μg/mL；

$V_0$——滴定 A 瓶时所用硫代硫酸钠标准溶液体积的平均值，mL；

$V$——滴定 B 瓶时所用硫代硫酸钠标准溶液体积的平均值，mL；

$C$——硫代硫酸钠标准溶液的准确浓度，mol/L；

32. 02——相当于 1mol/L 硫代硫酸钠溶液的二氧化硫($1/2SO_2$)的质量，mg。

根据以上计算的二氧化硫标准溶液的浓度，再用四氯汞钾吸收液稀释成每毫升含 2. 0μg 二氧化硫的标准溶液，此溶液用于绘制标准曲线，在冰箱中存放，可稳定 20d。

(12) 0. 2%盐酸副玫瑰苯胺(PRA，即对品红)储备液：称取 0. 20g 经提纯的盐酸副玫瑰苯胺，溶解于 100mL1. 0mol/L 盐酸溶液中。

(13) 磷酸溶液($C_{H_3PO_4}=3mol/L$)：量取 41mL85%浓磷酸，用水稀释至 200mL。

(14) 0. 016%盐酸副玫瑰苯胺使用液：吸取 0. 2%盐酸副玫瑰苯胺储备液 20. 00mL 于 250mL 容量瓶中，加 3mol/L 磷酸溶液 200mL，用水稀释至标线。至少放置 24h 方可使用。存于暗处，可稳定 9 个月。

## 四、测定步骤

1. 标准曲线的绘制

取 8 支 10mL 具塞比色管，按表 2. 3 所列参数配制标准色列。

**表 2. 3　标准色列**

| 加入溶液 | 色列管编号 | | | | | | | |
|---|---|---|---|---|---|---|---|---|
| | 0 | 1 | 2 | 3 | 4 | 5 | 6 | 7 |
| 2. 0μg/mL 亚硫酸钠标准溶液 | 0 | 0. 60 | 1. 00 | 1. 40 | 1. 60 | 1. 80 | 2. 20 | 2. 70 |
| 四氯汞钾吸收液/mL | 5. 00 | 0. 40 | 4. 00 | 3. 60 | 3. 40 | 3. 20 | 2. 80 | 2. 30 |
| 二氧化硫含量/μg | 0 | 1. 2 | 2. 0 | 2. 8 | 3. 2 | 3. 6 | 4. 4 | 5. 4 |

在以上各管中加入 6. 0g/L 氨基磺酸铵溶液 0. 50mL，摇匀。再加 2. 0g/L 甲醛溶液 0. 50mL 及 0. 016%盐酸副玫瑰苯胺使用液 1. 50mL，摇匀。当室温为 15～20℃时，显色 30min；室温为 20～25℃时，显色 20min；当室温为 25～30℃时，显色 15min。用 1cm 比色皿，于 575nm 波长处，以水为参比测定吸光度。以吸光度对二氧化硫含量(μg)绘制标准曲线，或用最小二乘法计算出回归方程式。

2. 采样

(1) 短时间采样：用内装 5mL 四氯汞钾吸收液的多孔玻璃吸收管以 0. 5L/min 流量采样

10~20L。

(2) 24h 采样：测定 24h 平均浓度时，用内装 50mL 吸收液的多孔玻璃板吸收瓶以 0.2L/min 流量，10~16℃恒温采样。

3. 样品测定

(1) 样品混浊时，应离心分离除去。采样后样品放置 20min，以使臭氧分解。

(2) 短时间采样品：将吸收管中的吸收液全部移入 10mL 具塞比色管中，用少量水洗涤吸收管，洗涤液并入具塞比色管中，使总体积为 5mL。加入 6g/L 氨基磺酸铵溶液 0.50mL，摇匀，放置 10min，以除去氮氧化物的干扰。以下步骤同标准曲线的绘制。

(3) 24h 样品：将采样后的吸收液移入 50mL 容量瓶中，用少量水洗涤吸收瓶，洗涤液并入容量瓶中，使溶液总体积为 50.0mL，摇匀。吸取适量样品溶液置于 10mL 具塞比色管中，用吸收液定容为 5.00mL。以下步骤同短时间样品测定。

## 五、计算

$$C = \frac{w}{V_n} \times \frac{V_t}{V_a}$$

式中　$w$——测定时所取样品溶液中二氧化硫含量，μg，由标准曲线查得；

$V_t$——样品溶液总体积，mL；

$V_a$——测定时，所取样品溶液体积，mL；

$V_n$——标准状态下的采样体积，L。

## 注意事项

(1) 温度对显色影响较大，温度越高，空白值越大。温度高时显色快，褪色也快，最好用恒温水浴控制显色温度。

(2) 对品红试剂必须提纯后方可使用，否则，其中所含杂质会引起试剂空白值增高，使方法灵敏度降低。已有经提纯的合格的 0.2%对品红溶液出售。

(3) 六价铬能使紫红色络合物褪色产生负干扰，故应避免用硫酸-铬酸洗液洗涤所用玻璃器皿，若已用此洗液洗过，则需用(1+1)盐酸溶液浸洗，再用水充分洗涤。

(4) 用过的具塞比色管及比色皿应及时用酸洗涤，否则红色难以洗净。具塞比色管用(1+4)盐酸溶液洗涤，比色皿用(1+4)盐酸加 1/3 体积乙醇混合液洗涤。

(5) 四氯汞钾溶液为剧毒试剂，使用时应小心，如溅到皮肤上，立即用清水冲洗。使用过的废液要集中回收处理，以免污染环境。

## 思考题

1. 简述四氯汞钾溶液吸收盐酸副玫瑰苯胺分光光度法测定二氧化硫的原理，怎样提高测定的准确度？

2. 为什么在采样的同时应测定采样现场的温度和大气压力？

# 分光光度法(甲醛吸收法)

## 一、实验原理

二氧化硫被甲醛缓冲溶液吸收后，生成稳定的羟甲基磺酸加成化合物，在样品溶液中加入氢氧化钠使加成化合物分解，释放出的二氧化硫与副玫瑰苯胺、甲醛作用，生成紫红色化合物，于波长577nm处测定吸光度。

此法适用于环境空气中二氧化硫的测定，当用10mL吸收液采样30L时，测定下限为0.007mg/m$^3$，当用50mL吸收液采样300L时，测定下限为0.003mg/m$^3$。

## 二、仪器、药品和设备

(1) 分光光度计(可见光波长380~780nm)。
(2) 多孔玻板吸收管(10mL，用于短时间采样)。
(3) 恒温水浴器。
(4) 具塞比色管(10mL)。
(5) 空气采样器(流量范围为0~1mL/min)。
(6) 氢氧化钠溶液(1.5mol/L)。
(7) 环己二胺四乙酸二钠溶液(0.05mol/L)。
(8) 二氧化硫标准溶液。
(9) PRA溶液(0.05g/100mL)。
(10) 甲醛缓冲吸收液。
(11) 氨基磺酸钠溶液(0.60g/100mL)。
(12) 碘溶液(0.05mol/L)。
(13) 淀粉溶液(0.50g/100mL)。
(14) 碘酸钾标准溶液(0.100mol/L)。
(15) 盐酸溶液(1+9)。
(16) 硫代硫酸钠标准溶液(0.05mol/L)。
(17) EDTA溶液(0.50g/100mL)。

## 三、实验所需溶液的配制

1. 0.05mol/L环己二胺四乙酸二钠溶液

称取1.82g反式-1，2-环己二胺四乙酸(简称CDTA)，加入氢氧化钠溶液6.5mL，用水稀释至100mL。

2. 甲醛缓冲吸收液

(1) 甲醛缓冲吸收储备液：吸取36%~38%的甲醛溶液5.5mL，环己二胺四乙酸二钠溶液20.00mL；称取2.04g邻苯二甲酸氢钾，溶于少量水中；将三种溶液合并，再用水稀释至100mL。储于冰箱可保存一年。

（2）甲醛缓冲吸收液：用水将甲醛缓冲稀释储备液稀释 100 倍而成，使用时现配。

3. 0. 60g/100mL，氨基磺酸钠溶液

称取 0. 60g 氨基磺酸置于 100mL 容量瓶中，加入 4. 0mL 氢氧化钠溶液，用水稀释至标线，摇匀。此溶液密封保存可用 10 天。

4. 0. 05mol/L 碘溶液

（1）0. 1mol/L 碘储备液：称取 12. 7g 碘于烧杯中，加入 40g 碘化钾和 25mL 水，搅拌至完全溶解，用水稀释至 1000mL，储存于棕色细口瓶中。

（2）0. 05mol/L 碘溶液：量取碘储备液 250mL，用水稀释至 500mL，储存于棕色细口瓶中。

5. 0. 50g/100mL 淀粉溶液

称取 0. 50g 可溶性淀粉，用少量水调成糊状，缓慢倒入 100mL 沸水中，继续煮沸至溶液澄清，冷却后储于试剂瓶中。临用时现配。

6. 0. 100mol/L 碘酸钾标准溶液

称取 3. 5667g 碘酸钾，经 110℃干燥 2h 后溶于水，移入 1000mL 容量瓶中，用水稀释至标线，摇匀。

7. 0. 05mol/L 硫代硫酸钠标准溶液

（1）0. 10mol/L 硫代硫酸钠储备液：称取 25. 0g 硫代硫酸钠，溶于 1000mL 新煮沸但已冷却的水中，加入 0. 2g 无水碳酸钠，储存于棕色细口瓶中，放置一周后使用，若溶液呈浑浊，必须过滤。

（2）0. 05mol/L 硫代硫酸钠标准溶液：取 250mL 硫代硫酸钠储备液置于 500mL，容量瓶中，用新煮沸但已冷却的水稀释至标线，摇匀。

标定方法：移取三份 10. 00mL 碘酸钾标准溶液分别置于 250mL 碘量瓶中，加 70mL 新煮沸但已冷却的水，加 1g 碘化钾，振摇至完全溶解后，加 10mL 盐酸溶液，立即盖好瓶塞，摇匀。于暗处放置 5min 后，用硫代硫酸钠标准溶液滴定至浅黄色，加 2mL 淀粉溶液，继续滴定溶液至蓝色刚好褪去为终点。硫代硫酸钠标准溶液的浓度按下式计算：

$$C = \frac{0.1000 \times 10.00}{V}$$

式中 $C$——硫代硫酸钠标准溶液的浓度，mol/L；

$V$——滴定所耗硫代硫酸钠标准溶液的体积，mL。

8. 二氧化硫标准溶液

（1）配制：称取 0. 200g 亚硫酸钠，溶于 200mL EDTA-2Na 溶液中，缓慢摇匀以防充氧，使其溶解，放置 2~3h 后标定。此溶液每毫升相当于 320~400μg 二氧化硫。

（2）标定方法：吸取三份 20. 00mL 二氧化硫标准溶液，分别置于 250mL 碘量瓶中，加入 50mL 新煮沸但已冷却的水、20. 00mL 碘溶液及 1mL 冰乙酸，盖紧，摇匀。于暗处放置 5min 后，用硫代硫酸钠标准溶液滴定至浅黄色，加入 2mL 淀粉溶液，继续滴定至溶液蓝色刚好褪去为终点。记录滴定硫代硫酸钠标准溶液的体积 $V$(以 mL 计)。

另取三份 EDTA-2Na 溶液 20mL，用相同方法进行空白实验。记录滴定硫代硫酸钠标准溶液的体积 $V_0$(以 mL 计)。

平行样滴定所消耗硫代硫酸钠标准溶液体积之差不大于0.04mL，取其平均值。二氧化硫标准溶液浓度按下式计算：

$$\rho = \frac{C \times (V - V_0) \times 32.02}{20.00} \times 1000$$

式中 $\rho$——二氧化硫标准溶液的浓度，μg/mL；

$V$——二氧化硫标准溶液滴定所耗硫代硫酸钠标准溶液的体积，mL；

$V_0$——空白滴定消耗硫代硫酸钠标准溶液的体积，mL；

$C$——硫代硫酸钠标准溶液的浓度，mol/L；

32.02——二氧化硫的摩尔质量，g/mol。

标定出准确浓度后，立即用吸收液稀释为10.00μg/mL二氧化硫的标准溶液储备液，临用时再用吸收液稀释为1.00μg/mL二氧化硫的标准溶液，在冰箱中5℃保存。10.00μg/mL的二氧化硫标准溶液储备液可稳定6个月，1.00μg/mL的二氧化硫标准溶液可稳定1个月。

9. 0.05g/100mL PRA溶液

(1) 0.20g/100mL副玫瑰苯胺(简称PRA，即副品红、对品红)储备液，其纯度应达到质量检验的指标。

(2) 0.05g/100mL PRA溶液。吸取25.00mL PRA储备液于100mL容量瓶中，加30mL 85%的浓磷酸、12mL浓盐酸，用水稀释至标线，放置过夜后使用，避光密封保存。

## 四、实验步骤

1. 采样

根据空气中二氧化硫浓度的高低，采用内装10mL吸收液的U形多孔玻璃板吸收管，以0.5L/min的流量采样。采样时吸收液温度的最佳范围为23~29℃。样品运输和储存过程中，应注意避光保存。

2. 标准曲线的绘制

取14支10mL具塞比色管，分A、B两组后，每组7支，分别对应编号。A组按表2.4配制标准溶液系列。

**表2.4　标准溶液系列**

| 类　别 | 管号 | | | | | | |
|---|---|---|---|---|---|---|---|
| | 1 | 2 | 3 | 4 | 5 | 6 | 7 |
| 二氧化硫标准溶液/mL | 0 | 0.5 | 1.00 | 2.00 | 5.00 | 8.00 | 10.00 |
| 甲醛缓冲吸收液/mL | 10.00 | 9.5 | 9.00 | 8.00 | 5.00 | 2.00 | 0 |
| 二氧化硫含量/μg | 0 | 0.5 | 1.00 | 2.00 | 5.00 | 8.00 | 10.00 |

B组各管加入1.00mL PRA溶液，A组各管分别加入0.5mL氨基磺酸钠溶液和0.5mL氢氧化钠溶液，摇匀。再逐管迅速将溶液全部倒入对应编号并盛有PRA溶液的B管，立即具塞混匀后放入恒温水浴中显色。显色温度与室温之差不超过3℃，根据不同季节和环境条件按表2.5选择显色温度与显色时间。

**表 2.5 显色温度与显色条件的关系**

| 类　别 | 显色温度/℃ | | | | |
|---|---|---|---|---|---|
| | 10 | 15 | 20 | 25 | 30 |
| 显色时间/min | 40 | 25 | 20 | 15 | 5 |
| 稳定时间/min | 35 | 25 | 20 | 15 | 10 |
| 试剂空白吸光度 A | 0.03 | 0.035 | 0.04 | 0.05 | 0.06 |

在波长 577nm 处，用 1cm 的比色皿，以水为参比溶液测量吸光度，并用最小二乘法计算标准曲线的回归方程。

$$Y=bX+a$$

式中 $y$——标准溶液吸光度 $A$ 与试剂空白吸光度 $A_0$ 之差，$y=A-A_0$；

$X$——二氧化硫含量，μg；

$b$——回归方程的斜率(由斜率倒数求得校正因子：$B_s=1/b$)；

$a$——回归方程的截距(一般要求小于 0.005)。

3. 样品测定

样品放置 20min，以使臭氧分解，然后将吸收管中样品溶液全部移入 10mL 比色管中，用吸收液稀释至标线，加 0.5mL 氨基磺酸钠溶液，混匀，放置 10min 以除去氮氧化物的干扰，以下步骤同标准曲线的绘制。如样品吸光度超过标准上限，则可以用试剂空白溶液稀释，在数分钟内再测量其吸光度，但稀释倍数不要大于 6 倍。

## 五、结果计算

空气中二氧化硫浓度按下式计算。

$$C=\frac{(A-A_0)\times B_s\times V_t}{V_s\times V_a}$$

式中 $C$——空气中二氧化硫含量，$mg/m^3$；

$A$——样品溶液的吸光度；

$A_0$——试剂空白溶液的吸光度；

$B_s$——校正因子，μg · $SO_2$/(12mL · A)；

$V_s$——换算成标准状况下的采样体积，L；

$V_t$——样品溶液总体积，mL；

$V_a$——测定时所取样品溶液体积，mL。

## 注意事项

(1) 掌握显色温度和显色时间，严格控制反应条件是实验的关键。

(2) 配制二氧化硫溶液时加入 EDTA 溶液可使亚硫酸根稳定。

(3) 显色剂的加入方式要正确，否则精密度差。

## 思考题

(一) 填空题

1. 二氧化硫被甲醛缓冲溶液吸收后，生成稳定的________，在样品溶液中加入________使加成化合物分解，释放出二氧化硫与________作用，生成紫红色化合物，于波长________处测定吸光度。

2. 配制二氧化硫溶液时加入________可使亚硫酸根稳定。

3. 采样时吸收液温度的最佳范围在________。

(二) 问答题

1. 空气中二氧化硫含量测定的原理是什么？

2. 配制标准色列溶液时应注意什么？

# 实验三　大气中一氧化碳的测定

## 知识链接

一氧化碳(CO)是大气中的主要污染物之一，它主要来自石油、煤炭燃烧不充分的产物和汽车排气，一些自然灾害如火山爆发、森林火灾等也是来源之一。

CO为无色、无味的有毒气体，燃烧时呈淡蓝色火焰。它容易与人体血液中的血红蛋白结合，形成碳氧血红蛋白，使血液输送氧的能力降低，造成缺氧症。中毒较轻时，会出现头痛、疲倦、恶心、头晕等感觉；中毒严重时，则会发生心悸亢进、昏睡、窒息而造成死亡。

测定大气中CO的方法有非分散红外吸收法、气相色谱法、定电位电解法、间接冷原子吸收法。

## 一、实验原理

一氧化碳对以4.5μm为中心波段的红外辐射具有选择性吸收，在一定的浓度范围内，其吸光度与一氧化碳浓度呈线性关系，故根据气样的吸光度可确定一氧化碳的浓度。

水蒸气和悬浮颗粒物干扰一氧化碳的测定。测定时，气样需经硅胶、无水氯化钙过滤管除去水蒸气，经玻璃纤维滤膜除去颗粒物。

## 二、仪器

(1) 非色散红外一氧化碳分析仪。

(2) 记录仪：0~10mV。

(3) 聚乙烯塑料采气袋、铝箔采气袋或衬铝塑料采气袋。

(4) 弹簧夹。

(5) 双联球。

## 三、试剂

(1) 高纯氮气：99.99%。
(2) 变色硅胶。
(3) 无水氯化钙。
(4) 霍加拉特管。
(5) 一氧化碳标准气。

## 四、采样

用双联球将现场空气抽入采气袋内，洗 3~4 次，采气 500mL，夹紧进气口。

## 五、测定步骤

(1) 启动和调零：开启电源开关，稳定 1~2h，将高纯氮气连接在仪器进气口，通入氮气校准仪器零点。也可以用经霍加拉特管(加热至 90~100℃)净化后的空气调零。

(2) 校准仪器：将一氧化碳标准气连接在仪器进气口，使仪表指针指示满刻度的 95%，重复 2~3 次。

(3) 样品测定：将采气袋连接在仪器进气口，则样气被抽入仪器中，由指示表直接指示出一氧化碳的浓度(μg/L)。

## 六、计算

$$C_{\mathrm{CO}}=1.25C'$$

式中 $C$——CO 的浓度，$mg/m^3$；

$C'$——实测空气中一氧化碳浓度，μg/L；

1.25——一氧化碳浓度从 μg/L 换算为标准状态下质量浓度($mg/m^3$)的换算系数。

## 注意事项

(1) 仪器启动后，必须预热，稳定一定时间再进行测定。仪器具体操作按仪器说明书规定进行。

(2) 空气样品应经硅胶干燥，玻璃纤维滤膜过滤后再进入仪器，以消除水蒸气和颗粒物的干扰。

(3) 仪器接上记录仪，将空气连续抽入仪器，可连续监测空气中一氧化碳浓度的变化。

## 思考题

1. 测定大气中一氧化碳时，二氧化碳、水蒸气、悬浮物对它都有干扰，为提高准确度，应采取哪些控制方法？

2. 为什么要把 CO 浓度从 μg/L 换算为标准状态下的质量浓度($mg/m^3$)？

# 实验四　大气中氯气的测定

## 知识链接

氯气($Cl_2$)是具有强烈刺激性气味的黄绿色强氧化性气体，化学性质非常活泼，能与许多物质反应，与一氧化碳接触能形成毒性更大的光气。

氯气($Cl_2$)是工业上的重要原料，用途很广，在制造和使用过程中排出的氯气会造成大气污染。食盐、制药、农药、光气制造、合成纤维、造纸、冶金、纺织、染料、消毒剂、橡胶、塑料和氯碱等工业都使用氯或其化合物，如果设备和管道不严密，均可导致氯气排出，其中化学工业，尤其是氯碱工业是重要的大气污染源。氯也常用于自来水和游泳池水的消毒。我国大气卫生标准中规定居民区大气中氯的一次最高容许浓度为0.1mg/m$^3$，日平均最高容许浓度为0.03mg/m$^3$。

测定氯气的方法有甲基橙比色法、氯气检测仪法。

## 一、实验原理

空气中氯被含有溴化钾的甲基橙硫酸溶液所吸收，氯与溴化钾反应置换出溴，溴能氧化甲基橙，使其褪色，根据颜色减弱的程度，比色定量。

## 二、试剂配制

1. 吸收溶液

(1) 储备溶液：准确称量0.1000g甲基橙，溶于50~100mL的40~50℃温水中，冷却至室温，加20mL 95%乙醇，移入1L容量瓶中，加水至刻度定容。放在暗处可保存半年。

(2) 吸收原液：准确量取50.00mL储备液于500mL容量瓶中，加入1g溴化钾，加水稀释至刻度。用10mm比色皿，以水作参比，在460nm波长下，测定吸光度。用储备溶液和水进行调整，以配制成吸光度为0.63的吸收原液。

(3) 吸收工作液：采样前，量取250mL吸收原液和50mL(1+6)硫酸溶液，于500mL。容量瓶中，用水稀释到刻度，临用现配。

(4) (1+6)硫酸溶液：量取30mL浓硫酸，缓慢加入180mL水中。

2. 标准溶液

(1) 标准储备溶液：准确称量1.1776g经105℃干燥2h的溴酸钾(优级纯)，用少量水溶解，移入500mL容量瓶中，加水稀释到刻度定容。准确吸量10.00mL放入1000mL容量瓶中，加水至刻度定容，此溶液1.00mL含30μg氯。放在暗处可保存半年。

(2) 标准工作液：临用时，将储备溶液用水稀释成1.00mL含5μg氯的标准上作液。

3. 采样

用一内装8mL吸收工作液的多孔玻璃板吸收管，以0.5L/min流量采气20L，当吸收溶液颜色明显减退时，即可停止采样。同时记录采样时的温度和大气压力。

## 三、分析步骤

1. 标准曲线的绘制

用 8 支 10mL 具塞比色管，依次加入标准溶液 0.00mL、0.20mL、0.40mL、0.60mL、0.80mL、1.00mL、1.20mL 和 1.60mL，再分别加入水至 4.0mL。各管加入 5mL 吸收原液，1mL(1+6)硫酸溶液，混匀，于 35℃放置 20min。用 10mm 比色皿，以水作参比，在波长 505nm 下测定吸光度。以氯的含量(μg)为横坐标，零标准管与各管吸光度之差作为纵坐标，绘制标准曲线。以回归线斜率的倒数作为样品测定的计算因子 $B_s$(μg)。

2. 样品测定

采样后，将吸收液全部移入具塞比色管中，用少量吸收工作液洗吸收管，合并使总体积为 10mL。于 35℃放置 20min 后，按绘制标准曲线的操作步骤测吸光度。

每批样品测定的同时，取未采样的吸收工作液，按相同的操作步骤做空白测定。

## 四、计算

$$C = \frac{(A - A_0)B_s}{V_0}$$

式中 $C$——空气中氯气的含量，mg/m³；

$A$——样品溶液的吸光度；

$A_0$——试剂空白溶液的吸光度；

$B_s$——用标准溶液标准曲线计算得到的计算因子，μg；

$V_0$——换算成标准状况下的采样体积，L。

## 五、思考题

1. 简述甲基橙比色法测定氯气时吸收液的配制及保存方法。
2. 用绘制标准曲线的方法怎样得到计算因子 $B_s$ 的值。

# 实验五　大气中氟化物的测定

**知识链接**

大气中的气态氟化物主要是氟化氢(HF)，也可能有少量氟化硅($SiF_4$)和氟化碳($CF_4$)。含氟粉尘主要是冰晶石($Na_3AlF_6$)、萤石($CaF_2$)、氟化铝($AlF_3$)、氟化钠及磷灰石[$3Ca_3(PO_4)_2 \cdot CaF_2$]等。氟化物污染主要来源于铝厂、冰晶石和磷肥厂、用硫酸处理萤石及制造和使用氟化物、氢氟酸等部门排放或逸散的气体和粉尘。氟化物属高毒类物质，由呼吸道进入人体，会黏膜刺激、引起中毒等症状，并能影响各组织和器官的正常生理功能。对于植物的生长也会产生危害，因此，人们已利用某些敏感植物监测大气中的氟化物。

测定大气中氟化物的方法有吸光光度法、滤膜(或滤纸)采样–氟离子选择电极法等。目前广泛采用后一种方法。

## 一、实验原理

空气中气态及颗粒态氟化物通过两层串联的滤膜时，其中的颗粒物被第一层加热干燥的滤膜阻留，气态氟则被第二层浸渍氢氧化钠溶液的滤膜采集。被滤膜收集的氟化物，溶解在缓冲溶液中制成样品溶液，以氟离子选择电极测量电位值，其电位与氟离子活度的对数呈线性关系。通过一次标准加入法计算样品溶液中的氟离子含量。

## 二、试剂

(1) 无氟水：在每升蒸馏水中加入1g氢氧化钠及0.1g氯化铝进行重蒸馏，取其中间蒸馏部分的水，即为无氟水。配制其他试剂时所用的水均为无氟水。

(2) 浸渍液：称取8g氢氧化钠(优级纯)溶于水中，加20mL丙三醇，再用水稀释至1L，用以浸制滤纸。

(3) 滤料：乙酸纤维和硝酸纤维的混合滤料，直径约为40mm，孔径为2~3μm，作为第一层滤料采集颗粒态氟。

直径约为40mm、孔径为5μm浸有氢氧化钠的醋酸纤维和硝酸纤维的混合滤料，作为第二层滤料采集气态氟。

(4) 浸渍滤膜：要求每张滤膜的空白值平均含氟量低于0.2μg。

(5) 缓冲溶液A：称取59g柠檬酸钠及20g硝酸钾于1L容量瓶中，加800mL水溶解，加入3mL溴甲酚绿指示剂，用0.1moL/L盐酸溶液中和至指示剂刚变为蓝绿色(此时pH值为5.5左右)，用水稀释至刻度。

(6) 缓冲溶液B：取500mL缓冲液A于1L容量瓶中，加入5.0mL氟化钠标准溶液C(10μg/mL)用水稀释至刻度。

(7) 标准溶液。

标准溶液A：准确称取1.1050g 110℃干燥2h的氟化钠(优级纯)，溶于少量水中，移入1L容量瓶，加水稀释至刻度，此溶液为1mL含500μg氟的标准溶液。

标准溶液B：精确量取10.00mL标准溶液A，于100mL容量瓶中，用水稀释至刻度，此溶液为50μg/mL的含氟的标准溶液。

标准溶液C：精确量取20.00mL标准溶液B，于100mL容量瓶中，用水稀释至刻度，此溶液为50μg/mL的含氟的标准溶液。

## 三、采样

将孔径为5μm的浸渍滤膜装在不加热的采样夹上，另一张孔径为2~3μm的滤膜装在滤膜加热炉内的采样夹上。串联两个滤膜夹。以15L/min流量采气1$m^3$。为了保护滤膜不受沉积物的影响，进气口应向下，并安装在距所有障碍物至少1m、垂直地面至少1.5m的地方。采样后小心取下滤膜，尘面向内对折，放在清洁纸袋中，再放入样品盒内保存待用。记录采样时的温度和大气压力。

## 四、操作步骤

1. 标准曲线的绘制

取 6 个 50mL 的烧杯，依次加入浓度为 10μg/mL 的标准溶液 0.00mL、0.10mL、0.50mL、1.00mL、5.00mL 和 10.00mL，再分别加入去离子水至 10.0mL，分别加入 10mL 缓冲溶液 A 于各烧杯中，放入一根塑料套铁芯棒，分别置于磁力搅拌器上用氟电极测定容液的电位值。当变化小于 1/2mV/min 时读取电位值，在半对数坐标纸上作图，以等距离坐标轴为电位值(mV)，对数坐标轴为氟离子含量(μg)，绘制标准曲线。

2. 样品测定

将采样后的前后两张滤膜剪成条状，分别置于两个 50mL 烧杯中，加入 20mL 缓冲溶液 B，放入塑料套铁芯棒，于磁力搅拌器上提取 20min，按绘制标准曲线中所述操作步骤测定样品溶液电位值($E_1$)。然后在标准曲线上查出样品中氟含量估算值，根据此估计值，按表 2.6 加入所对应的标准溶液的浓度和体积于原样品溶液中，搅拌均匀后，测量第二次电位值($E_2$)。

**表 2.6　氟含量标准曲线的制作**

| 样品溶液中含氟量的估计值 $M$/μg | 添加标准溶液的浓度 $C_s$/(μg/mL) | 加入标准溶液的体积 $V_s$/mL | 样品溶液中含氟量的估计值 $M$/μg | 添加标准溶液的浓度 $C_s$/(μg/mL) | 加入标准溶液的体积 $V_s$/mL |
|---|---|---|---|---|---|
| 1 | 标准溶液 C | 0.2 | 50 | 标准溶液 A | 0.2 |
| 5 | 标准溶液 B | 0.2 | 100 | 标准溶液 A | 0.2 |
| 10 | 标准溶液 B | 0.2 | | | |

## 五、计算

(1) 样品滤纸溶液中氟含量。

$$W_p = \frac{C_s V_s}{B - 1}$$

式中　$W_p$——样品滤纸溶液中氟含量，μg；

$C_s$——按表 2.6 加入标准溶液的浓度，μg/mL；

$V_s$——按表 2.6 加入标准溶液的体积，mL。

$$B = 10^{\frac{|E_2 - E_1|}{s}}$$

式中　$E_1$——加标准溶液前样品滤纸溶液的电位值，mV；

$E_2$——加标准溶液后样品滤纸溶液的电位值，mV；

$s$——标准曲线的斜率。

(2) 滤纸空白溶液中氟含量。

$$W_o = \frac{C_s V_s}{B_o - 1}$$

式中　$C_s$——按表 2.6 加入标准溶液的浓度，g/mL；

$V_s$——按表 2.6 加入标准溶液的体积，mL。

（3）空气中气态氟化物（如 HF）的浓度（$mg/m^3$）

$$C_g = \frac{W_g - W_{og}}{V_o}$$

式中　$W_g$——浸渍滤纸样品溶液中氟含量，μg；

$W_{og}$——浸渍滤纸空白溶液中氟含量，μg。

（4）空气中颗粒状氟化物浓度。

$$C_p = \frac{W_p - W_{op}}{V_o}$$

式中　$C_p$——空气中颗粒状氟化物浓度，$mg/m^3$；

$W_p$——未浸渍滤纸样品溶液中氟含量，μg；

$W_{op}$——未浸渍滤纸空白溶液中氟含量，μg；

$V_o$——换算成标准状况下的采样体积，L。

### 思考题

1. 比较选择滤膜与滤纸采样之间的区别，对测定结果有影响吗？

2. 测定大气中氟化物的方法有吸光光度法、滤膜（或滤纸）采样氟离子选择电极法等，简述它们的测定原理并比较这些方法的优缺点。

## 实验六　室内空气中甲醛的测定

### 知识链接

甲醛是无色、具有强烈气味的刺激性气体，其 35%～40% 的水溶液通称福尔马林。甲醛是原浆毒物，能与蛋白质结合，吸入高浓度甲醛后，会出现呼吸道的严重刺激和水肿、眼刺痛、头痛，也可发生支气管哮喘。皮肤直接接触甲醛，可引起皮炎、色斑、坏死。经常吸入少量甲醛，能引起慢性中毒，出现黏膜充血、皮肤刺激症、过敏性皮炎、指甲角化和脆弱、甲床指端疼痛等。全身症状有头痛、乏力、心悸、失眠、体重减轻以及植物神经紊乱等。

各种人造板材（刨花板、纤维板、胶合板等）由于使用了黏合剂，因而可能含有甲醛。新式家具的制作，墙面、地面的装饰铺设，都要使用黏合剂。凡是大量使用黏合剂的地方，总会有甲醛释放。此外，某些化纤地毯、油漆涂料也含有一定量的甲醛。甲醛还可来自化妆品、清洁剂、杀虫剂、消毒剂、防腐剂、印刷油墨、纸张、纺织纤维等多种化工、轻工产品。

# MBTH 分光光度法

## 一、实验原理

甲醛与酚试剂(3-甲基-苯并噻唑腙，简称 MBTH)反应生成嗪，在铁离子存在下，嗪与酚试剂的氧化产物作用，生成蓝绿色化合物，根据颜色深浅，比色测定。

本法检出限为 0.02μg/mL(按吸光度 0.02 相应的甲醛含量计)，当采样体积为 10L 时，最低检出浓度为 0.01mg/$m^3$。

## 二、仪器

(1) 大型气泡吸收管。

(2) 大气采样器：流量范围 0~1L/min。

(3) 10mL 具塞比色管。

(4) 分光光度计。

## 三、试剂

(1) 吸收液：称取 0.10g 酚试剂 MBTH，溶于水中，稀释至 100mL，即为吸收原液，贮于棕色瓶，放入冰箱，可稳定 3d。采样时，量取 5mL 上述溶液，加 95mL 水，即为吸收液。

(2) 1% 硫酸铁铵溶液：称取 1.0g 硫酸铁铵，用 0.1mol/L 盐酸溶液溶解，并稀释至 100mL。

(3) 甲醛标准溶液：量取 10mL 36%~38%甲醛，用水稀释至 500mL，用碘量法标定甲醛溶液的浓度。使用时，先用水稀释成每毫升含 10μg 甲醛的溶液。然后立即吸取 10.00mL 此稀释液于 100mL 容量瓶中，加 5mL 吸收原液，再用水稀释至标线，此溶液每毫升含 1μg 甲醛。放置 30min 后，用以配制标准色列。此标准溶液可稳定 24h。

标定方法：吸取 5.00mL 甲醛溶液于 250mL 碘量瓶中，加入 40.00mL 0.05mol/L 碘溶液，立即逐滴地加入 30% 氢氧化钠溶液，至颜色褪至淡黄色为止。放置 10min，加 5mL (1+5)盐酸溶液酸化(做空白滴定时需多加 2mL)。置暗处放置 10min，加入 100~150mL 水，用 0.1mol/L 硫代硫酸钠标准溶液滴定至淡黄色，加 1mL 新配的 0.5%淀粉指示剂，继续滴定至蓝色刚好褪去。

另取 5mL 水，同上法进行空白滴定。

按下式计算甲醛溶液的浓度 $C$。

$$C = \frac{(V_0 - V) \times C \times 15.0}{5.00}$$

式中 $V$——滴定样品所用硫代硫酸钠标准溶液体积，mL；

$V_0$——空白滴定所用硫代硫酸钠标准溶液体积，mL；

$C$——硫代硫酸钠标准溶液的物质的量浓度，mol/L；

15.0——1/2 甲醛的摩尔质量。

## 四、采样

用一个内装 5mL 吸收液的大型气泡吸收管，以 0.5L/min 流量，采气 10L。

## 五、实验步骤

1. 标准曲线的绘制

取 8 支 10mL 比色管，按表 2.7 配制标准色列。

**表 2.7　标准色列的配制**

| 管　号 | 0 | 1 | 2 | 3 | 4 | 5 | 6 | 7 |
|---|---|---|---|---|---|---|---|---|
| 1μg/mL 甲醛标准溶液/mL | 0 | 0.10 | 0.20 | 0.40 | 0.60 | 0.80 | 1.00 | 1.50 |
| 吸收液/mL | 5.00 | 4.90 | 4.80 | 4.60 | 4.40 | 4.20 | 4.00 | 3.5 |
| 甲醛含量/μg | 0 | 0.1 | 0.2 | 0.4 | 0.6 | 0.8 | 1.0 | 1.5 |

在各管中加入 0.40mL1%硫酸铁铵溶液，摇匀。放置 15min 后，用 1cm 比色皿，于波长 630nm 处，以水为参比，测定吸光度。以吸光度对甲醛含量(μg)，绘制标准曲线，或用最小二乘法计算标准曲线的回归方程式：

$$Y=bX+a$$

式中　$Y$——$(A-A_o)$，即标准溶液吸光度$(A)$与试剂空白液吸光度$(A_o)$之差；

$X$——甲醛含量，μg；

$b$——回归方程式的斜率；

$a$——回归方程式的截距。

2. 样品测定

采样后，将样品溶液移入比色管中，用少量吸收液洗涤吸收管，洗液并入比色管，使总体积为 5mL。以下步骤同标准曲线的绘制。

## 六、计算

$$C=\frac{(A-A_0)-a}{bV_r}$$

式中　$C$——甲醛浓度，$mg/m^3$；

$A$——样品溶液吸光度；

$A_0$——试剂空白液吸光度；

$b$——回归方程式的斜率；

$a$——回归方程式的截距；

$V_r$——换算为参比状态下的采样体积，L。

## 注意事项

(1) 绘制标准曲线时与样品测定时的温度差应不超过 2℃。

(2) 标定甲醛时，在摇动下逐滴加入 30%氢氧化钠溶液，至颜色明显减褪，再摇片刻，待褪成淡黄色，放置后应褪至无色。若碱量加入过多，则 5mL(1+5) 盐酸溶液不足以使溶液酸化。

### 思考题

1. 在试剂的配制过程中，为了提高测定的准确度，标定甲醛时应控制哪些因素？
2. 简述甲醛的毒性作用，对人体的伤害有哪些？

# 乙酰丙酮分光光度法

## 一、原理

甲醛气体经水吸收后，在 pH=6 的乙酸-乙酸铵缓冲溶液中，与乙酰丙酮作用，在沸水浴条件下，迅速生成稳定的黄色化合物，该化合物在波长 413nm 处有最大吸收，在 3h 内吸光度基本不变。化学反应式为：

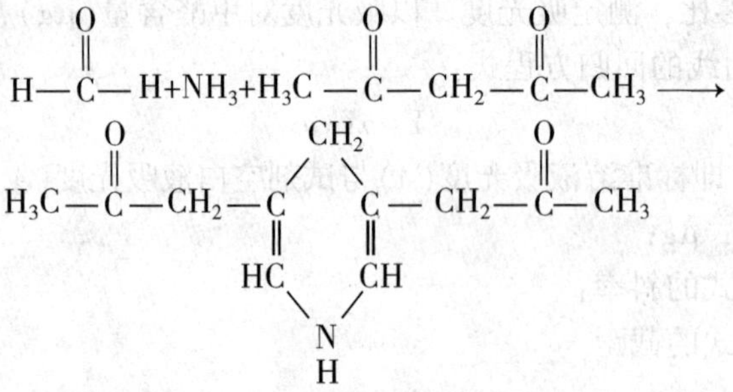

在采样体积为 0.5~10.0L 时，测定范围为 0.5~800mg/$m^3$，甲醛回收率不低于 95%。

## 二、仪器与试剂

(1) 采样器：流量范围为 0.2~1.0L/min 的空气采样器。

(2) 皂膜流量计。

(3) 多孔玻板吸收管：50mL 或 125mL 采样流量为 0.5L/min 时，阻力为(6.7±0.7)kPa，单管吸收效率大于 99%。

(4) 具塞比色管：25mL，具 10mL、25mL 刻度，已校正。

(5) 分光光度计(附 1cm 比色皿)。

(6) 标准皮托管(具校正系数)。

(7) 倾斜式微压计。

(8) 采样引气管：聚四氟乙烯管，内径 6~7mm，引气管前端带有玻璃纤维滤料。

(9) 空盒气压表。

(10) 0~100℃水银温度计。

(11) pH 酸度计。

(12) 水浴锅。

(13) 实验中所有用水均为不含有机物的蒸馏水。

制备：加少量高锰酸钾的碱性溶液于水中再进行蒸馏即得(在整个蒸馏过程中水应始终保持红色，否则应随时补加高锰酸钾)。

(14) 吸收液：不含有机物的重蒸馏水。

(15) 乙酸铵($CH_3COONH_4$)。

(16) 乙酸($CH_3COOH$)：相对密度为 1.055。

(17) 乙酰丙酮($C_5H_8O_2$)：相对密度为 0.975。

(18) 碘($I_2$)溶液：$C_{1/2I2}$=0.10mol/L，称取 40g 碘化钾溶于 10mL 水，加入 12.7g 碘，溶解后移入 1000mL 容量瓶，用水稀释定容。

(19) 0.25%(体积分数)乙酰丙酮溶液。称取 25g 乙酸铵，加少量水溶解，加 3mL 乙酸及 0.25mL 新蒸馏的乙酰丙酮，混匀再加水至 100mL，调整 pH=6.0，此溶液于 2~5℃储存，可保存一个月。

(20) 甲醛标准溶液。量取 10mL36%~38%甲醛，用水稀释至 500mL，用碘量法标定甲醛溶液浓度。使用时，先用水稀释至每毫升含 10.0μg 甲醛的溶液。然后立即吸取 10.00mL 稀释溶液于 100mL 容量瓶中，加 5.0mL 吸收原液，再用水稀释至标线。此溶液每毫升含 1.0μg 甲醛。放置 30min 后，用此溶液配制标准系列，此标准溶液可稳定 24h。

标定方法：吸取 5.00mL 甲醛溶液于 250mL 碘量瓶中，加入30.00mL$C1/2I_2$=0.10mol/L 的碘溶液，立即逐滴加入 30%氢氧化钠溶液至颜色褪至淡黄色。放置 10min，用 5.0mL 盐酸(1+5)溶液酸化(做空白滴定时需多加 2mL)。置暗处 10min，加入 100~150mL 水，用 0.1mol/L 硫代硫酸钠标准溶液滴定至淡黄色，加入 1.0mL 新配制的 5%淀粉指示剂，继续滴定至蓝色刚刚褪去。建议购买甲醛标样。

另取 5mL 水，同上法进行空白滴定。

按下式计算甲醛溶液浓度。

$$C_{HCHO}=\frac{(V_0-V)\times C_{Na_2S_2O_3}\times 15.0}{5.00}$$

式中　$V_0$——滴定空白溶液所消耗硫代硫酸钠标准溶液的体积，mL；

$V$——滴定甲醛溶液所消耗硫代硫酸钠标准溶液体积，mL；

$C_{Na_2S_2O_3}$——硫代硫酸钠标准溶液浓度，mol/L；

15.0——1L 1mol/L 硫代硫酸钠标准溶液的甲醛(1/2$CH_2O$)的质量，g。

## 三、实验步骤

1. 样品的采集与保存

(1) 采样系统由采样引气管、采样吸收管和空气采样器串联组成。吸收管体积为 50mL 或 125mL，吸收液装液量分别为 20mL 或 50mL，以 0.5~1.0L/min 的流量，采气 5~20min。

(2) 环境空气采样用一个内装 5.0mL 吸收液的气泡吸收管，以 0.5L/min 流量采样 10L。

(3) 样品的保存采集好的样品于 2~5℃储存，2d 内分析完毕，以防止甲醛被氧化。

(4) 采样体积的校准。

① 流量校准。在采样时用皂膜流量计对空气采样器进行流量校准。采样体积 $V_m$(L)按下式计算：

$$V_m = Q_r' n$$

式中：$Q_r'$——经校准后的流量，L/min；

$n$——采样时间，min。

② 压力测量。连接标准皮托管和倾斜式微压计进行压力测量，空气采样用空盒气压表进行气压读数，废气或空气压力以 $P_m$(kPa)表示。

③ 温度测量。用水银温度计测量管道废气或空气温度，以 $t_m$(℃)表示。

④ 体积标准。采气标准状态体积 $V_{nd}$(L)按下式计算：

$$V_{nd} = V_m \times 2.694 \times \frac{101.325 + P_m}{273 + t_m}$$

式中 $V_m$——废气或空气采样体积，L；

$P_m$——废气或空气压力，$kP_a$；

$t_m$——废气或空气温度，℃；

$V_{nd}$——废气或空气采样体积(0℃，101.320$kP_a$)，L。

2. 校准曲线的绘制

取7支25mL具塞比色管，按表2.8配制标准系列。

**表 2.8 甲醛的标准系列配制**

| 管 号 | 0 | 1 | 2 | 3 | 4 | 5 | 6 |
|---|---|---|---|---|---|---|---|
| 5.00μg/mL 甲醛体积/mL | 0 | 0.2 | 0.8 | 2.0 | 4.0 | 6.0 | 7.0 |
| 甲醛质量/μg | 0 | 1.0 | 4.0 | 10.0 | 20.0 | 30.0 | 35.0 |

上述标准系列中，用水稀释定容至10.0mL标线，加0.25%乙酰丙酮溶液2.0mL，混匀。置于沸水浴加热3min，取出冷却至室温，用1cm比色皿，以水为参比，于波长413nm处测定吸光度。将上述系列标准液测得的吸光度A值扣除试剂空白(零浓度)的吸光度 $A_0$ 值，便得到校准吸光度 $y$ 值，以校准吸光度 $y$ 为纵坐标，以甲醛含量 $x$(μg)为横坐标，绘制校准曲线，或用最小二乘法计算其回归方程式。注意："零"浓度不参与计算。

$$y = bx + a$$

式中 $y$——校正吸光度；

$a$——校准曲线截距；

$b$——校准曲线斜率。

由斜率倒数求得校准因子：$B_s = 1/b$。

3. 样品测定

将吸收后的样品溶液移入50mL或100mL容量瓶中，用水稀释定容。取少于10mL。试样(吸取量视试样浓度而定)于25mL比色管中，用水定容至10.0mL标线，以下步骤按标准曲线绘制步骤进行分光光度测定。

4. 空白实验

用现场未采样空白吸收管的吸收液，按标准曲线绘制步骤进行空白测定。

## 四、计算

试样中甲醛的吸光度 $y$ 用下式计算：

$$y = A_s - A_b$$

式中　$A_s$——样品测定吸光度；

$A_b$——空白实验吸光度。

试样中甲醛含量 $x(\mu g)$ 用下式计算：

$$x = \frac{y - a}{b} \times \frac{V_1}{V_2}$$

式中　$V_1$——定容体积，mL；

$V_2$——测定取样体积，mL。

废气或环境空气中甲醛浓度 $C(mg/m^3)$ 用下式计算：

$$C = \frac{x}{V_{nd}}$$

## 注意事项

(1) 日光照射能使甲醛氧化，因此在采样时选用棕色吸收管，在样品运输和存放过程中，都应采取避光措施。

(2) 乙酰丙酮的纯度对空白实验吸光度有影响。乙酰丙酮应当无色透明，必要时需进行蒸馏精制。

## 思考题

1. 测定甲醛的方法还有哪几种？它们各有什么特点？
2. 甲醛对环境有哪些影响？

# 实验七　酚的测定

## 知识链接

酚类是指苯环或稠环上带有羟基的化合物，酚类化合物来自木材加工、造纸工业、制革工业、炼油、炼焦、石油化工颜料、纤维、塑料、橡胶、药物等工业生产排放的废气和废水中。除工业废水外，粪便和含氮有机物在分解过程中也产生酚类化合物，所以城市污水中所含粪便物也是水体中酚污染物的主要来源。另外，汽车排出的废气和香烟的烟中也含有微量的酚。

酚类中苯酚可经皮肤、呼吸道和消化道进入有机体，对人体细胞有直接损害作用，低浓度能使细胞蛋白变性，高浓度能使细胞蛋白凝固，也能使黏膜、心血管和中枢神经系统受到腐蚀、损害和抑制。我国生活饮用水标准规定，挥发酚不得超过0.002mg/L，农田灌溉水中酚含量应低于1mg/L。

## 一、实验原理

酚吸收于碱性溶液中，在氧化剂存在下，与4-氨基安替比林作用，生成红色安替比林染料，根据颜色深浅，比色测定。

氧化剂、硫化物及甲醛等对测定有干扰。

本法检出限为0.5μg/10mL(按吸光度0.02相应的酚含量计)，当采样体积为50L时，最低检出浓度为0.01mg/$m^3$。

## 二、仪器

(1) 大型气泡吸收管。

(2) 大气采样器：流量范围0~1L/min。

(3) 10mL具塞比色管。

(4) 分光光度计。

## 三、试剂

(1) 吸收液：取1L重蒸馏水，插入玻璃电极和甘汞电极，连好酸度计，搅拌下，逐渐加入碳酸钠固体(200~300mg)，至溶液pH值为10±0.2为止。

(2) 1%4-氨基安替比林溶液：在冰箱中保存，可用两周。

(3) 1%铁氰化钾溶液：若溶液变黑应弃去。

(4) 0.1mol/L溴酸钾溶液：称取2.784g溴酸钾(105℃干燥1h)和10g溴化钾，溶于水中，移入1000mL容量瓶中，用水稀释至标线。

(5) 0.1mol/L硫代硫酸钠标准溶液：配制和标定方法见二氧化硫测定中的方法A。

(6) 酚标准溶液：称取0.35~0.40g新蒸馏的苯酚(或色谱纯酚)，溶于水中，稀释至500mL。用碘量法标定其浓度。临用时用吸收液稀释成每毫升含5μg酚的标准溶液。

(7) 酚的精制：取适量融化的苯酚(将苯酚试剂瓶放在40~50℃温水中即得)，用100mL全玻璃蒸馏器加热蒸馏，收集182~184℃的馏分。精制酚为无色晶体，应储存于暗处。

(8) 酚溶液的标定：吸取10.00mL酚溶液于250mL碘量瓶中，加90mL水及10.00mL 0.1mol/L溴酸钾溶液，将碘量瓶塞子轻轻提起，从缝隙中加5mL浓盐酸，立即塞紧。摇动至有絮状物(三溴苯酚)出现，溶液应呈现溴($Br_2$)的浅棕黄色。用水封口，放置15~20min，气温高时应将碘量瓶浸在冷水浴中。用少量水淋洗瓶壁，迅速加入1g碘化钾晶体，再用水淋洗瓶壁，用水封口。置于暗处5min，用0.1mol/L硫代硫酸钠标准溶液滴定析出的碘，至溶液呈淡黄色时，加1mL新配制的0.5%淀粉指示剂，继续滴定至蓝色刚刚消失。

另取10mL水用同样方法进行空白滴定。

$$C=\frac{(V_0-V)\times c\times 15.67}{10.00}$$

式中　$C$——酚的浓度，mg/mL；

$V_0$——空白滴定所用硫代硫酸钠标准溶液体积，mL；

$V$——滴定样品所用硫代硫酸钠标准溶液体积，mL；

$c$——硫代硫酸钠标准溶液的浓度，mol/L；

15.67——1L 硫代硫酸钠标准溶液相当于酚的质量，g。

## 四、采样

串联 2 个各装 10mL 吸收液的大型气泡吸收管，以 1L/min 流量，采气 50L。

## 五、步骤

1. 标准曲线的绘制

取 7 支 10mL 比色管，按表 2.9 配制标准色列。

**表 2.9　标准色列**

| 管　号 | 0 | 1 | 2 | 3 | 4 | 5 | 6 |
|---|---|---|---|---|---|---|---|
| 5μg/mL 酚标准溶液/mL | 0 | 0.10 | 0.20 | 0.60 | 1.00 | 1.40 | 2.00 |
| 吸收液/mL | 10.00 | 9.90 | 9.80 | 9.40 | 9.00 | 8.60 | 8.00 |
| 酚含量/μg | 0 | 0.5 | 1.0 | 3.0 | 5.0 | 7.0 | 10.0 |

在各管中加入 0.10mL 1%4-氨基安替比林溶液，摇匀，再加 0.20mL 1%铁氰化钾溶液，摇匀，放置 15min。用 2cm 比色皿，于波长 500nm 处，以水为参比，测定吸光度。以吸光度对酚含量(μg)绘制标准曲线，或用最小二乘法计算标准曲线的回归方程式：

$$Y=bX+a$$

式中　$Y$——$(A-A_0)$，标准溶液吸光度$(A)$与试剂空白液吸光度$(A_0)$之差；

$X$——酚含量，μg；

$b$——回归方程式的斜率；

$a$——回归方程式的截距。

2. 样品测定

采样后，将吸收液分别移入两个比色管中，用少量吸收液洗涤吸收管，洗液并入比色管使总体积为 10mL，以下步骤同标准曲线的绘制。

## 六、计算

$$C=\frac{\{(A_1-A_0)-a\}+\{(A_2-A_0)-a\}}{bV_r}$$

式中　$C$——酚的浓度，mg/m$^3$，以苯酚计；

$A_1$——第一吸收管样品溶液吸光度；

$A_2$——第二吸收管样品溶液吸光度；

$A_0$——试剂空白液吸光度；
$b$——回归方程式的斜率；
$a$——回归方程式的截距；
$V_r$——换算为参比状态下的采样体积，L。

## 注意事项

绘制标准曲线时与测定样品时的温度差应不超过2℃。

## 思考题

1. 什么是酚类，酚的性质及对人体有哪些危害？
2. 酚类物质一般是保存在什么容器里？硅硼玻璃瓶和塑料瓶都可以吗？

# 实验八　大气中氮氧化物的测定

## 知识链接

大气中氮氧化物主要包括一氧化氮和二氧化氮，其中绝大部分来自于化石燃料的燃烧过程，包括汽车及一切内燃机所排放的尾气，也有一部分来自生产和使用硝酸的化工厂、钢铁厂、金属冶炼厂等排放的废气。动物实验证明，氮氧化物对呼吸道和呼吸器官有刺激作用，是目前导致支气管哮喘等呼吸道疾病不断增加的原因之一，二氧化氮与二氧化硫和浮游颗粒物共存时，其对人体的影响不仅比单独二氧化氮对人体的影响严重得多，而且也大于各自污染物之和。对人体的实际影响是各污染物之间的协同作用。因此大气氮氧化物的监测分析是环境保护部门日常工作的重要项目之一。

完成了本实验的学习之后，熟知大气中氮氧化物的测定方法。

## 一、实验原理

大气中的氮氧化物主要是一氧化氮和二氧化氮。测定时先用三氧化铬氧化管将一氧化氮氧化成二氧化氮，二氧化氮被吸收液吸收后，生成亚硝酸和硝酸，其中亚硝酸与对氨基苯磺酸发生重氮化反应，再与盐酸萘乙二胺偶合，生成玫瑰红色偶氮染料，根据颜色的深浅，在540nm处进行分光光度法测定。

本方法适用于大气中氮氧化物的测定，检出限为0.01μg/mL，可测定大气中氮氧化物浓度范围为0.01~20mg/m$^3$。大气中二氧化硫浓度为氮氧化物浓度的10倍时，对氮氧化物的测定无干扰；30倍时，使颜色有少许减退。臭氧浓度大于氮氧化物浓度5倍时，对氮氧化物的测定略有干扰。过氧乙酰硝酸酯(PAN)使试剂显色而干扰，但在一般环境大气中PAN浓度甚低，不会导致显著误差。

## 二、仪器、药品和设备

(1) 多孔玻板吸收管(棕色，125mL)。

(2) 双球玻璃管(内装三氧化铬-石英砂)。

(3) 空气采样器。

(4) 分光光度计。

(5) 具塞比色管(10mL)。

(6) 三氧化铬-石英砂氧化管。

(7) 亚硝酸钠标准溶液(5μg/mL)。

(8) 对氨基苯磺酸。

(9) 乙酸。

(10) 盐酸萘乙二胺。

## 三、实验所需溶液的配制

除非另有说明，分析时均使用符合国家标准的分析纯试剂和不含亚硝酸根的蒸馏水或同等纯度的水。

水纯度的检验方法要求吸收液的吸光度不得超过0.005。

1. 吸收液

(1) 吸收液原液：称取5.0g对氨基苯磺酸直接放入1000mL容量瓶中，将加入50mL冰乙酸和900mL水的混合液，盖上瓶塞，轻轻摇动，对氨基苯磺酸完全溶解后，加入0.050g盐酸萘乙二胺，溶解后，用水稀释至刻度。此为吸收原液，储存于棕色瓶中，低温避光保存。

(2) 吸收采样液：由4份吸收原液和1份水混合配制。该吸收液的吸光度不超过0.050。

2. 三氧化铬-石英砂氧化管

筛取20~40目约20g石英砂，用(1+2)盐酸浸泡一夜，用水洗至中性，烘干。把三氧化铬及石英砂按质量比(1∶40)混合，加少量水调匀，放在红外线灯下或烘箱里于105℃烘干，烘干过程中应搅拌几次。制好的三氧化铬-石英砂应是松散的，若粘在一起，可适当增加一些石英砂重新制备。

将此砂装入双球玻璃管中(约8g)，两端用少量脱脂棉塞好，放在干燥器中保存，使用时氧化管与吸收管之间用一小段乳胶管连接。采集的气体尽量少与乳胶管接触，以防氮氧化物被吸附。

3. 亚硝酸钠标准溶液(5μg/mL)

(1) 100μg/mL亚硝酸钠标准贮备液　准确称量0.1500g粒状亚硝酸钠(预先在干燥器内放置24h)，溶于水，移入1000mL容量瓶中，用水稀释至刻度，贮于棕色瓶中存于冰箱，可稳定三个月。

(2) 5μg/mL亚硝酸钠标准溶液　吸取贮备液5.00mL于100mL容量瓶中，用水稀释至标线，摇匀。

## 四、实验步骤

1. 标准曲线的绘制

取7支10mL具塞比色管，按表2.10配制标准系列。

表2.10 亚硝酸盐标准色列

| 类别 | 管号 | | | | | | |
|---|---|---|---|---|---|---|---|
| | 1 | 2 | 3 | 4 | 5 | 6 | 7 |
| 亚硝酸钠标准溶液/mL | 0.00 | 0.10 | 0.20 | 0.30 | 0.40 | 0.50 | 0.60 |
| 吸收原液/mL | 4.00 | 4.00 | 4.00 | 4.00 | 4.00 | 4.00 | 4.00 |
| 水/mL | 1.00 | 0.90 | 0.80 | 0.70 | 0.60 | 0.50 | 0.40 |
| 亚硝酸根含量/μg | 0 | 0.5 | 1.0 | 1.5 | 2.0 | 2.5 | 3.0 |

将以上各管摇匀，避开阳光直射，放置20min，用1cm比色皿，以水为参比，在540nm波长处测定吸光度。以吸光度对亚硝酸根含量(μg)绘制标准曲线，或用最小二乘法计算标准曲线的回归方程式：

$$Y=bX+a$$

式中 $Y$——标准溶液吸光度与试剂空白溶液吸光度之差，$Y=A-A_o$；

$X$——亚硝酸根含量，μg；

$a$——回归方程式的截距(由斜率倒数求得校正因子：$B_s=1/b$)；

$b$——回归方程式的斜率。

2. 采样

用一支内装5.00mL采样液的多孔玻板吸收管，进气口接氧化管，并使管口略微向下倾斜，以免潮湿空气将氧化剂弄湿，而污染吸收液。将吸收管的出气口与大气采样器相连接，以0.3L/min的流量抽取空气2~12L，采样至吸收液呈浅玫瑰红色为止，记录采样时间、地点、温度、大气压力，密封好采样管，避光带回实验室，当日测定。

3. 样品测定

采样后，放置15min，将样品溶液直接移入1cm比色皿中，按绘制标准曲线的方法和条件测定试剂空白溶液和样品溶液的收光度。

## 五、结果计算

样品中氮氧化物的含量以$NO_2$计：

$$c=\frac{(A-A_o)-a}{0.76\times b\times V_o}$$

式中 $c$——样品中氮氧化物浓度，$mg/m^3$；

$A$——样品溶液的吸光度；

$A_o$——试剂空白溶液的吸光度；

$a$——回归方程的截距；

$b$——回归方程的斜率；

$V_0$——换算为标准状况下的采样体积，L；

0.76——$NO_2$(气)转换为$NO_2^-$(液)的系数。

## 注意事项

(1) 吸收液应避光，且不能长时间暴露在空气中，以防止光照使吸收液显色或吸收空气中的氮氧化物而使试剂空白值增加。

(2) 氧化管适于在相对湿度为30%~70%时使用，当空气相对湿度大于70%时应勤换氧化管，小于30%时，则在使用前，用经过水面的潮湿空气通过氧化管，平衡1h。使用时，应经常注意氧化管是否吸湿引起板结，或者变成绿色。若板结会使采样流阻力增大，影响流量，若变成绿色，表示氧化管已失效。

(3) 亚硝酸钠(固体)应密封保存，防止空气及湿气侵入。部分氧化成硝酸钠或呈粉末状的试剂都不能用直接法配制标准溶液，若无颗粒状亚硝酸钠试剂，可用高锰酸钾容量法标定出亚硝酸钠贮备溶液的准确浓度后，再稀释为含5.01μg/mL亚硝酸根的标准溶液。

(4) 绘制标准曲线，向各管中加亚硝酸钠标准溶液时，都应均匀、缓慢地加入，曲线的线性较好。

(5) 吸收液若受三氧化铬污染，溶液呈黄棕色，该样品应报废。

## 思考题

1. 氮氧化物对人体有哪些危害作用？
2. 产生光化学烟雾需要哪些条件？
3. 根据实验测定数据，判断周围环境中氮氧化物污染情况。

# 实验九　室内空气中总挥发性有机物的测定
# ——毛细管气相色谱法

## 知识链接

室内是人们生活与工作的场所，室内的总挥发性有机化合物(TVOC)在常温下以蒸气的形式存在于空气中。TVOC有嗅味，有刺激性，而且有些化合物具有基因毒性。目前认为，TVOC能引起机体免疫水平失调，影响中枢神经系统功能，导致头晕、头痛、嗜睡、无力、胸闷等症状；还可能影响消化系统，出现食欲缺乏、恶心等，严重时可损伤肝脏和造血系统，出现变态反应等。我国国家标准规定室内的TVOC为不超过0.60mg/$m^3$。由于TVOC是一个较为笼统的概念，世界卫生组织(WHO)、美国环境保护署(EPA)等对TVOC的定义也不尽相同。为了使TVOC标准执行具有可操作性，我国将其具体规定为气相色谱保留时间在正己烷和正十六烷之间的所有化合物。

## 一、实验原理

目前，TVOC 的测定方法一般为先吸附剂吸附，然后解吸进入气相色谱进行分离、定性与定量。

因此，需选择合适的吸附剂，如 Tenax TA。这是一种 2，6-二苯基对苯醚的多孔聚合物担体，具有良好的耐温性(极低流失)，广泛应用于有机挥发物和半挥发物的吸附，也可用于捕集-热解吸前处理，是 EPA 和美国职业安全与健康国立研究所的指定填料。用吸附管采集一定体积的空气样品，空气流中的挥发性有机化合物保留在吸附管中。采样后，将吸附管加热，解吸挥发性有机化合物，待测样品随惰性载气进入毛细管气相色谱仪。用保留时间定性、峰高或峰面积定量。

本方法适用于浓度范围为 0.5~100mg/m$^3$的空气中 TVOC 的测定。其精密度为：根据待测物的不同，在吸附管上加入 10μg 标准溶液，Tenax TA 的相对标准偏差范围为 0.4%~2.8%。其准确度为：在 20℃、相对湿度为 50%的条件下，在吸附管上加入 10mg/m$^3$的正己烷，Tenax TA、Tenax GR(5 次测定的平均值)的总不确定度为 8.9%。

## 二、仪器与试剂

(1) 气相色谱仪。配备氢火焰离子化检测器、质谱检测器或其他合适的检测器，其色谱柱为非极性(极性指数小于 10)石英毛细管柱。

(2) 热解吸仪。能对吸附管进行二次热解吸，将解吸气用惰性气体载带进入气相色谱仪，解吸温度、时间和载气流速是可调的，并带有冷阱，可将解吸样品进行浓缩。

(3) 空气采样器。

(4) 吸附管。外径 6.3mm、内径 5mm、长 90mm 或 180mm 内壁抛光的不锈钢管或玻璃管，吸附管的采样入口一端有标记，吸附管可以装填一种或多种吸附剂，应使吸附层处于解吸仪的加热区。根据吸附剂的相对密度，吸附管中可装填 200~1000mg 的吸附剂，管的两端用不锈钢网或玻璃纤维堵住，如果在一支吸附管中使用多种吸附剂，吸附剂应按吸附能力增强的顺序排列，并用玻璃纤维隔开，吸附能力最弱的装填在吸附管的采样入口端。

(5) 注射器。可精确读出 0.1μL 的 10μL 液体注射器，可精确读出 0.1μL 的 10μL 气体注射器，可精确读出 0.01mL 的 1mL 气体注射器。

(6) 液体外标法制备标准系列的注射装置。常规气相色谱进样口，可以在线使用，也可以独立装配，保留进样口载气连线，进样口下端可与吸附管相连。

(7) TVOC 基准试剂(市场上有售，其中应含有甲苯，否则需添加甲苯)。

(8) TVOC 标准溶液(气体)。需用时，将 TVOC 基准试剂用高纯氮(稀释溶剂)配成所需浓度的标准溶液或标准气体。

(9) 吸附剂。Tenax TA 吸附剂粒径为 0.25~0.18mm(60~80 目)，吸附剂在装管前应在其最高使用温度下，用惰性气流加热活化处理过夜。为了防止二次污染，吸附剂应在清洁空气中冷却至室温，储存和装管。解吸温度应低于活化温度。由制造商装好的吸附管使用前也需活化处理。

(10) 稀释溶剂。液体外标法所用的稀释溶剂应为色谱纯，在色谱流出曲线中应与待测化合物分离。

(11) 99.999%高纯氮。

(12) 分析过程中使用的试剂应为色谱纯，如果为分析纯，需经纯化处理，保证色谱分析无杂峰。

## 三、实验步骤

1. 用大气采样器和 TVOC 吸附管到现场采样

将吸附管与采样泵用塑料或硅橡胶管连接。打开采样泵，调节流量(一般为 0.5L/min)，以保证在适当的时间内获得所需的采样体积(1~10L)。如果 TVOC 量超过 1mg，采样体积应相应减少。记录采样开始和结束时的时间、采样流量、温度和大气压力。

采样后将管取下，密封管的两端或将其放入可密封的金属或玻璃管中，采集空气中的 TVOC 的吸附管带入实验室检测，样品可保存 14d。

2. 色谱分析条件

可选择膜厚度为 1~5μm 50m×0.22mm 的石英柱，固定相可以是二甲基硅氧烷或 7%的氰基丙烷、7%的苯基、86%的甲基硅氧烷。氢火焰离子化检测器(FID)：260℃。汽化温度：260℃。柱操作条件为程序升温，初始温度 50℃保持 10min，以 5℃/min 的速率升温至 250℃至出峰完毕。

3. 样品的解吸和浓缩

将吸附管安装在热解吸仪上，加热，使有机蒸气从吸附剂上解吸下来，并被载气流带入冷阱，进行预浓缩，载气流的方向与采样时的方向相反。然后以低流速快速解吸，经传输线进入毛细管气相色谱仪。传输线的温度应足够高，以防止待测成分凝结。解吸条件如表 2.11 所示。

**表 2.11　解吸条件**

| 项　目 | 条　件 | 项　目 | 条　件 |
|---|---|---|---|
| 解吸温度 | 250~325℃ | 冷阱的加热温度 | 250~350℃ |
| 解吸时间 | 5~15min | 冷阱中的吸附剂 | 如果使用，一般与吸附管相同，40~100mg |
| 解吸气流量 | 30~50mL/min | 载气 | 氦气或高纯氮气 |
| 冷阱的制冷温度 | -180~20℃ | 分流比 | 样品管和二级冷阱之间以及二级冷阱和分析柱之间的分流比应根据空气中 TVOC 的浓度来选择 |

4. 标样制备与定量分析

(1) 气体外标法：用泵准确抽取 100μg/m³ 的标准气体 100mL、200mL、400mL、IL、2L、4L、10L，通过吸附管制备标准系列。

(2) 液体外标法：利用进样装置取 1~5μL 含液体组分 100μg/mL 和 10μg/mL 的标准溶液注入吸附管，同时用 100mL/min 的惰性气体通过吸附管，5min 后取下吸附管密封，制备标准系列。

（3）按上述条件先做标样吸附管分析，出图后用外标法求出其校正曲线。用热解吸气相色谱法分析吸附管标准系列，以扣除空白后峰面积为纵坐标，以待测物质量为横坐标，绘制标准曲线。

5. 样品分析

每支样品吸附管按绘制标准曲线的操作步骤（相同的解吸和浓缩条件及色谱分析条件）进行分析，用保留时间定性分析、峰面积定量分析。

## 四、数据处理

1. VOC 的计算

应对保留时间在正己烷和正十六烷之间所有化合物进行定量分析。

根据各单一化合物的标准曲线，对尽可能多的 VOC 定量，至少应对十个最高峰进行定量，最后与 TVOC 一起列出这些化合物的名称和浓度。

用甲苯的响应系数 $k_{甲苯}$ 计算未鉴定的挥发性有机化合物的浓度。

如果检测到的化合物超出 TVOC 定义的范围，那么这些信息应该添加到 TVOC 值中。

按上述方法，积分结果表中可直接得到采样管中 VOC 各组分的含量 $M_i$，单位为 μg。因空白吸附管中也可能有一些 VOC 峰出现，需扣除，这样得到每个组分的浓度 $c_i$。

2. 求 TVOC 的总量

$$TVOC(\text{mg/m}^3) = \sum c_i/1000$$

如果在上述步骤中未求出每一个化合物的 $c_i$，则可根据积分表中各组分的 $M_i$，求出 $M_{总}$：

$$M_{总} = M_1 + M_2 + M_3 + \cdots + M_i + \cdots + M_n$$

总量中包括未定性的挥发性化合物含量 $M_{未} = k_{甲苯} \times \sum A_{未}$，即未识别定性的物质的量以甲苯的响应系数计算，其中 $\sum A_{未}$ 为未识别定性的物质色谱峰面积总和。

（1）求出空气中实际的 TVOC 总量：

$$M_{实} = M_{总} + M_{未} - M_{空白总}$$

（2）求出所测室内空气中 TVOC 的浓度：

$$c_{总}(\text{mg/m}^3) = \frac{M_{实}(\mu\text{g})}{V_o(\text{L})}$$

校正到标准状态下的采样体积 $V_o$ 为：

$$V_o(\text{L}) = V_{采} \times \left(\frac{T_o}{273 + t}\right) \times \left(\frac{p}{p_o}\right)$$

空气样品中待测组分的浓度按下式计算：

$$C = \left[\frac{(m - m_o)}{V_o}\right] \times 1000$$

式中 $C$——空气样品中待测组分的浓度，μg/m³；

$m$——样品管中组分的质量，μg；

$m_o$——空白管中组分的质量，μg；

$V_0$——标准状态下的采样体积，L。

## 注意事项

采样前处理与活化采样管和吸附剂，能使干扰减到最小；选择合适的色谱柱和分析条件，本法能将多种挥发性有机物分离，使共存物干扰问题得以解决。

## 思考题

1. 样品解吸系统为何需要冷阱？

2. 对无标样挥发性物质的含量计算为何需用甲苯响应系数 $k$？甲苯的响应系数 $k$ 又是如何获得的？

3. 所测得的 TVOC 是否包含了全部挥发性有机物？

# 实验十　大气中苯系化合物的气相色谱测定

## 知识链接

苯系化合物的来源主要有化工、炼油、炼焦等工业废水和废弃物，由于其种类很多，一般主要测定的是苯、甲苯、乙苯、二甲苯等化合物。苯、甲苯、乙苯、二甲苯都是无色、有芳香味、有挥发性、易燃的液体，微溶于水，由于易溶于乙醚、乙醇、氯仿和二硫化碳等有机溶剂，在空气中以蒸气状态存在。

## 一、实验原理

色谱法是一种分离分析技术。气相色谱法是以气体作为流动相，当它携带欲分离的混合物经固定相时，由于混合物中各组分的性质不同，与固定相作用的程度也有所不同，因而组分在两相间具有不同的分配系数，经过多次的分配之后，各组分在固定相中的滞留时间有长有短，从而使各组分依次先后流出色谱柱而得到分离。

对于多个苯系化合物，目前广泛应用气相色谱法进行测定，特点是可以同时测定，灵敏度高。本方法采用活性炭吸附管富集空气中的苯、甲苯、乙苯、二甲苯，用二硫化碳解吸后，进气相色谱仪进行定性、定量分析。

## 二、仪器与试剂

(1) 气相色谱仪。具有氢焰离子化检测器。

(2) 流量为 0~1L/min 空气采样器。

(3) 活性炭吸附管。长 10cm，内径 20~50 目粒状活性炭 0.5g(活性炭预先在 350℃灼烧 3h，放冷后备用)，分 A、B 两段，中间用玻璃棉隔开。

(4) 容量瓶。

(5) 二硫化碳(分析纯)，使用前必须纯化，并经色谱检验，无干扰峰即可。

(6) 标准化合物储备液。苯、甲苯、乙苯、二甲苯均为色谱纯，用二硫化碳配制每毫升含标准化合物 5~10μg。

## 三、实验步骤

1. 采样

用乳胶管将活性炭吸附管 B 端与空气采样器连接，并垂直放置，以 0.5L/min 流量采集气体 10L，取下采样管后两端用乳胶管密封。

2. 苯系化合物系列标准液

标准化合物储备液分别用二硫化碳配制成含苯、甲苯浓度为 2ng/μL、4ng/μL、6ng/μL、8ng/μL、10ng/μL，含乙苯、对二甲苯、邻二甲苯、间二甲苯浓度为 4ng/μL、8ng/μL、12ng/μL、16ng/μL、20ng/μL 的系列标准液，取标准液 2.00mL 放入 5mL 的容量瓶中，加入 0.25g 活性炭，振摇 2min，再放置 20min 后，取 2.00~5.00μL，进样分析。

3. 样品萃取

将采样管 A、B 两段的活性炭，分别移入 2 只 5mL 的容量瓶中，加入 2.00mL 的二硫化碳，振摇 2min，放置 20min 后，取 2.00~5.00μL，进样分析。

4. 气相色谱测定

用注射器抽取 2μL 标准系列液注入色谱仪，分别测定苯、甲苯、乙苯、对二甲苯、间二甲苯、邻二甲苯的峰高(或面积)值，记录保留时间，再用注射器抽取 2μL 萃取的试样注入色谱仪，测量其峰高值及保留时间。

## 四、数据处理

1. 气相色谱仪的测试条件

色谱柱：PEG-6000，长 3m，内径 4mm 的不锈钢柱。

温度：柱温 90℃，检测器 150℃，汽化室 200℃。

气体流速：氮气 25mL/min，空气 300mL/min，氢气 30mL/min。

2. 绘制标准曲线

进样分析后，以保留时间及峰高(或面积)定性分析。峰高值对浓度绘制各组分的标准曲线。再从标准曲线上读取对应样品峰高值的含量值。

按下列公式计算：

$$C_i = \frac{W_1 + W_2}{V_n}$$

式中 $C_i$——样品中 $i$ 组分的含量，mg/m³；

$W_1$——A 段活性炭解吸液中该组分含量，μg；

$W_2$——B 段活性炭解吸液中该组分含量，μg；

$V_n$——标准状况下的采样体积，L。

## 五、结果讨论

(1) 本法同样适用于测定丙酮、苯乙烯、乙酸乙酯、乙酸丁酯、乙酸戊酯的测定。

(2) 分析时色谱条件应根据色谱仪的条件进行设置，色谱柱也可采用毛细管柱，这时需要注意的是进样量，进样量需要减少。

(3) 应注意取样和进样量必须准确。

## 思考题

1. 实验中为什么应注意取样和进样量的准确？如果用内标法呢？
2. 在测定苯系化合物时，是否还有其他采样方法？它们各有哪些特点？

# 实验十一　高效液相色谱法测定环境样品中多环芳烃

### 知识链接

高效液相色谱是在经典液相色谱的基础上发展起来的。液相色谱是指流动相为液体的色谱技术，高效液相色谱在技术上采用了高压泵、高效固定相和高灵敏度检测器，从而实现分析速度快、分离效率高和操作自动化。

## 一、实验原理

1. 高效液相色谱的原理与方法

高效液相色谱仪的基本结构如图 2.1 所示。

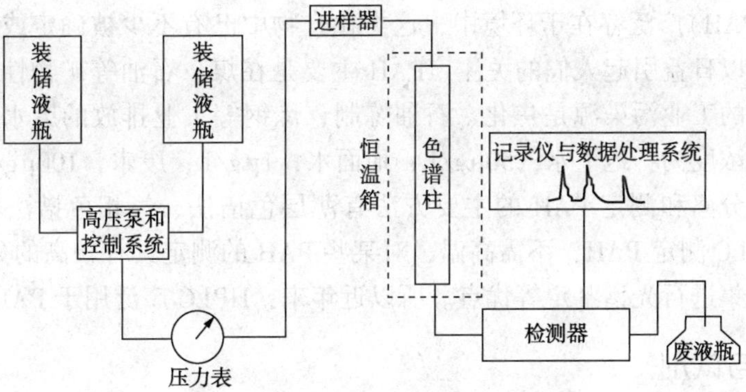


图 2.1　高效液相色谱仪结构示意图

1) 高压

液体色谱以液体作为流动相(常称载液)，当液体流经色谱柱时，受到的阻力较大，为了能迅速地通过色谱柱，必须对载液施加高压。在高效液相色谱中液体压力和进样压力都很高，一般可达 14.7~29.42MPa，有时甚至可达 49.3MPa 以上。高压是高效液相色谱的一个突出特点。

2) 高速

高效液相色谱所需的分析时间较经典液相色谱少得多，一般都低于 1h。例如，分离苯的羟基化合物，7个组分只需1min就能完成。载液在色谱柱内的流速比经典液体色谱高得多，一般为1mL/min以上，已近似于气相色谱的流速。

3）高效

高效液相色谱的核心是色谱柱，通常是以耐高压不锈钢为柱材料，内填充$\phi 3 \sim 10\mu m$固定相(一般为化学键合固定相)。柱效可达每米5000～20000个塔板，使分离效果和分辨能力都大大提高，有时一根色谱柱可以分离100种以上的组分。

4）高灵敏度

高效液相色谱已广泛采用高灵敏度的检测器，进一步提高了分析的灵敏度。例如，紫外检测器的最小检测量可达$10^{-9}g$数量级；荧光检测器的灵敏度可达$10^{-12}g$。高效液相色谱的高灵敏度还表现在所需试样很少，微升数量级的样品就足以进行全分析。

由于高效液相色谱具有以上的突出优点，在目前的色谱文献中，又把它称为高压液相色谱、高速液相色谱或现代液相色谱。

5）分离机理

色谱分离的核心是待测物质在固定相和流动相之间的分配。液相色谱的分离机理可分为液液分配色谱、液固吸附色谱、离子交换色谱和凝胶渗透色谱。目前，液液分配色谱也远非经典概念上的定义，主要是使用了键合固定相，即在硅胶微粒表面化学键合上一层有机相。这种有机相既能起固定液的作用，又能长期保留在硅胶载体上。这种键合相的分离机理至今还不完全清楚，一般认为既有液-液分配，又有吸附作用。现在，键合固定相被广泛使用，约占全部固定相的90%，其中以$C_{18}$为化学键合相又占到80%，因为它们的分离效率高。

2. 环境中多环芳烃化合物

多环芳烃(PAH)广泛存在于环境中，这类化合物中已有不少被确定或怀疑具有致癌或致突变作用，所以日益引起人们的关注。PAH主要是在煤、石油等矿物性燃料不完全燃烧时产生的，主要的工业污染源是焦化、石油炼制、炼钢等工业排放的废水和废气。在各种水中的最高允许浓度为：地下水，50μg/L；地面水，1μg/L；废水，100μg/L。

目前国内外分离和测定PAH的主要方法有薄层色谱法、气相色谱法和高效液相色谱法(HPLC)。HPLC测定PAH，不需高温，对某些PAH的测定具有较高的分辨率和灵敏度，柱后馏分便于收集进行光谱鉴定等优点。所以近年来，HPLC广泛用于PAH的测定。

## 二、仪器与试剂

(1) 高效液相色谱仪：可调波长紫外检测器。

(2) 色谱柱：$C_{18}$反相柱。

(3) 中流量采样器。

(4) 滤膜：8cm超细玻璃纤维滤膜。

(5) 索氏提取器。

(6) K-D浓缩器。

(7) PAH标准样品：荧蒽、苯并[b]荧蒽、苯并[k]荧蒽、苯并[a]芘、苯并[g，h，i]苝、茚并[1，2，3-cd]芘。如无PAH标样，可用烷基取代苯系列(苯、甲苯、二甲苯、三甲苯、乙苯、二乙苯等）。

（8）流动相用水为二次蒸馏水，甲醇为色谱级。

（9）其他试剂皆为分析纯。

## 三、实验步骤

1. 采样

（1）每张滤膜使用前均需用光照检查，不得使用有针孔或有任何缺陷的滤膜采样。

（2）采样滤膜在称量前需在平衡室内平衡 24h，然后在规定条件下迅速称量，读数准确至 0.1mg，记下滤膜的编号和质量，将滤膜平展地放在光滑洁净的纸袋内，然后储存于盒内备用；采样前，滤膜不能弯曲或折叠。

平衡室放置在天平室内，平衡温度在 20～25℃，温度变化小于±3℃，相对湿度小于 50%，湿度变化小于 5%。天平室温度应维持在 15～30℃。

（3）采样时，将恒量的滤膜用小镊子取出，“毛”面向上，将其放在采样夹的网托上（网托事先用纸擦净），放上滤膜夹，拧紧采样器顶盖，然后开机采样，调节采样流量为 100L/min。

（4）采样开始后 5min 和采样结束前 5min 记录一次流量。一张滤膜连续采样 24h。

（5）采样后，用镊子小心取下滤膜，使采样“毛”面朝内，以采样有效面积长边为中线对折，将折叠好的滤膜放回表面光滑的纸袋并储存于盒内。

（6）记录采样期的温度、压力。

2. 样品预处理

（1）PAH 的萃取。将颗粒物样品滤膜（“毛”面朝里）折叠后，小心放入索氏提取器的渗滤管中，注意不要让滤膜堵塞回流管，渗滤管上下部分分别与冷凝管和接收瓶连接好，加入 40mL 环己烷，置于温度为（98±1）℃的水浴锅中进行回流。要求水面要达到接收瓶高度的 2/3，连续回流 8h。

（2）PAH 的分离及浓缩。称取含水量 10%（质量分数）的氟罗里土 6g，制成环己烷浆液，装入内径为 10mm 的玻璃柱内，将环己烷回流液通过层析柱。用 10～20mL 环己烷分 3 次洗涤索氏提取器，洗涤液过柱。

用 75～100mL 二氯甲烷-丙酮[（8∶1）～（4∶1），体积比]的洗脱液浸泡层析柱（40～60min），再用 50～60mL 洗脱液洗脱（流速控制在 2mL/min 左右）。将全部洗脱液接入浓缩装置，在水浴（60～70℃）上浓缩至预定体积（0.3～0.5mL），氮气吹干，加入 1mL 甲醇摇匀，转入色谱进样瓶中，供 HPLC 分析。

3. HPLC 分析

（1）色谱条件（供参考，可根据仪器及柱型选用最适合的条件）。

单泵：流动相为 95%二次蒸馏水+5%甲醇。

程序洗脱（双泵或多泵系统）：A 溶剂，85%二次蒸馏水+15%甲醇；B 溶剂，100%甲醇。

流速：0.5mL/min。

程序洗脱：75%B 溶剂保持 8min，然后以每分钟 1%B 溶剂的速度线性增加至 92%B 溶剂，保持至出峰完，平衡 15min。

柱温：30℃。

进样量：5~10μL。

检测器：254nm 或可调波长于 276nm；如有荧光检测器可用以检测 PAH，需要选择好激发波长与发射波长。

(2) PAH 的测定。按以上色谱条件，分析标样，得到 PAH 标样的色谱图，并分析未知样品，得到样品色谱图。以保留时间定性，按外标法计算样品中各个 PAH 的浓度。也可将 PAH 配成标准系列，测定不同浓度的响应，并绘制响应曲线(工作曲线)，即可得样品中 PAH 的含量。

## 四、数据处理与计算

$$\text{PAH 的含量}(\mu g/m^3)=\frac{A_0\times H\times V_t}{V_i\times V_s}$$

式中 $A_0$——标样浓度×进样体积/标样峰高，μg/mm；

$H$——样品峰高，mm；

$V_t$——样品浓缩液体积，μL；

$V_i$——样品进样体积，μL；

$V_s$——大气样品体积，$m^3$。

## 注意事项

(1) 本实验分析对象为致癌物。因此，要有保护措施，如使用一次性塑料手套。

(2) 整个操作要在避光条件下进行，防止 PAH 分解。

(3) 配备标样的溶剂必须能与流动相很好地混合，否则在色谱分析时可能会出现误差。

(4) 本实验未使用内标，进样量应力求准确。

## 思考题

1. 本实验是否可以使用正相色谱柱，如硅胶柱？为什么？
2. 本实验是否可以使用内标？如可以，应如何选择内标？
3. 使用高效液相色谱法准确测定环境样品时应主要注意什么？

# 第三模块　催化剂分析

## 学习任务

| | |
|---|---|
| 任务目标 | 1. 知识目标<br>(1)了解催化剂的常见质量指标<br>(2)掌握催化剂试样的分解方法<br>(3)了解常见催化剂的完整测定过程 |
| | 2. 能力目标<br>(1)能正确按步骤操作，完成测定<br>(2)测定的准确性达到要求 |
| | 3. 素质目标<br>具备运用学习的技术解决实际问题的能力 |
| 任务内容 | 1. 讲述实验原理，操作技巧<br>2. 讲述如何控制实验条件，注意事项 |

## 任务分析

本模块通过学习掌握对催化剂质量指标的测定技术。对试样分解技术要重点了解。对催化剂系统测定有所了解。

具体提要求：

1. 学会每个实验的化学分析方法、仪器分析方法的操作技术；
2. 学会试样分解方法；
3. 学会理化指标的测定的。

## 知识链接

催化剂宏观物性测定，是指催化剂的比表面、孔结构和催化剂密度、颗粒度及机械强度等性质。由于石油化工生产中使用的催化剂常为多孔性的，且多相催化反应都是在催化剂表面进行，因此，当化学反应由多孔性催化剂所催化时，便能表现出一般催化反应的规律，如加快反应速度。而且还有其特殊规律，如催化剂孔结构不同时，将直接影响反应速率，影响一系列动力学参数(反应级数、速度常数、活化能等)以及选择性；还能影响催化剂的寿命、机械强度和耐热性等。总的来说，催化剂的性能与催化剂的宏观结构是密切相关的。所以宏观物性的测定是研究催化剂的一个重要方面。它对改进催化剂的选择性，提高产率具有重要意义。

# 实验一　微球裂化催化剂试样溶液制备法(盐酸抽提法)

## 知识链接

本标准规定了硅酸铝微球、9%低铝微球、9%和15%高铝微球裂化催化剂试样溶液的制备方法。

本标准适用于硅酸铝微球、9%低铝微球、9%和15%高铝微球裂化催化剂试样溶液的制备。

## 一、方法原理

在一定温度下，试样经盐酸抽提，氧化铝、氧化铁、氧化钠生成溶于水的氯化物，与硫酸根一起进入溶液。过滤分离二氧化硅后，滤液供测定各成分的含量。

## 二、仪器与试剂

(1) 瓷蒸发皿：300mL。
(2) 烧杯：600mL、800mL。
(3) 容量瓶：200mL。
(4) 漏斗。
(5) 定量滤纸：中速。
(6) 浓盐酸：分析纯。
(7) 分析天平：1/10000。
(8) 电炉。

## 三、测量步骤

称取试样2~2.5g(称准至0.0002g)于瓷蒸发皿中，以少量蒸馏水湿润，加20mL(或25mL)浓盐酸，放在水浴上蒸发至糊状。再加10mL或20mL浓盐酸，继续蒸发至糊状。在蒸发过程中要经常搅拌。取下蒸发皿，用少量蒸馏水吹洗器壁四周，将溶液用中速定量滤纸过滤到200mL容量瓶中，再用热蒸馏水洗至滤液无氯离子(用1%硝酸银溶液试之)，冷到室温后，用蒸馏水稀释至刻度，摇匀。此液称为“主液”，以供测定氧化铝、氧化铁、氧化钠、硫酸根等成分用。浓盐酸加入量见表3.1。

表 3.1　浓盐酸加入量

| 催化剂名称 | 硅铝 9%低铝微球 | 9%、15%高铝微球 | 催化剂名称 | 硅铝 9%低铝微球 | 9%、15%高铝微球 |
|---|---|---|---|---|---|
| 第一次/mL | 20 | 25 | 第二次/mL | 10 | 20 |

## 思考题

了解催化剂试样溶液制备的过程和注意事项。

# 实验二　微球裂化催化剂试样溶液制备法<br>（氯化铵抽提法）

## 知识链接

本标准规定了硅酸铝微球、9%低铝微球、9%和15%高铝微球中间控制及稀土Y型分子筛中间控制的试样溶液的制备方法。

本标准适用于硅酸铝微球、9%低铝微球、9%和15%高铝微球中间控制及稀土Y型分子筛中间控制的试样溶液的制备。

## 一、方法原理

在一定温度下，试样经酸性氯化铵抽提，氧化铝、氧化钠、氧化铁、氧化稀土生成溶于水的氯化物进入溶液。过滤分离二氧化硅后，滤液供测定各组分的含量。

## 二、仪器与试剂

（1）称量瓶。
（2）瓷蒸发皿：300mL。
（3）烧杯：800mL。
（4）漏斗。
（5）定量滤纸：中速。
（6）分析天平：1/10000。
（7）酸性氯化按：5%。
（8）容量瓶：200mL。
（9）恒温干燥箱。

## 三、测定步骤

用称量瓶以减量法称取1~1.5g(或0.5~0.6g)样品于瓷蒸发皿中，以少许蒸馏水润湿，加入酸性氯化铵溶液20mL，于水浴上蒸发。蒸发过程，每隔5~6min必须搅拌一次，以抽提完全。同时用玻璃棒压碎结团。蒸发至糊状，以热水及中速定量滤纸洗滤液于200mL容量瓶中，洗至无氯离子(用1%硝酸银检验)。滤液冷却至室温后稀释至刻度，称为主液，以备测定 $Na_2O$、$RE_2O_3$、$Al_2O_3$和 $Fe_2O_3$。

## 四、称样

(1) 称样量见表3.2。

**表3.2 称样量**

| 名　称 | 催化剂 | 分子筛 |
|---|---|---|
| 称样量 | 1~1.5g | 0.5~0.6g |

(2) 将采来的分子筛滤饼样在(110±5)℃烘箱内烘1h研细后，再称样处理。

(3) 制备溶液的试样，应与测定的称样量的试样同时称取。

### 思考题

了解催化剂试样溶液制备的过程和注意事项。

# 实验三　小球裂化催化剂堆积密度测定法

### 知识链接

本标准规定了硅酸铝小球、分子筛小球裂化催化剂堆积密度的测定方法。本标准适用于硅酸铝小球、分子筛小球裂化催化剂堆积密度的测定。

## 一、方法概要

将小球催化剂在规定的量筒中敲击填实，测定单位体积的质量。

## 二、仪器

(1) 具塞量筒：100mL刻线，其内径与100mL刻线处高度的比例为1∶7~1∶10，带磨口塞。

(2) 托盘天平：感量0.5g，称量500g。

## 三、测定步骤

将均匀的试样倒入已知量的具塞量筒中，盖上磨口塞，用橡皮锤轻轻敲击量筒壁的中、下部，使催化剂填实至100mL的体积不变为止(以小球的顶部为准)，然后在托盘天平上称准至0.1g。

## 四、计算

$$p = \frac{m_2 - m_1}{100}$$

式中　$\rho$——堆积密度，g/mL；

$m_1$——量筒质量，g；

$m_2$——量筒和试样总质量，g；

100——试样体积，mL。

## 五、精密度

平行测定两个结果的差数不超过0.005g/mL。

## 六、报告

平行测定两结果的算术平均值取两位有效数字。

### 思考题

测定堆积密度时应注意的问题有哪些？

# 实验四　小球裂化催化剂机械磨损测定法

### 知识链接

本标准规定了硅酸铝小球、分子筛小球裂化催化剂机械磨损的测定方法。

本标准适用于硅酸铝小球、分子筛小球裂化催化剂机械磨损的测定。

## 一、方法原理

将经过筛分的一定量的小球催化剂试样装入气升器内，连续不断地被恒速的压缩空气提升至顶部，与撞击板碰撞，求出一定时间内所残留的小球质量占试样质量的百分数。

## 二、仪器与设备

1. 机械磨损测定装置。

（1）流程图（如图3.1所示）。

（2）气升器。

① 内管（见图3.2）：不锈钢或硬质玻璃制，直径15mm，长500mm，管子下部呈喇叭状，中部及下部有支撑脚，以便稳定在气升管中央。

② 外管（见图3.3）：玻璃制，直径40mm，长530mm。外管插入底部带有管状喷嘴的不锈钢制的圆锥

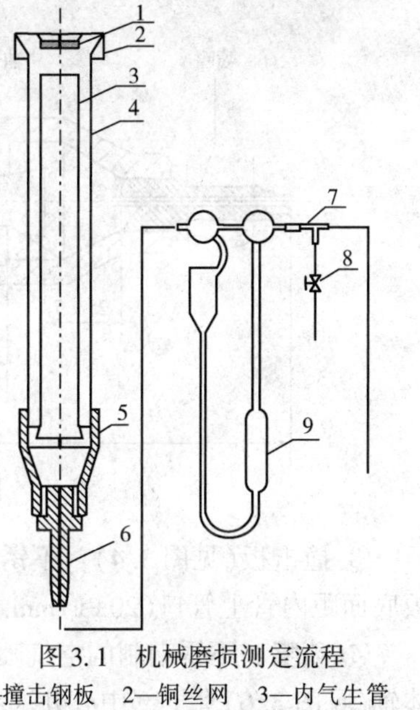


图3.1　机械磨损测定流程

1—撞击钢板　2—铜丝网　3—内气生管　4—外气升管　5—轴套　6—喷嘴　7—三通管　8—调节阀　9—流速计（装红色水）

体轴套上，顶部装有撞击板和铜丝网帽。

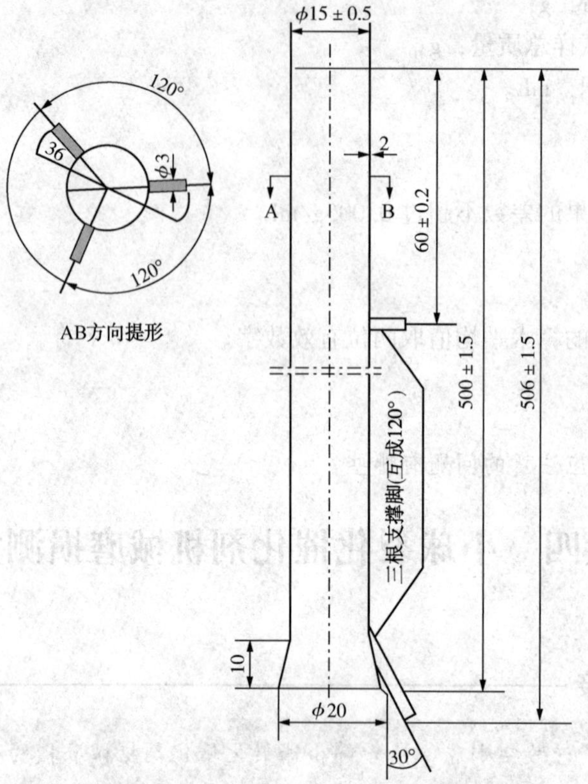


图 3.2　气升内管(材料：硬质玻璃)

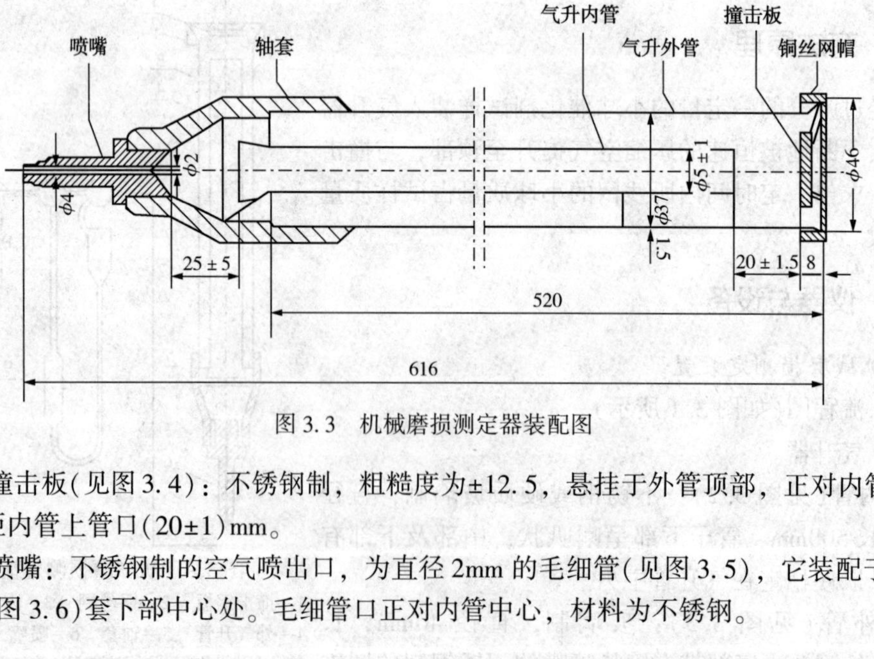


图 3.3　机械磨损测定器装配图

③ 撞击板(见图 3.4)：不锈钢制，粗糙度为±12.5，悬挂于外管顶部，正对内管，撞击板底面距内管上管口(20±1)mm。

④ 喷嘴：不锈钢制的空气喷出口，为直径 2mm 的毛细管(见图 3.5)，它装配于圆形锥体轴(见图 3.6)套下部中心处。毛细管口正对内管中心，材料为不锈钢。

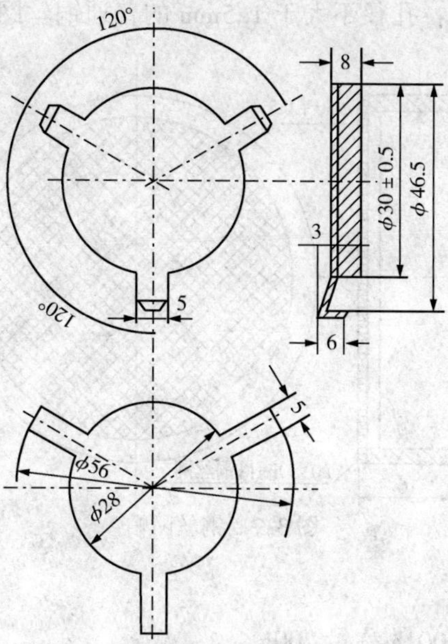


图 3.4　撞击板(材料：不锈钢)

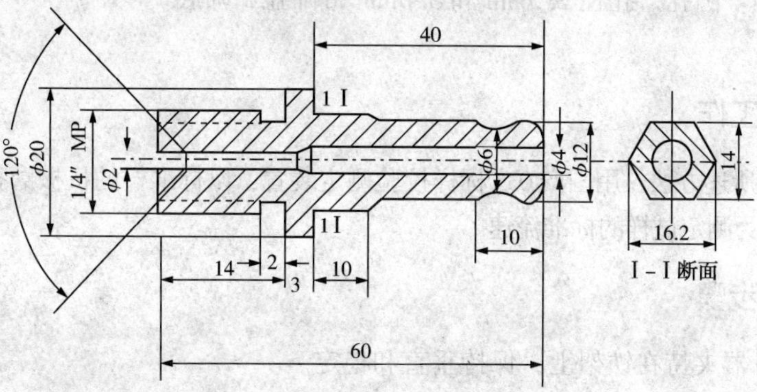


图 3.5　喷嘴

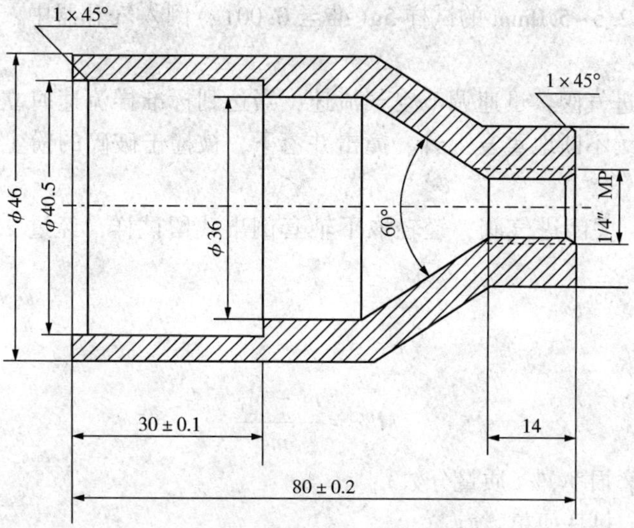


图 3.6　轴套(材料：不锈钢)

⑤ 铜丝网帽(见图 3.7)：孔径不大于 1.5mm 的普通铜丝网。

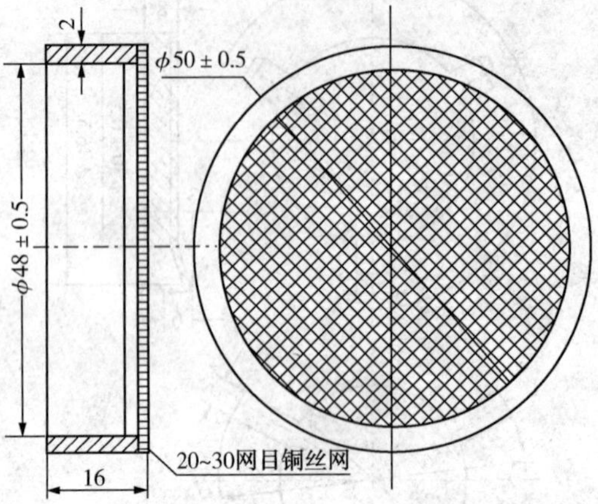


图 3.7　钢丝网帽

(3) 流速计：玻璃制。

(4) 分析天平：感量 0.001g 称量 200g。

(5) 分析筛：圆孔。孔径 2.5mm 和 5.0mm 带筛盖和筛底。

(6) 秒表。

## 三、准备工作

按测定步骤所述方法，用国产 035 标样校验测定装置，以标准样的机械磨损指数(8.5±1)%时的空气流速作为测定试样的标准流速。

## 四、测定步骤

(1) 将气升器夹持在铁架上，保持垂直和稳定。

(2) 开稳压罐进气阀，调整其空气压力恒定于(0.2±0.01)MPa。

(3) 准确称取 2.5~5.0mm 的试样 5g(准至 0.001g)倒入气升器中，装好撞击板和铜丝网帽。

(4) 开气升器进气阀，迅速调节空气流速，当达到标准样流速时立即开启秒表。这时试样在气升器中连续不断地重复上升、撞击并落下，被撞击破碎的粉尘和碎屑穿过铜丝网逸出。

(5) 15min 时，关闭进气阀，轻轻取下轴套倒出残留试样，经过 2.5mm 的筛子过筛，称量。

## 五、计算

$$M\% = \frac{m - m_1}{m}$$

式中　$M$——机械磨损率,%(质量分数)；

$m_1$——磨损后试样质量，g；

$m$——磨损前试样质量，g。

## 六、精密度

平行测定三个结果的最大差数不大于3.0%。

## 七、报告

平行测定三个结果的算术平均值，当<10%时取两位有效数字，当>10%时取三位有效数字。

### 思考题

1. 测定的催化剂机械强度的目的是什么？
2. 影响测定的因素有哪些？

# 实验五　微球裂化催化剂骨架密度测定法

### 知识链接

本标准规定了各种微球裂化催化剂骨架密度的测定方法。

本标准适用于各种微球裂化催化剂骨架密度的测定。

## 一、方法原理

用排水法测得试样的真实体积，进而通过计算得出催化剂骨架密度。

## 二、仪器

(1) 密度瓶：50mL。
(2) 高温炉：0~1000℃。
(3) 恒温水浴：控制精度±0.2℃。
(4) 瓷蒸发皿：200mL。
(5) 分析天平：感量0.001g，最大称量200g。
(6) 干燥器：直径250mm，内装变色硅胶。

## 三、准备工作

(1) 将密度瓶洗净、烘干、冷却至室温后称量为$m_1$。

(2) 分别测定(25±0.2)℃、(30±0.2)℃、(35±0.2)℃的恒温条件下，密度瓶装满蒸馏水时的质量减去空瓶质量$m_1$，得到密度瓶在不同温度下的水值$m$。

(3) 于瓷蒸发皿中装入约30g试样，在(480±10)℃的高温炉中灼烧1h，取出在空气中冷却3~5min，干燥器中冷却30min。

## 四、测定步骤

准确称取约 10g 灼烧后的试样于已知量的密度瓶中，其质量为 $m_2$，用洗瓶向盛有试样的密度瓶注蒸馏水，使水面略高于试样表面。沿桌面轻轻摇动密度瓶，直至瓶中悬浮液中无气泡逸出。静置数分钟使试样沉下后，再给瓶中注满水，轻轻盖上毛细管瓶盖，将密度瓶放入(30±0.2)℃的恒温水浴中，恒温 30min 后，取出密度瓶，用滤纸擦干密度瓶外部黏附的水，称量得到 $m_3$。

## 五、计算

$$\rho_{SO} = \frac{m_2 - m_1}{m - (m_3 - m_2)} \times \rho_{H_2O}$$

式中 $\rho_{SO}$——试样骨架密度，g/cm$^3$；

$m_1$——密度瓶的质量，g；

$m_2$——盛有试样的密度瓶质量，g；

$m_3$——于恒温下盛有试样和水的密度瓶质量，g；

$m$——密度瓶的水值，g；

$\rho_{H_2O}$——30℃时水的密度，g/cm$^3$。

## 六、精密度

平行测定两个试样骨架密度的偏差不大于 0.03g/cm$^3$。

## 七、报告

平行测定两个试样结果的算术平均值取三位有效数字报出。

## 注意事项

(1) 密度瓶的水值及密度瓶的质量，每半年应校正一次。

(2) 测定试样的温度一般选择 30℃，若室温高于 30℃时应选择 35℃。

(3) 试样加水后一定要将气泡完全排尽并且在静置时附在瓶壁上的气泡也必须使其逸出。

(4) 水的密度取下列数值(兰州地区)见表 3.3。

**表 3.3 水的密度取值**

| $T$/℃ | 30 | 35 |
|---|---|---|
| $\rho_{H_2O}$/(g/cm$^3$) | 0.9950 | 0.9934 |

## 思考题

影响测定的主要因素有哪些？

# 实验六 微球裂化催化剂磨损指数测定法

**知识链接**

本标准规定了硅酸铝微球，9%低铝微球，9%、15%高铝微球裂化催化剂磨损指数的测定方法。

本标准适用于硅酸铝微球，9%低铝微球，9%、15%高铝微球裂化催化剂磨损指数的测定。

## 一、方法原理

将一定量的试样放入磨损指数测定装置中，在恒定的气速下吹磨5h。第一小时吹出的样不计在内，后4h的样每小时平均磨损百分数称为试样的磨损指数。

## 二、仪器与设备

(1) 磨损指数测定装置。

①流程图(见图3.8)；②沉降室(见图3.9)；③鹅颈管(见图3.10)；④空气过滤减压阀；⑤气动定值器；⑥压力表：0~0.16MPa；⑦针形阀；⑧空气增湿器；⑨浮子流量计：0~35L/min；⑩湿式流量计：5~10L/min；⑪抽提滤纸筒：$\phi 35\times 110mm$；⑫抽提滤纸玻璃套筒内径37×140mm。

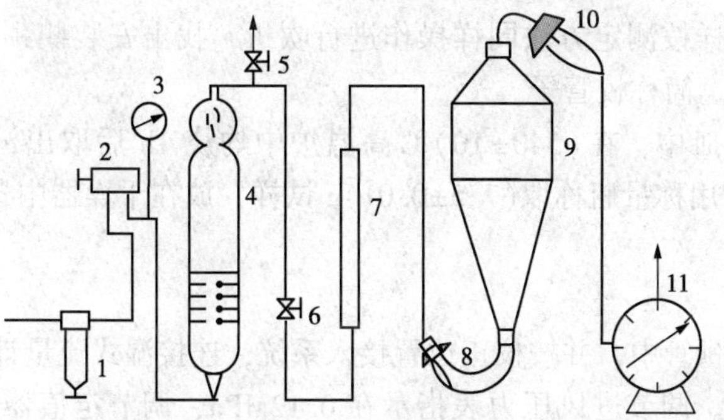


图3.8 流程图

1—过滤器；2—定值器；3—压力表；4—增湿器；5—放空阀；6—针形阀；7—浮子流量计；8—鹅颈管；9—沉降室；10—抽提滤纸；11—流量计

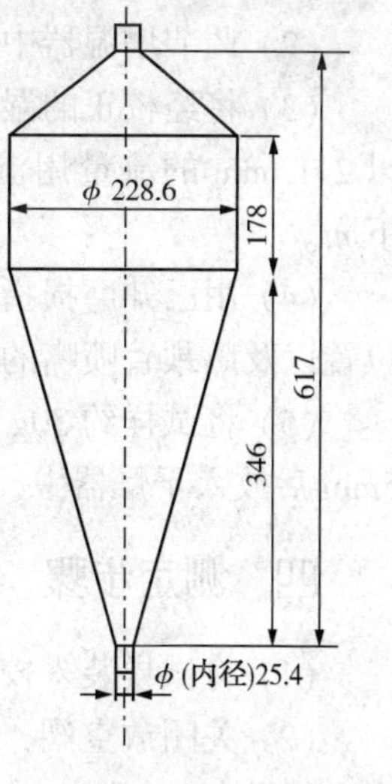


图3.9 降沉室

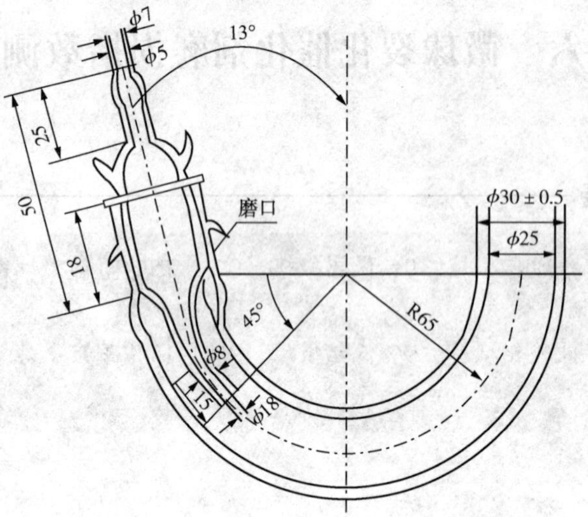


图 3.10 鹅颈管

（2）称量瓶。

（3）分析天平：感量 0.001g，最大称量 200g。

（4）秒表。

（5）高温炉：0~1000℃。

（6）瓷蒸发皿。

（7）干燥器：直径 250mm，内装变色硅胶。

## 三、准备工作

（1）按图安装磨损指数测定装置，通气后用肥皂水对系统进行检查，不得漏气。

（2）调节增湿器中水高度为 150mm。

（3）将经校正的湿式流量计接于装好抽提滤纸的玻璃套管未端，按测定方法开出风阀，以 21L/min 的流量用湿空气预吹 15min，停风后取下抽提滤纸筒，称量（准至 0.01g）记下 $m$。

（4）用已知磨损指数的标准样按测定方法同样操作进行吹析，找出安装鹅颈管的合适位置以及鹅颈管喷嘴的适当角度。简称校管子。

（5）将试样约 30g 置瓷蒸发皿中，在（540±10）℃高温炉中灼烧 1h 后取出，冷却 3~5min 后放入干燥器中，半小时后用称量瓶称取（7.5±0.01）g 试样，放在干燥器中备用。

## 四、测定步骤

（1）将试样装入校正好的鹅颈管中，并按校正位置接入系统，连接湿式流量计。

（2）关闭放空阀，开进风阀。调节进风压力表指示在 0.12MPa，调节定值器使出风压力表指示在 0.06MPa，缓慢打开出风调节阀，调节流量为（20±0.1）L/min，吹析 15min。

（3）15min 后将流量调节到（21±0.1）L/min 继续吹析 45min。到时间后，打开放空阀，关闭进风阀和出风调节阀，取下抽提滤纸，迅速称量记下质量 $m_2$，然后将抽提滤纸筒中细粉清扫干净，再称量记下 $m_1$。

（4）将抽提滤纸仍装回原处，按[四(2)]项操作调节流量为(21±0.1)L/min。连续吹析4h。其间每30min敲击沉降室一次。在最后5min内，应连续敲击沉降室和连接抽提滤纸筒的弯管。使小于15μm的颗粒得到完全分离，而不黏附在沉降室内壁上。时间到后，打开放空阀，关进风阀和出风调节阀，取下抽提滤纸筒，迅速称量，记下质量 $m_3$。

（5）充分敲击沉降室，使试样完全收集于鹅颈管中。再将其中试样倒入已知重量的称量瓶中称量，记下质量 $m_4$。

## 五、计算

$$M = \frac{m_3 - m_1}{(m_3 - m_1) + (m_4 - m_{瓶})} \times \frac{1}{4} \times 100$$

式中　$M$——磨损指数，%（质量分数）；

$m_3-m_1$——由抽提滤纸筒收集磨损后小于15μm试样的质量，g；

$m_4-m_{瓶}$——由鹅颈管收集到大于15μm试样的质量，g。

## 六、精密度

平行测定两个试样磨损指数的偏差不大于0.3%。

## 七、报告

平行测定两个试样结果的算术平均值取两位有效数字报结果。

## 注意事项

（1）测定的精确度与风量关系很大，因此磨损和沉降系统应保持严密不漏气。

（2）鹅颈管与其喷嘴的安装位置和角度一经用标准样校正，每次测定时必须保持一致，不得有偏差，否则测定结果偏差十分明显。

（3）停风时必须先打开放空阀，然后再关闭进风阀和出风调节阀。否则增湿器中的水会反冲到定值器中去。

（4）本测定法风源，应由稳压罐供给，稳压罐贮备风压不得低于0.3MPa（表压），否则测定时风量的稳定性差。

（5）校正各种催化剂鹅颈管所用的标准样见表3.4。

**表3.4　校正所用标准样**

| 催化剂名称 | 硅酸铝微球、9%低铝微球 | 9%、15%高铝微球 |
|---|---|---|
| 标准样 | 0.66 | $M_z-3$ |

## 思考题

了解测定操作的基本过程。

# 实验七　氧化铝测定法(EDTA 容量法)

知识链接

本标准规定了硅酸铝小球、分子筛小球、硅酸铝微球、9%低铝微球、9%和 15%高铝微球裂化催化剂、晶化前液体、稀土 Y 型分子筛中氧化铝的测定方法。

本标准适用于硅酸铝小球、分子筛小球、硅酸铝微球、9%低铝微球、9%和 15%高铝微球裂化催化剂、晶化前胶体、稀土 Y 分子筛中氧化铝的测定。

## 一、方法原理

以二甲酚橙作指示剂，加入过量的 EDTA 标准溶液，加热煮沸使铝与 EDTA 完全配合，冷却后以六次甲基四胺调节试液 pH 值至 5~6，用标准锌溶液滴定过剩 EDTA，计算氧化铝的含量。

## 二、仪器与试剂

(1) 移液管：10mL。
(2) 滴定管：25mL。
(3) 三角烧瓶：250mL。
(4) 盐酸(1+1)。
(5) 电炉。
(6) 氨水(1+1)。
(7) 二甲酚橙：1∶100=二甲酚橙∶硝酸钾(氯化钠)混合研细。
(8) 六次甲基四胺：分析纯。
(9) EDTA 标准液：0.05000mol/L。
(10) $ZnCl_2$标准液：0.05000mol/L。

## 三、测定步骤

取主液 10mL 于 250mL 三角烧瓶中，用滴定管加入 0.05000mol/L EDTA 溶液 20mL，加二甲酚橙指示剂 0.05g，摇动三角瓶，滴加(1+1)氨水使溶液呈紫色，再滴加(1+1)盐酸调节液溶刚至黄色，再过量一滴，加热煮沸 1~2min，取下冷却，再滴加(1+1)氨水，使溶液呈紫色，再加(1+1)盐酸，呈亮黄色，加入 1.5g 六次甲基四胺，用 0.05000mol/L 标准 $ZnCl_2$溶液滴定至溶液由黄色变为紫色为终点。

## 四、计算

$$w_{Al_2O_3} = \frac{(C_1v_1 - C_2v_2 - C_3v_3) \times 51 \times F}{m \times 1000} \times 100$$

式中　$w_{Al_2O_3}$——试样中 $Al_2O_3$ 的质量分数，%；

$C_1$——EDTA 标准溶液的浓度，0.05000mol/L；

$C_2$——$ZnCl_2$ 标准溶液的浓度，0.05000mol/L；

$C_3$——测定 $Al_2O_3$ 时 EDTA 标准溶液浓度，0.01000mol/L；

$V_1$——加入 EDTA 标准溶液体积，mL；

$V_2$——滴定消耗 $ZnCl_2$ 标准溶液体积，mL；

$V_3$——测定同体积试液中的 $Al_2O_3$ 所消耗 0.01000mol/L EDTA 标准溶液的体积，mL；

$F$——分取主液倍数；

$M$——试样质量，800℃灼烧基，g；

51——氧化铝与 EDTA 配合的量的摩尔质量，g/mol。

## 五、精密度

平行测定两个结果的偏差不大于 0.2%。

## 六、报告

平行测定两个结果的算术平均值取 3 位有效数字报出。

# 实验八　氧化稀土测定法(EDTA 容量法)

**知识链接**

本标准规定了分子筛小球、9%低铝微球、9%和 15%高铝微球裂化催化剂、稀土 Y 型分子筛氧化稀土的测定方法。

本标准适用于分子筛小球、9%低铝微球、9%和 15%高铝微球裂化催化剂、稀土 Y 分子筛氧化稀土的测定。

## 一、方法原理

$RE^{3+}$在一定 pH 值范围与 EDTA 形成配合物，为防止铝和铁的干扰，加入磺基水杨酸和抗坏血酸隐蔽。同时抗坏血酸还将四价铈还原为三价铈。以偶氮砷 Ⅰ 为指示剂直接滴定，终点由紫色变为桔红色。

## 二、仪器与试剂

（1）移液管：10mL。

（2）锥形瓶：250mL。

（3）微量滴定管：5mL。

（4）DETA 标准溶液：0.01000mol/L、0.05000mol/L。

（5）磺基水杨酸：0.2mol/L。

(6) 抗坏血酸：分析纯。

(7) 六次甲基四胺：10%水溶液。

(8) 氨水：(1∶1)水溶液。

## 三、测定步骤

分取主液10mL于250mL锥形瓶中，加入15mL磺基水杨酸，以(1∶1)氨水调节pH值为5~6(即紫色变为浅黄色)，加入0.1g左右抗坏血酸，摇匀。加入六次甲基四胺10mL，偶氮砷I指示剂三滴，用0.01000mol/L(或0.05000mol/L)EDTA溶液滴定至刚呈桔红色即为终点。

## 四、计算

$$w_{RE_3O_3} = \frac{CV \times 166 \times F}{m \times 1000} \times 100\%$$

式中：$w_{RE_3O_3}$——试样中$RE_3O_3$的质量分数,%；

$C$——EDTA标准溶液的浓度，0.01000mol/L、0.05000mol/L；

$V$——滴定消耗EDTA标准溶液体积，mL；

$F$——分取主液倍数；

$m$——试样质量，g；

166——氧化稀土与EDTA配合的量的摩尔质量，g/mol。

## 五、精密度

平行测定的两个结果差数。

| 品名称 | 裂化催化剂 | 稀土Y型分子筛 |
|---|---|---|
| 差数 | ≤0.10% | |

## 六、报告

平行测定两个结果的算术平均值取两位有效数字报出。

### 思考题

测定时应如何排除干扰?

## 附：几种催化剂的分析方法

### 化肥催化剂中微量硫分析方法

HG/T 3542—2013

### 安全提示

本标准中使用的部分试剂具有毒性或腐蚀性，部分操作具有危险性。本标准并未揭示所有可能的安全问题，使用者操作时应小心谨慎并有责任采取适当的安全和健康措施。

### 一、适用范围

本标准规定了用离子色谱法、碘量法和硫酸钡法测定化肥催化剂中微量硫的质量分数。

本标准适用于各类化肥催化剂中微量硫的质量分数的测定，其中离子色谱法、碘量法适用于质量分数在 0.001%～0.1%的硫的测定，硫酸钡重量法适用于质量分数在 0.1%～1.0%的硫的测定。

这里仅介绍离子色谱法。

### 二、采样

1. 实验室样品

按 GB/T 6678、GB/T 6679 的规定采样。

2. 试样

将实验室样品混合均匀，用四分法分取约 100g，于清洁干燥的钢臼或瓷钵内砸碎研细，使通过 250μm 试验筛(符合 GB/T 6003.1 中 R40/3 系列)，再用四分法分取约 50g，继续用玛瑙研钵研细，使样品全部通过 150μm 试验筛(符合 GB/T 6003.1 中 R40/3 系列)，放入称量瓶中，置于干燥器内，备用。

### 三、离子色谱法(仲裁法)

1. 原理

根据样品中的各种离子对离子交换树脂的亲和力不同，在分离柱上被分离成不连续的谱带，并依次被洗脱，将待测离子在色谱柱中的洗脱时间与对应的已知浓度的标准溶液的保留时间和峰面积进行比较，从而确定待测离子的准确数值。

2. 试剂

(1) 过氧化氢溶液(1+9)。

(2) 硫(S)标准溶液：0.1mg/mL。准确称取 0.447g 预先在 110℃烘干 2h 的无水硫酸钠溶于少量水中，然后移入 1000mL 容量瓶中，用水稀释至刻度，摇匀备用。

(3) 硫(S)标准溶液：10μg/mL。量取 10.00mL 硫标准溶液(2)，移入 100mL 容量瓶中，用水稀释至刻度，摇匀备用。

3. 仪器

(1) 高温定碳炉。

(2) 高温定碳炉硫吸收装置。装置示意图见图 3.11。

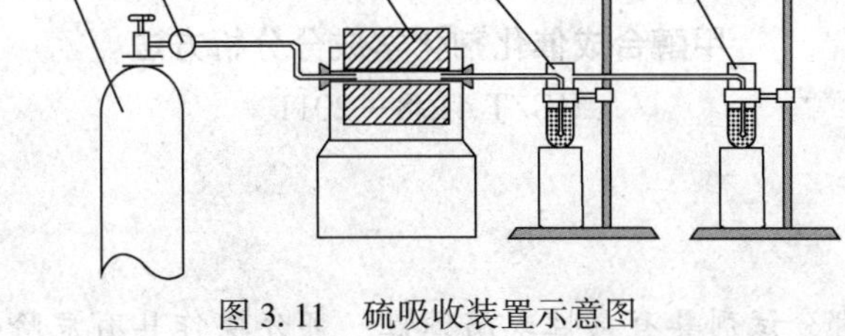


图 3.11　硫吸收装置示意图

1-氧气钢瓶；2-减压阀、流量计；3-卧式管状高温定碳炉；4-气体吸收器 1；5-气体吸收器 2

(3) 离子色谱仪。

4. 分析步骤

(1) 样品溶液的吸收

清理瓷管，通氧气试漏。通电，使高温定碳炉逐渐升温。加20mL过氧化氢水溶液于第一个气体吸收瓶内、10mL过氧化氢水溶液于第二个气体吸收瓶内。称取一定量的试样置于已经于1000~1300℃灼烧过的瓷舟中，当炉温升至1200℃±50℃时，将盛有试料的瓷舟放入炉温最高处，立即塞紧瓷管入口，通入氧气，控制体积流量为0.4~0.6L/min，燃烧生成的二氧化硫气体进入吸收瓶内，燃烧时间及吸收时间为30min。待吸收完全后，将吸收瓶中的过氧化氢吸收液转移至100mL烧杯中，置于电炉上煮沸蒸发，以破坏多余的过氧化氢，同时浓缩溶液至20mL左右。

将上述溶液转移至100mL容量瓶中，冷却，稀释至刻度，摇匀。

(2) 工作曲线的绘制

量取硫标准溶液0mL、2.00mL、4.00mL、6.00mL、8.00mL，其相当于含硫0μg、20μg、40μg、60μg、80μg，分别置于100mL容量瓶中，用水稀释至刻度，摇匀。

按照离子色谱操作规程开机，进行数据采集，待离子色谱基线平稳后，用微型注射器进样分析。

以上述标准系列中硫的质量为横坐标，所测得的硫的峰面积为纵坐标，绘制工作曲线。

(3) 测定

当样品硫含量在0.001%~0.01%时，直接进样进行分析。当硫含量0.01%~0.1%时，量取一定量的试样溶液，使其相应的硫质量在20~80μg，置于100mL容量瓶中，加水稀释至刻度，摇匀后按照(2)工作曲线的绘制第二段进行分析。测定试样中硫的峰面积。

根据测得的硫的峰面积，从工作曲线查出被测溶液中硫的质量。

5. 结果计算

硫的质量分数$\omega_1$，按下列公式计算

$$\omega_1 = \frac{m \times 10^{-6}}{m_0} \times 100\%$$

式中 $m$——从工作曲线中查得的硫的质量的数值，μg；

$m_0$——试料质量的数值，g。

取平行测定结果的算术平均值作为测定结果，两次平行测定结果的相对偏差应≤20%

## 甲醇合成催化剂化学成分分析方法

HG/T 4198—2011

### 安全提示

本标准中使用的部分试剂具有毒性或腐蚀性，部分操作具有危险性。本标准并未揭示所有可能的安全问题，使用者操作时应小心谨慎并有责任采取适当的安全和健康措施。

## 一、适用范围

本标准规定了甲醇合成催化剂化学成分的分析方法。

本标准适用于甲醇合成催化剂中的水分、氧化锌、氧化铜、三氧化二铝、三氧化二铁、氧化钠、烧失量质量分数的测定。

## 二、采样

1. 实验室样品

按 HG/T 4107 中的采样规定取得。

2. 试样

将实验室样品混合均匀，用四分法分取约 40g，在瓷研钵中全部破碎研细，再用四分法分取约 20g，继续研细至试样全部通过 150μm 试验筛（符合 GB/T 6003.1 中 R40/3 系列），置于称量瓶中，备用。

3. 试料溶液的制备

（1）试剂

① 盐酸溶液(1+1)。

② 盐酸溶液(1+100)。

（2）操作步骤

称取约 0.5g 试样，精确至 0.0001g，置于 250mL 烧杯中，用水润湿，加 20mL 盐酸溶液(1+1)，盖上表面皿，缓慢加热使试料完全溶解。冷却后用水冲洗表面皿及烧杯内壁，用水稀释至约 80mL，加热至 60~80℃，用中速滤纸过滤，以热的盐酸溶液(1+100)洗涤滤纸 6~8 次，滤液及洗液移入 250mL 容量瓶中，冷却至室温后，用水稀释至刻度，摇匀。

## 三、水分质量分数的测定

1. 原理

将试料置于鼓风干燥箱内，在 105~110℃ 干燥，干燥前后试料质量之差即为催化剂中的水分质量。

2. 仪器

（1）鼓风干燥箱：能控制温度 105~110℃。

（2）称量瓶：40mm×25mm。

3. 分析步骤

称取 2~3g 试样，精确至 0.0001g，置于预先在 105~110℃ 恒重的称量瓶中，将称量瓶盖斜置于称量瓶上，放入鼓风干燥箱内，在 105~110℃ 干燥 2.5h，取出称量瓶，放入干燥器中，盖好瓶盖，冷却 30min，称量。

4. 结果计算

水分的质量分数 $\omega_1$，数值以%表示，按下式计算：

$$\omega_1 = \frac{m_1 - m_2}{m} \times 100$$

式中　$m_1$——干燥前称量瓶和试料的质量的数值，g；

$m_2$——干燥后称量瓶和试料的质量的数值，g；

$m$——试料的质量的数值，g。

取两次平行测定结果的算术平均值为测定结果，两次平行测定结果的绝对差值应不大于0.20%。

## 四、氧化锌(ZnO)质量分数的测定

1. 原理

在pH值为5.7的条件下，用硫代硫酸钠掩蔽铜，氟化钠掩蔽铝，以二甲酚橙为指示剂，用乙二胺四乙酸二钠(EDTA)标准滴定溶液滴定试料溶液中的锌。

2. 试剂

(1) 氟化钠。

(2) 氨水溶液(1+1)。

(3) 硫代硫酸钠溶液：100g/L。

称取78.5g五水硫代硫酸钠($Na_2S_2O_3 \cdot 5H_2O$)或50.0g无水硫代硫酸钠，溶于水，用水稀释至500mL。

(4) 乙酸-乙酸钠缓冲溶液(pH≈6)：称取100g乙酸钠($CH_3COONa \cdot 3H_2O$)，溶于水，加5.7mL冰乙酸，用水稀释至500mL。

(5) EDTA标准滴定溶液：$C$(EDTA)=0.02mol/L。

(6) 二甲酚橙指示液：2g/L。

3. 分析步骤

量取25.00mL试料溶液[二、3、(2)节]，置于250mL锥形瓶中，加约1g氟化钠，用氨水溶液中和至有浑浊出现，加入10mL乙酸-乙酸钠缓冲溶液、10mL硫代硫酸钠溶液、2~3滴二甲酚橙指示液，用水稀释至约100mL，用EDTA标准滴定溶液滴定至溶液由紫红色变为黄色为终点。

4. 结果计算

氧化锌(ZnO)的质量分数$\omega_2$，数值以%表示，按下式计算：

$$\omega_2 = \frac{(V/1000)CM}{m} \times 100 = \frac{VCM}{10m}$$

式中 $V$——EDTA标准滴定溶液的体积的数值，mL；

$C$——EDTA标准滴定溶液浓度的准确数值，mol/L；

$M$——氧化锌摩尔质量的数值，g/mol($M$=81.38)；

$m$——分取试料的质量的数值，g。

取两次平行测定结果的算术平均值为测定结果，两次平行测定结果的绝对差值应不大于0.3%。

## 五、氧化铜(CuO)质量分数的测定

1. 碘量滴定法(仲裁法)

(1) 原理

在弱酸性介质中，$Cu^{2+}$与过量的碘化钾反应，生成碘化铜沉淀，同时析出定量的碘。析出的碘以淀粉为指示剂，用硫代硫酸钠标准滴定溶液滴定。反应方程式为：

$$2Cu^{2+}+4I^- = 2CuI\downarrow +I_2 \text{ 或 } 2Cu^{2+}+5I^- = 2CuI\downarrow +I_3^-$$

$$I_2+2S_2O_3^{2-} = 2I^- +S_4O_6^{2-}$$

(2) 试剂

① 碘化钾。

② 氨水溶液(1+1)。

③ 冰乙酸溶液(1+1)。

④ 氟氢化铵溶液：200g/L。

⑤ 硫氰酸铵溶液：200g/L。

⑥ 硫代硫酸钠标准滴定溶液：$c(Na_2S_2O_3)=0.5mol/L$。

⑦ 淀粉指示液：10g/L。

(3) 分析步骤

量取50.00mL试料溶液，置于250mL碘量瓶中，滴加氨水溶液至溶液中刚有沉淀生成，依次加入8mL冰乙酸溶液、10mL氟氢化铵溶液、2g碘化钾(每次加完溶液后均需摇匀)，水封，于暗处放置5min。用少量的蒸馏水冲洗瓶塞和瓶颈处的碘，用硫代硫酸钠标准滴定溶液滴定至淡黄色，加2mL淀粉指示液，滴定至浅蓝色，加10mL硫氰酸铵溶液，滴定至蓝色消失为终点。

(4) 结果计算

CuO的质量分数$\omega_3$，数值以%表示，按下式计算：

$$\omega_3=\frac{(V/1000)CM}{m}\times100=\frac{VCM}{10m}$$

式中 $V$——硫代硫酸钠标准滴定溶液的体积的数值，mL；

$C$——硫代硫酸钠标准滴定溶液浓度的准确数值，mol/L；

$M$——氧化铜摩尔质量的数值，g/mol($M=79.55$)；

$m$——分取试料的质量的数值，g。

取两次平行测定结果的算术平均值为测定结果，两次平行测定结果的绝对差值应不大于0.3%。

2. EDTA滴定法

(1) 原理

在pH值为9.2的条件下，用氟化钠掩蔽铝，用EDTA标准滴定溶液配位滴定试料溶液中的铜、锌总量，减去锌量，即为铜量。

(2) 试剂

① 水乙醇。

② 氟化钠。

③ 氨水溶液(1+1)。

④ 氨-氯化铵缓冲溶液(pH≈10)：称取26.7g氯化铵，溶于水，加36mL氨水，用水稀释至500mL。

⑤ EDTA标准滴定溶液：同上节。

⑥ 1-(2-吡啶偶氮)-2-萘酚(PAN)指示液(2g/L)：称取0.2gPAN，溶于无水乙醇，用无水乙醇稀释至100mL。

(3) 分析步骤

量取 25.00mL 试料溶液[二、3、(2)节]，置于 250mL 锥形瓶中，加约 1g 氟化钠，用氨水溶液中和至溶液出现浑浊后，继续滴加氨水溶液至溶液呈蓝色，依次加入 10mL 氨-氯化铵缓冲溶液、5 滴 PAN 指示液、15mL 无水乙醇，用 EDTA 标准滴定溶液滴定至溶液由紫色变为黄绿色为终点。

(4) 结果计算

氧化铜(CuO)的质量分数 $\omega_4$，数值以%表示，按下式计算：

$$\omega_4 = \frac{[(V_2 - V_1)/1000]CM}{m} \times 100 = \frac{(V_2 - V_1)CM}{10m}$$

式中 $V_2$——滴定铜锌总量耗用 EDTA 标准滴定溶液的体积的数值，mL；

$V_1$——滴定锌量耗用 EDTA 标准滴定溶液的体积的数值(见第四、4 节)，mL；

$C$——EDTA 标准滴定溶液浓度的准确数值，mol/L；

$M$——氧化铜摩尔质量的数值，g/mol($M$=79.55)；

$m$——分取试料的质量的数值，g。

取两次平行测定结果的算术平均值为测定结果，两次平行测定结果的绝对差值应不大于 0.3%。

## 六、三氧化二铝($Al_2O_3$)质量分数的测定

1. 原理

在 pH 值为 5.7 条件下，加 EDTA 配位试料溶液中的铝和其他金属离子，过量的 EDTA 用锌标准滴定溶液返滴定。加氟化钠置换出与铝配位的 EDTA，释放出的 EDTA 用锌标准滴定溶液滴定。

2. 试剂

(1) 氟化钠。

(2) 氨水溶液(1+1)。

(3) 乙酸-乙酸钠缓冲溶液(pH≈6)：同第四、2(4)节。

(4) EDTA 溶液(约为 0.02mol/L)：称取 8.0g EDTA，用 1000mL 水加热溶解，冷却，摇匀。

(5) 氯化锌标准滴定溶液：$C(ZnCl_2)$ = 0.02mol/L。

(6) 二甲酚橙指示液：2g/L。

3. 分析步骤

量取 25.00mL 试料溶液[第二、3、(2)节]，置于 250mL 锥形瓶中，加 35mL EDTA 溶液、10 滴二甲酚橙指示液，用氨水溶液(1+1)中和至溶液变为蓝紫色，再加 10mL 乙酸-乙酸钠缓冲溶液，加热煮沸 3min，冷却后用氯化锌标准滴定溶液滴定至溶液由黄绿色变为浅棕色为终点。加约 1g 氟化钠，加热煮沸 3min，冷却后用氯化锌标准滴定溶液滴定，滴定终点颜色与第一次滴定终点相同，记取第二次滴定时耗用氯化锌标准滴定溶液的体积。

4. 结果计算

$Al_2O_3$ 的质量分数 $\omega_5$，数值以%表示，按下式计算：

$$\omega_5 = \frac{(V/1000)CM}{m} \times 100 = \frac{VCM}{10m}$$

式中　$V$——第二次滴定时耗用的氯化锌标准滴定溶液的体积的数值，mL；

$C$——氯化锌标准滴定溶液浓度的准确数值，mol/L；

$M$——三氧化二铝摩尔质量的数值，g/mol($M$=50.98)；

$m$——分取试料的质量的数值，g。

取两次平行测定结果的算术平均值为测定结果，两次平行测定结果的绝对差值应不大于0.2%。

## 七、三氧化二铁($Fe_2O_3$)质量分数的测定

1. 原理

用原子吸收分光光度计，使用空气–乙炔火焰，于波长248.3nm处，测定试料溶液中的铁，用工作曲线法定量；共存元素对测定无干扰。

2. 试剂

(1) 盐酸溶液(1+1)。

(2) 三氧化二铁($Fe_2O_3$)标准溶液(100μg/mL)：称取0.100g于900℃灼烧至恒重的三氧化二铁，置于250mL烧杯中，加20mL盐酸溶液，加热使之完全溶解，稍冷后移入1000mL容量瓶中，冷却至室温，用水稀释至刻度，摇匀。

3. 仪器

原子吸收分光光度计：附有铁空心阴极灯。

4. 分析步骤

(1) 工作曲线的绘制

取7个100mL容量瓶，分别加入三氧化二铁标准溶液0mL、0.50mL、1.00mL、2.00mL、3.00mL、4.00mL、5.00mL。在每个容量瓶中，各加4mL盐酸溶液，用水稀释至刻度，摇匀。

按仪器工作条件，用空气–乙炔火焰，以不加入三氧化二铁标准溶液的空白溶液调零，于波长248.3nm处测定溶液的吸光度。

以上述溶液中三氧化二铁的浓度(单位为微克每毫升)为横坐标，对应的吸光度值为纵坐标，绘制工作曲线；或根据所得吸光度值计算出线性回归方程。

(2) 测定

量取约20mL试料溶液[第二、3、(2)节]，置于50mL烧杯中，按(1)中第二段的规定测定溶液的吸光度，从工作曲线上查出或用线性回归方程计算出被测溶液中三氧化二铁的浓度。

5. 结果计算

三氧化二铁($Fe_2O_3$)的质量分数$\omega_6$，数值以%表示，按下式计算：

$$\omega_6 = \frac{C \times 250 \times 10^{-6}}{m} \times 100$$

式中　$C$——从工作曲线上查得的或用线性回归方程计算出的被测溶液中三氧化二铁的浓度的数值，μg/mL；

$m$——试料的质量的数值，g。

取两次平行测定结果的算术平均值为测定结果，两次平行测定结果的绝对差值应不大于0.005%。

## 八、氧化钠($Na_2O$)质量分数的测定

1. 原子吸收分光光度法(仲裁法)

(1) 原理

用原子吸收分光光度计，使用空气-乙炔火焰，于波长589.0nm处，测定试料溶液中的钠，用工作曲线法定量。共存元素对测定无干扰。

(2) 试剂

① 盐酸溶液(1+1)。

② 氧化钠($Na_2O$)标准贮备溶液(1mg/mL)：称取1.886g于500~600℃灼烧至恒重的氧化钠，溶于水，移入1000mL容量瓶中，用水稀释至刻度，摇匀。贮于聚乙烯瓶中。

③ 氧化钠($Na_2O$)标准溶液(100μg/mL)：量取10.00mL氧化钠标准贮备溶液，置于100mL容量瓶中，用水稀释至刻度，摇匀。

(3)仪器

原子吸收分光光度计：附有钠空心阴极灯。

(4) 分析步骤

① 工作曲线的绘制

取7个100mL容量瓶，分别加入氧化钠标准溶液0mL、0.50mL、1.00mL、2.00mL、4.00mL、6.00mL、8.00mL。在每个容量瓶中，各加4mL盐酸溶液(1+1)，用水稀释至刻度，摇匀。

按仪器工作条件，用空气-乙炔火焰，以不加入氧化钠标准溶液的空白溶液调零，于波长589.0nm处测定溶液的吸光度。

以上述溶液中氧化钠的浓度(单位为微克每毫升)为横坐标，对应的吸光度值为纵坐标，绘制工作曲线；或根据所得吸光度值计算出线性回归方程。

② 测定

量取约20mL试料溶液[第二、3、(2)节]，置于50mL烧杯中，按工作曲线的绘制中第二段的规定测定溶液的吸光度，从工作曲线上查出或用线性回归方程计算出被测溶液中氧化钠的浓度。

(5) 结果计算

氧化钠($Na_2O$)的质量分数$\omega_7$，数值以%表示，按下式计算：

$$\omega_7 = \frac{C \times 250 \times 10^{-6}}{m} \times 100$$

式中 $C$——从工作曲线上查得的或用线性回归方程计算出的被测溶液中氧化钠的浓度的数值，μg/mL；

$m$——试料的质量的数值，g。

取两次平行测定结果的算术平均值为测定结果，两次平行测定结果的绝对差值应符合表3.5的规定。

**表3.5**

| 氧化钠的质量分数/% | 平行测定结果的绝对差值/% | 氧化钠的质量分数/% | 平行测定结果的绝对差值/% |
|---|---|---|---|
| ≥0.01~≤0.1 | ≤0.015 | >0.1~≤1 | ≤0.03 |

2. 火焰光度法

(1) 原理

用火焰光度法直接测定试料溶液中的钠，用工作曲线法定量。标准系列溶液与试料溶液的酸度应保持一致。共存元素对测定无干扰。

(2) 试剂

同第1、(2)节。

(3) 仪器

火焰光度计：附有钠干涉滤光片。

(4) 分析步骤

① 工作曲线的绘制

取7个100mL容量瓶，分别加入氧化钠标准溶液0mL、0.50mL、1.00mL、2.00mL、4.00mL、6.00mL、8.00mL。在每个容量瓶中，各加4mL盐酸溶液，用水稀释至刻度，摇匀。

按仪器工作条件，以不加入氧化钠标准溶液的空白溶液调零，测定标准系列溶液钠谱线的发射强度。

以上述溶液中氧化钠的浓度(单位为μg/mL)为横坐标，对应的发射强度值为纵坐标，绘制工作曲线；或根据所得发射强度值计算出线性回归方程。

② 测定

量取约20mL试料溶液[第二、3、(2)节]，置于50mL烧杯中，按工作曲线绘制中第二段的规定测定钠谱线发射强度，以工作曲线上查出或用线性回归方程计算出被测溶液中氧化钠的浓度。

(5) 结果计算

氧化钠($Na_2O$)的质量分数$\omega_8$，数值以%表示，按下式计算：

$$\omega_8 = \frac{C \times 250 \times 10^{-6}}{m} \times 100$$

式中　$C$——从工作曲线上查得的或用线性回归方程计算出的被测溶液中氧化钠的浓度的数值，μg/mL；

$m$——试料的质量的数值，g。

取两次平行测定结果的算术平均值为测定结果，两次平行测定结果的绝对差值应符合表3.5的规定。

## 九、烧失量质量分数的测定

1. 原理

将盛有试料的瓷坩埚置于高温炉内，在一定的温度下，保持一定的时间，测定试料所失去的质量。

2. 分析步骤

称取1~2g试样(第二、2节)，精确至0.0001g，置于预先在500℃灼烧至恒重的瓷坩埚中，并将盖斜置于坩埚上，放在高温炉内逐渐升温至500℃，并保持1h，取出坩埚，稍冷后放入干燥器内，冷却至室温后称量。

3. 结果计算

烧失量的质量分数 $\omega_9$，数值以%表示，按下式计算：

$$\omega_9 = \frac{m_1 - m_2}{m} \times 100$$

式中 $m_1$——灼烧前坩埚和试料的质量的数值，g；

$m_2$——灼烧后坩埚和试料的质量的数值，g；

$m$——试料的质量的数值，g。

取两次平行测定结果的算术平均值为测定结果，两次平行测定结果的绝对差值应符合表 3.6 的规定。

**表 3.6**

| 烧失量的质量分数/% | 平行测定结果的绝对差值/% | 烧失量的质量分数/% | 平行测定结果的绝对差值/% |
|---|---|---|---|
| ≤10.0 | ≤0.25 | >10.0 | ≤0.30 |

## 甲烷化催化剂化学成分分析方法

HG/T 2511—2013

### 安全提示

本标准中使用的部分试剂具有毒性或腐蚀性，部分操作具有危险性。本标准并未揭示所有可能的安全问题，使用者操作时应小心谨慎并有责任采取适当的安全合健康措施。

**一、适用范围**

本标准规定了甲烷化催化剂化学成分分析方法。

本标准适用于氧化态型甲烷催化剂中的镍(Ni)、三氧化二铝($Al_2O_3$)、稀土氧化物总量($RE_2O_3$)、氧化镁(MgO)、二氧化钛($TiO_2$)和烧失量质量分数的测定。

**二、采样**

1. 实验室样品

2. 试样

将实验室样品混合均匀，用四分法分取 40g，在瓷研钵内全部破碎研细，再用四分法分取约 20g，继续研细至试样能全部通过 125μm 实验筛(符合 GB/T 6003.1 中 R40/3 系列)，分别放入两个称量瓶中，其中一个(约 10g)于 105~110℃烘干 2h 后，置于干燥器内冷却至室温，备用。另一个(约 10g)置于干燥器内，供烧失量测定用。

3. 试料溶液的制备

1）试剂

(1) 硫酸溶液(1+1)。

(2) 硫酸溶液(1+200)。

(3) 盐酸羟胺溶液：50g/L。

2）操作步骤

(1) 试料溶液 A 的制备。称取约 0.5g 试样(若镍的质量分数小于 18%，称取约 1g 试样)，精确到 0.0001g，置于 250mL 烧杯中，用水润湿，加 10mL 硫酸溶液(1+1)、2mL 盐酸羟胺溶液(50g/L)，盖上表面皿，缓慢加热使试料完全溶解，冷却后用水冲洗表面皿及烧杯内壁，加水至 50~60mL，搅拌，使可能析出的盐类溶解，必要时可加热至约 50℃。用中速滤纸过滤。用硫酸溶液(1+200)洗涤烧杯和滤纸 6~8 次，将滤液和洗液移入 250mL 容量瓶中，冷却至室温后，用水稀释至刻度，摇匀。

(2) 试料溶液 B 的制备(仅供含钛试样分析钛)。称取约 0.25g 试样，精确到 0.0001g，置于 250mL 烧杯中，用水润湿，加 10mL 硫酸溶液(1+1)，盖上表面皿，缓慢加热使试料溶解至冒浓三氧化硫白烟，冷却后用水冲洗表面皿及烧杯内壁，加水至 50~60mL，搅拌，使可能析出的盐类溶解，必要时可加热至约 50℃。用中速滤纸过滤。用硫酸溶液(1+200)洗涤烧杯和滤纸 6~8 次，将滤液和洗液移入 250mL 容量瓶中，冷却至室温后，用水稀释至刻度，摇匀。

## 三、镍(Ni)质量分数的测定——乙二胺四乙酸二钠(EDTA)滴定法

1. 原理

用氟化钠掩蔽铝和稀土，准确加入过量 EDTA 标准滴定溶液，调至 pH 值为 5~6，以二甲酚橙为指示剂，用氯化锌标准滴定溶液返滴定。

2. 试剂

(1) 氟化钠，

(2) 氨水溶液(1+1)。

(3) 乙酸-乙酸钠缓冲溶液：pH≈6。

(4) EDTA 标准滴定溶液：C(EDTA)= 0.02mol/L。

(5) 氯化锌标准滴定溶液：$C(ZnCl_2)$= 0.02mol/L。

(6) 二甲酚橙指示液：2g/L。

3. 分析步骤

量取 25.00mL 试料溶液 A，置于 250mL 锥形瓶中，加入约 1g 氟化钠，加水至约 50mL，摇匀。加入 15.00mL EDTA 标准滴定溶液(0.02mol/L)、4~5 滴二甲酚橙指示液(2g/L)，滴加氨水溶液(1+1)至溶液变橙色。加入 10mL 乙酸-乙酸钠缓冲溶液。用 0.02mol/L 氯化锌标准滴定溶液滴定至溶液由黄色变为橙色为终点。

4. 结果计算

镍(Ni)的质量分数 $\omega_1$，按下列公式计算：

$$\omega_1 = \frac{(V_1C_1 - V_2C_2M)}{m \times 1000} \times 100\%$$

式中　$V_1$——EDTA 标准滴定溶液体积的数值，mL；

$C_1$——EDTA 标准滴定溶液浓度的准确数值，mol/L；

$V_2$——氯化锌标准滴定溶液体积的数值，mL；

$C_2$——氯化锌标准滴定溶液浓度的准确数值，mol/L；

$M$——镍摩尔质量的数值，g/mol($M$=58.69)；

$m$——分取试料质量的数值，g。

取平行测定结果的算术平均值为测定结果，平行测定结果的绝对差值应≤0.3%。

**四、三氧化二铝($Al_2O_3$)质量分数的测定——EDTA滴定法(适用于片状产品样品)**

1. 原理

在pH值为5~6的溶液中，加入过量的EDTA标准滴定溶液，使其与铝、镍、稀土等离子配合，过量的EDTA用氯化锌标准滴定溶液返滴定。加入氟化钠，置换出与铝和稀土配合的EDTA，释出的EDTA用氯化锌标准滴定溶液滴定。滴定的体积为铝和稀土消耗EDTA标准滴定溶液的总体积，然后减去稀土消耗的EDTA标准滴定溶液体积，即可求得铝消耗EDTA标准滴定溶液体积。

2. 试剂

(1) 氟化钠。

(2) 氨水溶液(1+1)。

(3) 乙酸-乙酸钠缓冲溶液：pH≈6。

(4) EDTA标准滴定溶液：$C(EDTA)=0.02mol/L$。

(5) 氯化锌标准滴定溶液：$C(ZnCl_2)=0.02mol/L$。

(6) 二甲酚橙指示液：2g/L。

3. 分析步骤

量取25.00mL试料溶液A，置于500mL锥形瓶中，加入40mL EDTA标准滴定溶液，用水稀释至约120mL。加5~6滴二甲酚橙指示液，滴加氨水溶液(1+1)至溶液由黄色变为橙色，再加10mL乙酸-乙酸钠缓冲溶液，煮沸3min，冷却至室温。用氯化锌标准滴定溶液滴定至黄色变为橙色为终点。

加约1g氟化钠，煮沸3min，冷却至室温，用氯化锌标准滴定溶液滴定，其终点颜色与第一次滴定的终点相同，记下第二次滴定时氯化锌标准滴定溶液消耗的体积。

4. 结果计算

$Al_2O_3$的质量分数$\omega_2$，按下列公式计算：

$$\omega_2=\frac{(VC_2-V_0C_1)M}{m\times 2000}\times 100\%$$

式中 $V$——第二次滴定时氯化锌标准滴定溶液体积的数值，mL；

$C_2$——氯化锌标准滴定溶液浓度的准确数值，mol/L；

$V_0$——25.00mL试料溶液中稀土氧化物总量消耗EDTA标准滴定溶液体积的数值(见5.4)，mL；

$C_1$——EDTA标准滴定溶液浓度的准确数值，mol/L；

$M$——三氧化二铝摩尔质量的数值，g/mol($M=101.96$)；

$m$——分取试料质量的数值，g。

取平行测定结果的算术平均值为测定结果，两次平行测定结果的绝对差值应≤0.3%。

**五、稀土氧化物总量($RE_2O_3$)质量分数的测定——乙二胺四乙酸二钠(EDTA)滴定法**

1. 原理

在pH值为5~6的条件下，用邻菲啰啉掩蔽镍，磺基水杨酸掩蔽铝，以偶氮胂Ⅲ为指示剂，用 EDTA 标准滴定溶液滴定试料溶液中的稀土。

2. 试剂

(1) 稀土氧化物。

(2) 盐酸溶液(1+1)。

(3) 氨水溶液(1+1)。

(4) 草酸溶液：100g/L。

(5) 草酸溶液：10g/L。

(6) 磺基水杨酸溶液：200g/L。

(7) 邻菲啰啉溶液：50g/L。

称取 5.0g 邻菲啰啉，用适量水润湿，加 4mL 盐酸溶液(1+1)，用水稀释至 100mL。

(8) 盐酸羟胺溶液：50g/L。

(9) 乙酸-乙酸钠缓冲溶液：pH≈6。

(10) EDTA 标准滴定溶液：$C$(EDTA) = 0.02mol/L。

(11) 甲基橙指示液：1g/L。

(12) 偶氮胂Ⅲ指示液：2g/L。

3. 分析步骤

称取制备催化剂的稀土氧化物约 1g，置于 250mL 烧杯中，加 10mL 盐酸溶液(1+1)、2mL 盐酸羟胺溶液(50g/L)，加热至完全溶解，加水稀释至约 80mL，如有盐类析出，应加热使盐类全部溶解。用中速滤纸过滤，将滤液收集在 400mL 烧杯中，加 2 滴甲基橙指示液(1g/L)，用氨水溶液(1+1)中和至溶液由红色变为橙黄色，再用盐酸溶液(1+1)调至红色并过量 5 滴，加热至沸，滴加 50mL 草酸溶液(100g/L)，在室温下放置 4h。用中速定量滤纸过滤，用草酸溶液(10g/L)洗涤沉淀数次，将沉淀连同滤纸一起放入瓷坩埚内，灰化后在 850℃高温炉中灼烧 1.5h，取出置于干燥器中冷却至室温，此为提纯后的稀土氧化物。

称取提纯后的稀土氧化物约 0.5g，精确到 0.0001g，置于 250mL 烧杯中，加入 2mL 盐酸溶液(1+1)、2mL 盐酸羟胺溶液(50g/L)，加热使之完全溶解，冷却，移入 250mL 容量瓶中，用水稀释至刻度，摇匀。量取上述溶液 25.00mL，置于 250mL 烧杯中，加 2 滴偶氮胂Ⅲ指示液，用氨水溶液调节溶液由紫红色变为蓝绿色。加 10mL 乙酸-乙酸钠缓冲溶液，用 EDTA 标准滴定溶液滴定至溶液由蓝绿色变为紫红色。

量取 25.00mL 试料溶液 A，置于 250mL 烧杯中，加 5mL 邻菲啰啉溶液(50g/L)、5mL 磺基水杨酸溶液(200g/L)(当分析球形产品时用量加倍)，搅匀。加 3~4 滴偶氮胂Ⅲ指示液(2g/L)，滴加氨水溶液至溶液由紫红色变为暗绿色，加 10mL 乙酸-乙酸钠缓冲溶液，用水稀释至约 100mL。采用分度值为 0.01mL 的滴定管，用 EDTA 标准滴定溶液滴定溶液由暗绿色变为紫红色。

4. 结果计算

稀土氧化物总量($RE_2O_3$)的质量分数 $\omega_3$，按下列公式计算：

$$\omega_3 = \frac{m_1 V_2}{m V_1} \times 100\%$$

式中　$m_1$——分取提纯后的稀土氧化物质量的数值，g；

$V_2$——滴定试料溶液时 EDTA 标准滴定溶液体积的数值，mL；

$V_1$——滴定提纯后稀土氧化物时 EDTA 标准滴定溶液体积的数值，mL；

$m$——分取试料质量的数值，g。

取平行测定结果的算术平均值为测定结果。当镍的质量分数≥20%时，两次平行测定结果的绝对差值应≤0.2%；当镍的质量分数<20%时，两次平行测定结果的绝对差值应≤0.07%。

## 六、氧化镁(MgO)质量分数的测定

### (一) 乙二胺四乙酸二钠(EDTA)滴定法(仲裁法)(适用于含镁甲烷化催化剂)

1. 原理

用六亚甲基四胺、碳酸铵、铜试剂共同沉淀分离铝、镍及稀土，在 pH 值约为 10 的溶液中，以铬黑 T 为指示剂，用 EDTA 标准滴定溶液滴定镁。

2. 试剂

(1) 碳酸铵。

(2) 氨水溶液(1+1)。

(3) 盐酸溶液(1+1)。

(4) 六亚甲基四胺溶液：300g/L。

(5) 铜试剂溶液：50g/L。

称取 5.0g 铜试剂于 250mL 烧杯中，加适量水溶解，加 10 滴氨水溶液(1+1)，用水稀释至 100mL。用时配制。

(6) 氨-氯化铵缓冲溶液：pH≈10。

(7) EDTA 标准滴定溶液：$C$(EDTA)＝0.02mol/L。

(8) 铬黑 T 指示液：5g/L。

3. 分析步骤

量取 25.00mL 试料溶液 A，置于 250mL 烧杯中，加水至约 100mL，加热至沸，滴加氨水溶液(1+1)至出现浑浊，再滴加盐酸溶液(1+1)至沉淀溶解，加 5mL 六亚甲基四胺溶液(300g/L)，加热至沸，冷却至约 60℃，加 0.5g 碳酸铵、10mL 铜试剂溶液，搅拌，冷却至室温，移入 250mL 容量瓶中，用水稀释至刻度，摇匀。干过滤，弃去最初流出的滤液数毫升，量取 100.00mL 溶液于 250mL 锥形瓶中，加 10mL 氨-氯化铵缓冲溶液、5 滴铬黑 T 指示液(5g/L)，用 EDTA 标准滴定溶液滴定至纯蓝色，记下 EDTA 标准滴定溶液消耗的体积，同时进行空白试验。

4. 结果计算

氧化镁(MgO)的质量分数 $\omega_4$，按下列公式计算：

$$\omega_4 = \frac{(V - V_0)CM}{m \times 1000} \times 100\%$$

式中 $V$——EDTA 标准滴定溶液体积的数值，mL；

$V_0$——空白试验时 EDTA 标准滴定溶液体积的数值，mL；

$C$——EDTA 标准滴定溶液浓度的准确数值，mol/L；

$M$——氧化镁摩尔质量的数值，g/mol($M$=40.31)；

$m$——分取试料质量的数值，g。

取平行测定结果的算术平均值为测定结果，平行测定结果的绝对差值应≤0.2%。

(二) 原子吸收分光光度法

1. 原理

用空气-乙炔氧化性火焰，在波长285.2nm处，用原子吸收分光光度法测定试料溶液中的镁，其共存元素镍无干扰，铝干扰测定，可加入氯化锶予以消除。

2. 试剂

(1) 硫酸溶液(1+1)。

(2) 氯化锶溶液($SrCl_2 \cdot H_2O$)：150g/L。

(3) 氧化镁(Mg0)标准溶液：1mg/mL。

称取1.000g于800℃灼烧至恒重的氧化镁，置于烧杯中，用水润湿，加20mL盐酸溶液(1+1)，溶解后移入1000mL容量瓶中，用水稀释至刻度，摇匀。贮于聚乙烯塑料瓶中。

(4) 氧化镁(MgO)标准溶液：20μg/mL。

量取5.00mL氧化镁标准溶液(1mg/mL)，置于250mL容量瓶中，用水稀释至刻度，摇匀。

3. 仪器

原子吸收分光光度计：附有镁空心阴极灯。

4. 分析步骤

(1) 工作曲线的绘制。

取七个100mL容量瓶，分别加入氧化镁标准溶液(20μg/mL)0mL、1.00mL、2.00mL、3.00mL、4.00mL、6.00mL、8.00mL，各加2mL氯化锶溶液(150g/L)、1mL硫酸溶液(1+1)，用水稀释至刻度，摇匀。

按仪器工作条件，用空气-乙炔火焰，以不加入氧化镁标准溶液的空白溶液调零，于波长285.2nm处测定溶液的吸光度。

以上述溶液中氧化镁的质量为横坐标，对应的吸光度值为纵坐标，绘制工作曲线。

(2) 测定。

量取10.00mL试料溶液A，置于100mL容量瓶中，加2mL氯化锶溶液，用水稀释至刻度，摇匀。按第4、(2)节第二段的规定测定该溶液的吸光度，从工作曲线上查出被测溶液中氧化镁的质量。

5. 结果计算

氢化镁(MgO)的质量分数$\omega_5$，按下列公式计算：

$$\omega_5 = \frac{m_1 \times 10^{-6}}{m} \times 100\%$$

式中 $m_1$——工作曲线上查得的被测溶液中氧化镁的质量，μg；

$m$——分取试料质量，g。

取平行测定结果的算术平均值为测定结果，平行测定结果的绝对差值应≤0.4%。

**七、二氧化钛($TiO_2$)质量分数的测定——变色酸分光光度法**

1. 原理

在pH值为1~3的酸性溶液中，钛与变色酸生成棕红色配合物，进行吸光度测定。配合物的最大吸收波长为470nm，溶液中钛的质量在10~150μg范围内符合比耳定律。

2. 试剂

(1) 变色酸溶液：30g/L。

称取变色酸3.0g、无水亚硫酸钠3.0g，用水溶解，稀释至100mL。用时现配。

(2) 抗坏血酸溶液：50g/L。用时现配。

(3) 氨水溶液(1+1)。

(4) 盐酸溶液(1+1)。

(5) 二氧化钛($TiO_2$)标准溶液：100μg/mL。

称取0.100g于1000℃灼烧至恒重的二氧化钛($TiO_2$)，置于铂坩埚内，加焦硫酸钾10g，在500℃熔融，冷却后用100mL硫酸溶液(1+1)浸取，移入1000mL容量瓶中，用水稀释至刻度，摇匀。

(6) 二氧化钛($TiO_2$)标准溶液：20μg/mL。

量取20.00mL二氧化钛($TiO_2$)标准溶液置于100mL容量瓶中，用水稀释至刻度，摇匀。

(7) 饱和2，4-二硝基酚指示液：2，4-二硝基酚的饱和水溶液。

3. 仪器

分光光度计：具有1cm比色皿。

4. 分析步骤

(1) 工作曲线的绘制。

取六个50mL容量瓶，分别加入二氧化钛($TiO_2$)标准溶液(20μg/mL)0mL、1.00mL、2.00mL、3.00mL、4.00mL、5.00mL，各加入5mL抗坏血酸溶液(5g/L)，用水稀释至约30mL，然后对每一容量瓶分别作如下处理：

加2滴饱和2，4-二硝基酚指示液，用氨水溶液(1+1)中和至黄色，再用盐酸溶液(1+1)调至黄色刚消失，并过量3滴。加入5mL变色酸溶液(30g/L)，用水稀释至刻度，摇匀。放置10min，以上述不加入二氧化钛($TiO_2$)标准溶液的空白溶液为参比，用1cm比色皿，于波长470nm处测定溶液吸光度。

以上述溶液中二氧化钛的质量为横坐标，对应的吸光度值为纵坐标，绘制工作曲线。

(2) 测定。

量取2.00mL试料溶液B，置于50mL容量瓶中，加入5mL抗坏血酸溶液(50g/L)，稀释至约30mL，按工作曲线的绘制中第二段的规定处理并测定该溶液的吸光度，从工作曲线上查出被测溶液中二氧化钛的质量。

5. 结果计算

二氧化钛($TiO_2$)的质量分数$\omega_6$，按下列公式计算：

$$\omega_6 = \frac{m_1 \times 10^{-6}}{m} \times 100\%$$

式中 $m_1$——从工作曲线上查得的被测溶液中二氧化钛的质量，μg；

$m$——分取试料的质量，g。

取平行测定结果的算术平均值为测定结果，平行测定结果的绝对差值应≤0.1%。

## 八、烧失量质量分数的测定

1. 原理

将盛有试样的瓷坩埚置于高温炉内，在一定温度下保持一定的时间，测定试样所失去的质量。

2. 分析步骤

称取试样(第二、2节中)1~2g，精确到0.0001g，置于预先在800℃灼烧至恒重的瓷坩埚内，并将盖斜置于坩埚上，放在高温炉内逐渐升温至800℃，并保持1h，取出坩埚，稍冷后放入干燥器中，冷却至室温后称量，精确到0.0001g。

3. 结果计算

烧失量的质量分数 $\omega_7$，按下列公式计算：

$$\omega_7 = \frac{m_1 - m_2}{m_0} \times 100\%$$

式中　$m_1$——灼烧前试料与坩埚的质量，g；

$m_2$——灼烧后试料与坩埚的质量，g；

$m_0$——试料的质量，g。

取平行测定结果的算术平均值为测定结果，两次平行测定结果的绝对差值应≤0.3%。

# 第四模块　石油产品添加剂类分析

## 学习任务

| | |
|---|---|
| 任务目标 | 1. 知识目标<br>(1)了解添加剂的基本知识<br>(2)掌握添加剂不同指标的测定方法 |
| | 2. 能力目标<br>(1)对添加剂的分类能了解，独立完成测定过程<br>(2)测定的准确性达到要求 |
| | 3. 素质目标<br>具备运用学习的技术解决实际问题的能力，独立完成工作 |
| 任务内容 | 1. 讲述实验技术原理，操作技巧<br>2. 讲述如何控制实验条件，注意事项 |

## 任务分析

本模块是通过学习掌握对添加剂质量指标的测定技术。了解添加剂分类，要掌握测定的实验技术。

具体提要求：

1. 了解润滑油添加剂、燃料油添加剂的性质、分类，及质量指标；
2. 学会各个指标测定的技术方法。

## 知识链接

**石油添加剂分类标准：**

石油添加剂种类繁多，按 SH 0398—92 石化行业标准规定，由石油产品添加剂应用场合分为润滑油添加剂、燃料油添加剂、复合添加剂和期货添加剂 4 个部分。

润滑油和燃料油添加剂按其作用分组；复合添加剂按应用场合分组。

表 4.1 为石油产品添加剂的分组和组号。

**表 4.1　石油产品添加剂的分组和组号**

| 组　别 | 组号 | 代号 | 组　别 | 组号 | 代号 |
|---|---|---|---|---|---|
| 润滑剂添加剂 | | | 消烟剂 | 20 | T20XX |
| 清净剂和分散剂 | 1 | T1XX | 助燃剂 | 21 | T2l XX |
| 抗氧抗腐剂 | 2 | T2XX | 十六烷值改进剂 | 22 | T22X X |
| 极压抗磨剂 | 3 | T3XX | 清净分散剂 | 23 | T23XX |
| 油性剂和摩擦改进剂 | 4 | T4XX | 热安定剂 | 24 | T24XX |
| 抗氧剂和金属减活剂 | 5 | T5XX | 染色剂 | 25 | T25XX |
| 黏度指数改进剂 | 6 | T6XX | 复合添加剂 | | |
| 防锈剂 | 7 | T7XX | 汽油机油复合剂 | 30 | |
| 降凝剂 | 8 | T8XX | 柴油机油复合剂 | 31 | |
| 抗泡沫剂 | 9 | T9XX | 通用汽车发动机油复合剂 | 32 | |
| 燃料油添加剂 | | | 二冲程汽油机油复合剂 | 33 | |
| 抗爆剂 | 11 | T11XX | 铁路机车油复合剂 | 34 | |
| 金属纯化剂 | 12 | T12XX | 船用发动机油复合剂 | 35 | |
| 防冰剂 | 13 | T13XX | 工业齿轮油复合剂 | 40 | |
| 抗氧防胶剂 | 14 | T14XX | 车辆齿轮油复合剂 | 41 | |
| 抗静电剂 | 15 | T15XX | 通用齿轮油复合剂 | 42 | |
| 抗磨剂 | 16 | T16XX | 液压油复合剂 | 50 | |
| 抗烧蚀剂 | 17 | T17XX | 工业润滑油复合剂 | 60 | |
| 流动改进剂 | 18 | T18XX | 防锈油复合剂 | 70 | |
| 防腐蚀剂 | 19 | T19XX | 其他添加剂 | 80 | |

## 一、清净剂和分散剂技术要求

石油磺酸钙清净剂(T101，T102，T103)(SH 0042—91)为润滑油添加剂，羟基磺化后的金属盐，即用润滑油馏分进行磺化中和、钙化而得的石油磺酸钙，按其编号及碱值大小分为 T101(低碱值)，T102(中碱值)，T103(高碱值)3 个品种，属于添加剂中一类清净分散剂，是现代润滑剂的 5 大添加剂之一。

石油磺酸钙加到润滑油中，提高了润滑油的使用效能，一是起到酸中和作用，阻止润滑油和燃料油生成酸的作用；二是起到了洗涤作用，能将吸附在活塞上的漆膜、积炭清洗掉；三是起到分散作用，把胶质炭粒吸附而分散在油中；四是增溶作用，胶质的溶解等结构为$(RSO_3)_2 \cdot M \cdot OH$。

石油磺酸钙技术要求见表 4.2。

**表 4.2 石油磺酸钙技术要求**

| 项目 | 质量指标 | | | | | 试验方法 |
|---|---|---|---|---|---|---|
| | T101 | T102 | | T103 | | |
| | 一级品 | 一级品 | 合格品 | 一级品 | 合格品 | |
| 密度(20℃)(kg/m³) | 950.0~1050 | 1000~1150 | 1000~1150 | 1100~1200 | 1100~1200 | GB/T 2540 |
| 运动黏度(100)/(mm²/s) ≤ | 报告 | 30 | 40 | 100 | 150 | GB/T 265 |
| 闪点(开口)/℃ ≥ | 180 | | | | | GB/T 3536 |
| 碱值/(mgKOH/g) | 20~30 | 140 | 130 | 290 | 270 | SH/T 0251 |
| 水分/% ≤ | 0.08 | 0.08 | 0.10 | 0.08 | 0.10 | GB/T260 |
| 机械杂质/% ≤ | 0.08 | 0.08 | 0.10 | 0.08 | 0.10 | GB/T 511 |
| 有效组分/% ≥ | 45 | 40 | 35 | 50 | 48 | SH/T 0034 |
| 钙含量/% ≥ | 2.0~3.0 | 6.0 | 5.0 | 11.0 | 10.0 | SH/T 0297 |
| 浊度 JTU ≤ | | 200 | 270 | 220 | 270 | SH/T 0028 |
| 中性磺酸钙/% | 报告 | | | | | |

属于清净分散剂的品种还很多，以 T10X 类都属于这一类产品。现代发展以环丁二酰胺为代表的新分散剂应用更广泛。

## 二、抗氧抗腐剂技术要求

T202 和 T203 抗氧抗腐剂(SH 0394—1996)是以长、短链混合伯醇或长链伯醇经硫磷化、皂化反应而制得的二烷基二硫化磷酸锌(ZDDP)。

油品在使用过程中的被氧化不可避免，油品本身又不能克服被氧化，所以加入抗氧添加剂就很自然了。抗氧抗腐添加剂首先可以将油品燃烧过程中产生的过氧化游离基捕捉，并抑制进一步氧化作用，然后分解氢过氧化物生成硫酸，再对 ROOH 进行离子态分解；抗氧抗腐添加剂第 2 个作用是由于油品产生的氧化物会造成金属设备的腐蚀，而腐蚀速度与过氧化物的生成速度、油中酸的浓度有关，而加入抗氧抗腐剂 ZDDP 后，由于热分解产生偏磷酸磷吸附在金属设备表面，形成保护膜使金属表面与氧化物不能接触而避免腐蚀。

抗氧抗腐剂技术指标见表 4.3。

**表 4.3 T202 和 T203 抗氧抗腐剂技术要求**

| 项目 | 质量指标 | | | | 试验方法 |
|---|---|---|---|---|---|
| | T202 | | T203 | | |
| | 一等品 | 合格品 | 一等品 | 合格品 | |
| 外观 | 琥珀色透明液体 | | 淡黄至琥珀色透明液体 | | 目测 |
| 色度/号 ≤ | 2.0 | 2.5 | 2.0 | 2.5 | GB/T 6540 |
| 密度(20℃)/(kg/m³) | 1080~1130 | 1080~1130 | 1060~1150 | 1060! 1150 | GB/T 2540 |

续表

| 项目 | | 质量指标 | | | | 试验方法 |
|---|---|---|---|---|---|---|
| | | T202 | | T203 | | |
| | | 一等品 | 合格品 | 一等品 | 合格品 | |
| 运动黏度(100℃)/($mm^2/s$) | | 报告 | 报告 | 报告 | 报告 | GB/T 265 |
| 闪点(开口杯)/℃ | ≥ | 180 | 180 | 180 | 180 | GB/T 3536 |
| 硫含量(质量分数)/% | | 14.0~18.0 | 12.0~18.0 | 14.0~18.0 | 12.0~18.0 | SH/T 0303 |
| 磷含量(质量分数)/% | | 7.2~8.5 | 6.0~8.5 | 7.5~8.8 | 6.5~8.8 | SH/T 0296 |
| 锌含量(质量分数)/% | | 8.5~10 | 8~10 | 9~10.5 | 8~10.5 | SH/T 0226 |
| pH 值 | ≥ | 5.5 | 5.0 | 5.8 | 5.3 | |
| 水分(质量分数)/% | ≤ | 0.3 | 0.9 | 0.3 | 0.9 | GB/T 260 |
| 机械杂质(质量分数)/% | ≤ | 0.7 | 0.7 | 0.7 | 0.7 | GB/T 511 |
| 热分解温度/℃ | | 220 | 220 | 230 | 225 | SH/T0561 |
| 轴瓦腐蚀试验 | | | | | | |
| 轴瓦失重/mg | ≤ | 25 | 25 | 25 | 25 | SH/T0264 |
| 40℃运动黏度增长率/% | ≤ | 50 | 50 | 50 | 25 | GB/T 265 |

## 三、石油黏度指数改进剂技术要求

T603 黏度指数改进剂(聚异丁烯 SH 0392—92)可改进润滑油的黏温性能(提高黏度指数)，是一种油溶链状高分子化合物。它能提高增黏能力，提高剪切稳定性，抗高热安全性和改进低温性能。技术指标见表 4.4。

**表 4.4　T603 黏度指数改进剂技术指标**

| 项目 | | 质量指标 | | 试验方法 |
|---|---|---|---|---|
| | | 1 | 2 | |
| 颜色/号 | ≤ | 3 | | GB/T 6540 |
| 运动黏度(100℃)/($mm^2/s$) | | 300~450 | 250~400 | GB/T 265 |
| 黏度指数 | ≥ | 135 | 130 | GB/T 1995 |
| 分子量(黏均)/$\times 10^4$ | | 4~6 | 2~3 | |
| 酸值/(mgKOH/g) | ≤ | 0.1 | | GB/T 264 |
| 闪点(开口)/℃ | ≥ | 180 | | GB/T 267 |
| 机械杂质(质量分数)/% | ≤ | 0.04 | | GB/T 511 |
| 水分/% | ≤ | 痕迹 | | GB/T260 |
| 稠化能力/($mm^2/s$) | ≥ | 10 | 报告 | GB/T 265 |
| 剪切稳定指数 | ≤ | 20 | 5 | SH/T 0505 |

续表

| 项目 | 质量指标 | | 试验方法 |
|---|---|---|---|
| | 1 | 2 | |
| 干剂含量(质量分数)/% ≥ | 25 | 50 | SH/T 0392-92 |
| 水溶性酸及碱 | 无 | | GB/T 259 |
| 灰分(质量分数)/% | 0.2 | | GB/T 508 |

## 四、石油降凝剂技术要求

T801 降凝剂(SH 0097—91)是由氯化石蜡和精萘在三氯化铝催化下缩合而成的烷基萘降凝型。化学结构对降凝剂效果影响很大，因为降凝剂是通过其分子上的烷链与油品中蜡的共晶而实现降凝作用的，技术指标见表 4.5。

**表 4.5 T801 降凝剂技术指标**

| 项　目 | 质量指标 | | 试验方法 |
|---|---|---|---|
| | 一级品 | 合格品 | |
| 运动黏度(100℃)/($mm^2/s$) | 实测 | | GB/T 265 |
| 闪点(开口)/℃ ≥ | 180 | 180 | GB/T 267 |
| 倾点/℃ | 实测 | | GB/T 3535 |
| 色度/号 ≤ | 4 | 6 | GB/T 6540 |
| 有效组分/% ≥ | 40 | 35 | |
| 氯含量/% ≤ | 2 | | SH/T 0161 |
| 机械杂质/% ≤ | 0.1 | 0.2 | GB/T 511 |
| 水分/% ≤ | 痕迹 | 0.2 | GB/T 260 |
| 灰分/% ≤ | 0.1 | 0.2 | GB/T 508 |
| 残炭/% ≤ | 4.0 | 4.0 | GB/T 268 |
| 降凝度/℃ | 13 | 12 | GB/T 510 |

降凝剂也有很多种产品，现今常用的有聚乙烯-苯乙烯类及聚甲基丙烯酸酯类。

## 思考题

1. 何谓清净分散型石油添加剂？清净分散剂有何作用？
2. 抗氧剂、抗磨剂的作用机理。
3. 黏度指数改进剂主要改进了什么？
4. 降凝剂的作用机理。
5. 防水剂有哪些品种？如何起防水作用？

# 实验一　石油产品碱值测定法(高氯酸滴定法)

知识链接

碱值：规定试验条件下，用标准滴定溶液滴定 1g 试样所用高氯酸量，以 mgKOH/g 为单位表示。

方法 A 和方法 B 基本操作相同，其差别在于试样量和滴定溶剂量不同。

正滴定方法：试样溶解于滴定溶剂中，以高氯酸-冰乙酸标准滴定溶液为滴定剂，以玻璃电极为指示电极、甘汞电极为参比电极进行电位滴定，用电位滴定曲线的电位突跃判断终点。

返滴定方法：试样溶解于滴定溶剂中，加入过量的高氯酸-冰乙酸标准滴定溶液，反应完成后，用乙酸钠-冰乙酸标准滴定溶液进行滴定，以电位滴定曲线的电位突跃判断终点。

当试样正滴定曲线电位突跃不明显时，再用返滴定方法。

## 一、仪器

(1) 电位滴定仪(或酸度计)：自动或手工滴定均可。

(2) 玻璃电极：231 型。

(3) 甘汞电极：232 型或 271 型，或银-氯化银电极。电极内电解液需改用非水溶液作盐桥。

(4) 磁力搅拌器：可调速和有良好的接地。

(5) 滴定管：10mL 或 20mL，分度为 0.05mL，校正后刻度允许误差为±0.02mL 或具有相同精度的自动滴定管。

(6) 烧杯：100mL、150mL。方法 A 用 150mL 烧杯，方法 B 用 100mL 烧杯。

(7) 滴定台：用于支撑滴定管、烧杯、电极对和搅拌器。在滴定台上的排列是以烧杯移动时对电极无干扰为最好。

应注意有的仪器对静电干扰很敏感，表现为当操作人员靠近滴定装置时，电位滴定仪的指针或记录值显示反常的漂移，此时应采用良好的接地方式。

## 二、试剂

(1) 冰乙酸：分析纯。

(2) 乙酸酐：分析纯。

(3) 氯苯：分析纯。

(4) 石油醚：分析纯，60~90℃。

(5) 高氯酸：分析纯，浓度为 70%~72%(质量分数)。

(6) 高氯酸钠：分析纯。

(7) 无水碳酸钠：分析纯。

(8) 苯二甲酸氢钾基准试剂。

(9) 蒸馏水符合 GB 6682 中的三级水要求。

在以上的试剂中，应注意冰乙酸、乙酸酐和氯苯有毒和刺激性，应在通风柜中使用，而高氯酸和高氯酸钠有毒，有刺激性，是强氧化剂，在干燥或加热时与有机物接触会爆炸，如果溅洒在皮肤上，应立即用水彻底地冲洗。

## 三、准备工作

(1) 高氯酸钠电解液的配制：制备高氯酸钠的冰乙酸饱和溶液，要保持高氯酸钠溶液中总有不溶解的过量高氯酸钠存在。

(2) 滴定溶剂的配制：1 体积的冰乙酸加到 2 体积的氯苯中，混合均匀。当石油醚能溶解试样时，可用石油醚代替氯苯，但仲裁实验和标定时，必须用氯苯。

(3) $C_{HClO_4}=0.1$mol/L 高氯酸-冰乙酸标准滴定溶液的配制与标定。

① 配制：将 8.5mL 高氯酸加到 500mL 冰乙酸和 30mL 乙酸酐的混合物中，混合均匀后，用冰乙酸稀释至 1L。将此溶液静置 24h 后标定。每周标定 1 次，以检测出 0.0005mol/L 的变化。

在配制溶液时，应避免加入过量的乙酸酐，以防止溶液中少量的伯、仲胺乙酰化。

② 标定：取适量的苯二甲酸氢钾，在 120℃ 烘箱中加热 2h 后。冷却至室温，称取 0.1~0.2g 苯二甲酸氢钾(精确至 0.0002g)，置于干燥的 150mL 烧杯中，用温热的 40mL 冰乙酸溶解，再加入 80mL 氯苯，冷却后，用高氯酸-冰乙酸溶液[三、(3)]进行电位滴定。操作和终点判断同正滴定方法 A，同时做 40mL 冰乙酸和 80mL 氯苯混合溶剂的空白试验。

高氯酸-冰乙酸标准滴定溶液的实际浓度 $C_{HClO_4}$(mol/L)，按式(1)计算

$$C_{HClO_4}=\frac{m_1}{0.2024(V_1-V_0)} \tag{1}$$

式中 $m_1$——称取苯二甲酸氢钾的质量，g；

$V_1$——滴定时所用高氯酸-冰乙酸溶液的体积，mL；

$V_0$——空白试验所用高氯酸-冰乙酸溶液的体积，mL。

0.2042——与 1.00mL 高氯酸-冰乙酸标准滴定溶液[$C_{HClO_4}=1.000$mol/L]相当的以 g 表示的苯二甲酸氢钾的质量。

高氯酸-冰乙酸标准滴定溶液应在使用前标定，因为有机液体的体积膨胀系数较大，所以高氯酸-冰乙酸标准滴定溶液的使用温度，应在它的标定温度±5℃之内。若在高于标定温度 5℃ 时使用，则滴定所用的体积要乘以系数[$1-(t\times0.001)$]；若在低于标定温度 5℃ 时使用，则滴定所用的体积要乘以系数[$1+(t\times0.001)$]。其中 $t$ 是标定温度与使用温度的差值，单位是摄氏度(℃)，其值取正值。

(4) $C_{CH_3COONa}=0.1$mol/L 乙酸钠-冰乙酸标准滴定溶液的配制与标定。

① 配制。称取 5.3g 无水碳酸钠，溶解于 300mL 冰乙酸中，完全溶解后用冰乙酸稀释至 1L。每周标定 1 次，以检测出 0.0005mol/L 的变化。

② 标定。有以下两种方法。

方法 A：在 120mL 滴定溶剂中加入 8.00mL 高氯酸-冰乙酸标准滴定溶液，用乙酸钠-冰乙酸溶液滴定，操作和终点判断同正滴定方法 A。

乙酸钠-冰乙酸标准滴定溶液的实际浓度 $C_{CH_3COONa}$(mol/L)，按式(2)计算：

$$C_{CH_3COONa}=\frac{(8.00-V_0)\times C_{HClO_4}}{V_2} \tag{2}$$

式中　$V_0$——空白试验所用高氯酸-冰乙酸标准滴定溶液的体积，同式(1)中 $V_0$mL；

$V_2$——滴定时所用乙酸钠-冰乙酸溶液的体积，mL；

$C_{HClO_4}$——高氯酸-冰乙酸标准滴定溶液的实际浓度，mol/L。

方法 B：操作步骤与方法 A 相同，只是将方法 A 中所用试剂、滴定溶剂的用量均作相应的减半。

乙酸钠-冰乙酸标准滴定溶液实际浓度 $C_{CH_3COONa}$(mol/L)，按式(3)计算：

$$C_{CH_3COONa}=\frac{(4.00-V_3)\times C_{HClO_4}}{V_4} \tag{3}$$

式中　$V_3$——空白试验(60mL 滴定溶剂)所用高氯酸-冰乙酸标准滴定溶液的体积，mL；

$V_4$——滴定时所用的乙酸钠-冰乙酸溶液的体积，mL；

$C(HClO_4)$——同式(2)。

(5) 试样的准备：由于试样中的沉淀物都可能是酸性或碱性物质，或者试样中吸收了酸性或碱性物质，因此，保证试样有代表性是很重要的。必要时，可以加热样品(一般不超过 60℃)，有助于更好混合。对使用过的油样，在取样前应剧烈地摇动，以确保试样的均匀性。

(6) 仪器和电极准备。

① 玻璃电极。新的玻璃电极至少要在蒸馏水中浸泡 24h 以上方可使用。试验后的电极应该依次用滴定溶剂、蒸馏水洗净并浸泡在蒸馏水中备用。当玻璃电极连续使用 1 周后，若电极的球表面被污染，则可将电极浸泡在冷的铬酸洗液或其他强氧化性酸的清洗液中，时间不要超过 5min，取出后用水洗净，再浸泡在蒸馏水中备用。

要注意铬酸洗液是强氧化剂、吸湿剂和有毒物质，使用时如果溅洒在皮肤上，易引起严重烧伤。

② 参比电极。选用甘汞电极或银氯化银电极均可。市售参比电极的盐桥均为水溶液，应改为非水溶液盐桥。首先将水溶液排空，用水冲洗出全部氯化钾晶体，然后再用高氯酸钠电解液冲洗盐桥套管多次，最后仔细地向套管中加入高氯酸钠电解液，直至液面达到注入孔处。

当用套管式甘汞电极时，在干净的外套管中注入高氯酸钠电解液，并用高氯酸钠电解液润湿连接头的两个磨砂面，固定好外套管，用氯苯冲洗电极。

电极在使用时，电极内电解液的液面应保持高于滴定烧杯中溶液的液面。电极不用时应该用塞子塞好小孔。

③ 电位滴定仪的调整。自动电位滴定仪或其他类型滴定仪均可，按说明书调整。当用 ZD-2 型仪器时，需用 100mL 冰乙酸将仪器调至冰乙酸的电位域，如 650~700mV(相当于

5~6 个 pH 单位）。

④ 电极电位的检测。新的电极和久置的电极以及电位滴定装置首次使用时都要进行如下检测。

在 100mL 冰乙酸中加入 0.2g（精确至 0.0001g）苯二甲酸氢钾，搅拌溶解后，将电极对插入此溶液中，并读取电位滴定仪的电位值。取出电极，用氯苯洗净。再将电极浸入到加有 1.50mL 高氯酸-冰乙酸标准滴定溶液的 100mL 冰乙酸溶液中，读取电位滴定仪的电位值，以上两个读数之差至少为 300mV，否则不得使用，电极应重新处理。

## 四、实验步骤

1. 正滴定方法 A

（1）试样量 $X_1$（g）按式（4）计算：

$$X_1 = 28/BN_1 \tag{4}$$

式中　$BN_1$——预估的碱值，mgKOH/g。

如果预估的碱值不知道，则可以用一个简单的实验迅速粗略地估计，即称取 0.2~0.3g 试样，滴定到 570mV 作为终点，计算试样碱值，该值作为试样的预估碱值。

（2）按表 4.6 规定，在烧杯中称取试样。

表 4.6　称取试样量与称量精度

| 试样量/g | 称量精度/g | 试样量/g | 称量精度/g |
|---|---|---|---|
| >10~20 | 0.05 | >0.25~1.0 | 0..001 |
| >5~10 | 0.02 | 0.1~0.25 | 0.0005 |
| >1~5 | 0.005 | | |

（3）在称有试样的烧杯中加入 120mL 滴定溶剂，将烧杯放在滴定台上，搅拌直至试样全部溶解。当有些试样难溶时，可先在烧杯中加入 8mL 氯苯溶解试样，然后再加入 40mL 冰乙酸。有些使用过的油样含有不溶固体物质，是正常现象。

（4）将已准备好的玻璃-甘汞电极对插入试样溶液中，其浸入位置尽可能的低，至少应浸入试样溶液 10mm 以下。开始搅拌，搅拌速度要控制在没有溶液飞溅和产生气泡的情况下尽可能的大。

（5）滴定

① 手工滴定。用高氯酸-冰乙酸标准滴定溶液滴定，滴定管尖端应浸入烧杯内溶液的液面以下。滴定之前和滴定过程中，应间断地记录滴定剂体积和电位滴定仪读数。滴定速度一般控制在 0.1mL/min，滴定过程中可根据溶液的电位值变化大小改变滴定速度。当加入 0.1mL/min 滴定剂，溶液电位值变化大于 30mV 或相当于 0.5 个 pH 时，滴定曲线可能出现拐点。这时，可以减小滴定速度为 0.05mL/min。

滴定到最后阶段，当加入 0.1mL 滴定剂，试样溶液电位变化小于 5mV 或相当于 0.1 个 pH 时，可结束滴定。

② 自动滴定。按所用仪器的说明书调整仪器，调整滴定速度，最大滴定速度为 1.0mL/min，滴定结束后，自动记录滴定曲线和计算出结果。

（6）滴定完毕移开烧杯，用滴定溶剂冲洗电极和滴定管尖端，接着用蒸馏水洗，再用滴定溶剂洗，试验结束后，电极不再使用时，应浸泡在蒸馏水中。

用滴定溶剂可洗去电极上的油状物质，用蒸馏水可洗去甘汞电极套管周围的高氯酸钠，同时可以恢复玻璃电极的水溶胶层。

（7）每一批试验都要做 120mL 滴定溶剂的空白实验。手工滴定时，空白试验的滴定剂增量为每份 0.05mL。每加 1 份滴定剂，待溶液电位稳定后，读取滴定管读数和电位滴定仪的电位值。

（8）手工滴定时，按记录的滴定剂体积和相应的电位滴定仪的电位值，绘制电位滴定曲线，由滴定曲线的拐点确定终点。记录终点的滴定体积，一个实用的方法是按 0.1mL 滴定剂至少使试样溶液的电位值变化 50mV 的标准确定终点。

2. 正滴定方法 B

（1）试样量 $X_2$(g) 按式(5)计算

$$X_2 = 10/BN_2 \tag{5}$$

式中　$BN_2$——预估的碱值，mg KOH/g。

如果预估的碱值不知道，可以做个简单实验，即称取 0.1~0.15g 试样，滴定到 570mV 作为终点，这样便可迅速地估算试样的碱值。

（2）按表 4.7 规定，在烧杯中称取试样。

**表 4.7　称取试样量与称量精度**

| 试样量/g | 称量精度/g | 试样量/g | 称量精度/g |
|---|---|---|---|
| >5~10 | 0.02 | >0.25~1.0 | 0.001 |
| >1~5 | 0.005 | 0.1~0.25 | 0.0005 |

（3）在称有试样的烧杯中，加入 60mL 滴定溶剂，将烧杯放在滴定台上，搅拌溶液直至试样全部溶解。当有些试样难溶时，可先在烧杯中加入 40mL 氯苯溶解，再加入 20mL 冰乙酸。

（4）同四 1.（4）。

（5）同四 1.（5）。

（6）同四 1.（6）。

（7）每一批实验都要做 60mL 滴定溶剂的空白实验。其操作同四 1.（7）。

（8）同四 1.（8）。

3. 计算

方法 A 和方法 B，碱值测定结果计算方法相同。

试样的碱值 $BN_3$(mgKOH/g) 按式(6)计算

$$BN_3 = \frac{(V_5 - V_0) \times C_{HClO_6} \times 0.0561 \times 1000}{m_2} \tag{6}$$

式中　$V_5$——滴定试样时，所用高氯酸-冰乙酸标准滴定溶液的体积，mL；

$V_0$——用方法 A 时，同式(1)中 $K$，用方法 B 时，同式(3)中 $V_3$，mL；

$C_{HClO_4}$——高氯酸-冰乙酸标准滴定溶液的实际浓度，mol/L；

0.0561——与 1.00mL 高氯酸-冰乙酸标准滴定溶液($C_{HClO_4}$=1.000mol/L)相当的以 g 表示的氢氧化钾的质量;

$m_2$——试样的质量,g。

4. 返滴定方法 A

在按正滴定方法 A 进行滴定时,对某些试样(特别是使用过的油样)滴定无拐点或拐点不明显时,可采用本方法。

(1) 试样量应小于表 4.6 中的规定量,通常最大试样量为 5g。如果试样量为 5g,滴定无拐点时,还应减少试样量,再进行试验。

(2) 同四 1.(3)。

(3) 用移液管或滴定管准确地向烧杯加入 8.00mL 高氯酸-冰乙酸标准滴定溶液。一定要保证加入的高氯酸-冰乙酸标准滴定溶液为过量的。

(4) 同四 1.(4)。

(5) 搅拌烧杯中的溶液 2min。

(6) 用乙酸钠-冰乙酸标准滴定溶液滴定过量的高氯酸-冰乙酸标准滴定溶液。滴定步骤同四 1.(5)。

(7) 另一种方法是如果按四 1.(5)正滴定的试样,在试样量没超过 5g,滴定又得不到满意拐点时,则可将四 1.(5)已经滴定过的试样直接进行返滴定(即可不必重新称取试样),但必须准确地记录所用高氯酸-冰乙酸标准滴定溶液的体积,再按上面(6)进行返滴定。值得注意的是标定乙酸钠-冰乙酸标准滴定溶液时,所用的 8.00mL 高氯酸-冰乙酸标准滴定溶液的体积,也应作相应的修正,应与实验所用的体积一致。

5. 返滴定方法 B

在按正滴定方法 B 进行滴定时,对某些试样(特别是使用过的油样)滴定无拐点或拐点不明显时,可采用本方法。

(1) 按表 4.8 规定准确地称取试样,最大试样量应不超过 2.5g。如果试样量为 2.5g,滴定无拐点时,还应减少试样量,再进行实验。

(2) 先用 40mL 氯苯溶解试样,然后再加入 20mL 冰乙酸。

(3) 用移液管或滴定管向烧杯中准确地加入 4.00mL 高氯酸-冰乙酸标准滴定溶液,高氯酸-冰乙酸标准滴定溶液必须过量,必要时,还可以加大用量。

(4) 同四 1.(4)。

(5) 搅拌烧杯中的溶液 2min。

(6) 同四 1.(6)。

(7) 另一种方法是如果按四 2.(5)正滴定的试样,在试样量没超过 2.5g,滴定又得不到满意拐点时,则可将四 2.(5)已经滴定过的试样进行返滴定(即可不必重新称取试样),但必须准确地记录所用高氯酸-冰乙酸标准滴定溶液的体积,再按四 4.(6)进行返滴定。但标定乙酸钠-冰乙酸标准滴定溶液时,所用的 4.00mL 高氯酸-冰乙酸标准滴定溶液的体积也应作相应的修正,应与试验所用的体积一致。

6. 计算

方法 A 和方法 B 碱值测定结果计算相同。

试样的碱值 $BN_4$(mg KOH/g)按式(7)计算

$$BN_4=\frac{(V_2-V_6)\times C_{CH_3COONa}\times 0.0561\times 1000}{m_3} \tag{7}$$

式中　$V_2$——用高氯酸-冰乙酸标准滴定溶液标定时所用乙酸钠-冰乙酸标准滴定溶液的体积，mL；

$V_6$——滴定试样时所用乙酸钠-冰乙酸标准滴定溶液的体积，mL；

$C_{CH_3COONa}$——乙酸钠-冰乙酸标准滴定溶液(三、4)的实际浓度，mol/L；

$m_3$——试样的质量，g；

0.0561——同式(6)。

## 注意事项

(1) 当石油产品加有添加剂时，石油产品就可能出现碱性成分，所以要测定它。

(2) 要严格按电位滴定操作做好每一步实验。

(3) 测定碱值可以衡量添加剂降解性能，以便确定实际废弃极限。

# 实验二　添加剂中有效组分的测定方法

## 知识链接

所谓添加剂的有效组分是指添加剂稀释油除外的那个部分，大多是聚合物大分子。

根据添加剂与稀释油分子半径大小不同，稀释油分子半径小能渗透过薄膜，添加剂的分子半径大渗透不出来而留在膜内，膜内物质经处理后并恒重，即为添加剂有效组分。

## 一、仪器与材料

(1) 脂肪抽提器：250mL。

(2) 锥形烧瓶：100mL。

(3) 锥形洗瓶：250mL。

(4) 干燥器。

(5) 两头通气的玻璃球：直径为 30mm。

(6) 恒温水浴锅：两孔或四孔。恒温温度不超过±1℃。

(7) 电热恒温干燥箱：恒温温度不超过±1℃。

(8) 分析天平：感量 0.1mg。

(9) 橡胶薄膜套渗透装置：如图 4.1 所示。

(10) 材料

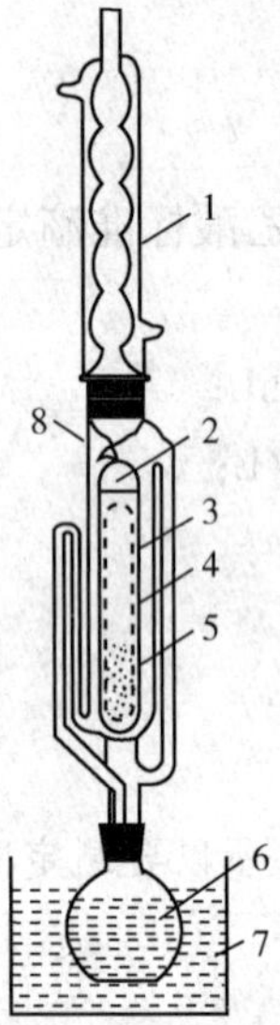


图 4.1　橡胶薄膜套渗透装置图

1—冷凝管；2—玻璃球；3—滤纸筒；4—橡胶薄膜套；5—试样；6—石油醚；7—水浴；8—脂肪抽提器

①橡胶薄膜套。符合 GB 7544 标准要求，天津乳胶厂产，康乐牌，中号。②滤纸筒。直径 30mm，高 100mm。③棉线。④医用剪刀。⑤橡胶工业用溶剂油，符合SH 0004 要求。

## 二、试剂

（1）石油醚：分析纯，30~60℃和 60~90℃。

（2）重铬酸钾：配成浓度为 50g/L 的铬酸洗液。

## 三、准备工作

（1）橡胶薄膜套的处理：松开橡胶薄膜套，用 60~90℃石油醚洗涤橡胶薄膜套内外，然后用 30~60℃石油醚洗涤，主要把橡胶薄膜套上的油脂及杂质除掉。随后立即用风将其吹干，并检查是否漏气，再卷成原来式样放入滤纸筒，将橡胶薄膜套的卷边卡在滤纸筒的上口。

（2）样品的处理：将装在玻璃瓶中的样品(不超过容积的 3/4)摇动 5min，使其混合均匀，黏稠的添加剂应预先热到 70~80℃使其能流动，然后用玻璃棒仔细地搅拌 5min。

（3）称样前的准备：将处理过的橡胶薄膜套及滤纸筒放入干燥器中干燥，直至连续两次称量之差，不超过 0.0004g 为止。

（4）锥形烧瓶的洗涤：用橡胶工业用溶剂油浸泡 100mL 锥形烧瓶，再用洗衣粉洗涤锥形烧瓶，用水冲去碱性，将其放在铬酸洗液中浸泡，最后用水冲洗干净，放入恒温干燥箱内，在 105~110℃烘至恒重。

## 四、试验步骤

（1）称取试样 1~2g(称准至 0.0002g)于处理好的橡胶薄膜套中，放长橡胶薄膜套与滤纸筒长短一样，放入滤纸筒内，卷边卡在滤纸筒口上。

（2）在滤纸筒口上套上玻璃球，松开橡胶薄膜套，让橡胶薄膜套罩过整个玻璃球，把橡胶薄膜套口用棉线缚紧于玻璃球口，把多余的橡胶薄膜套剪掉。

（3）把滤纸筒连同橡胶薄膜套一起装入脂肪抽提器内，加入 250mL 30~60℃石油醚于脂肪抽提器的蒸馏瓶内，放入水浴，在(70±1)℃温度下回流 6~8h。如图 4.1 所示。

（4）取出橡胶薄膜套，将橡胶薄膜套内物质倒入已在 105~110℃温度下恒重好的锥形烧瓶内，用 30~60℃石油醚仔细洗涤橡胶薄膜套，洗涤液装入同一锥形烧瓶中，蒸脱石油醚后，放入烘箱，烘至恒重。

## 五、计算

试样中有效组分 $X$(%)(质量分数)按式(8)计算

$$X=\frac{m_1-m_2}{m}\times 100 \tag{8}$$

式中　$m_1$——添加剂有效组分和锥形烧瓶的质量，g；
$m_2$——锥形烧瓶的质量，g；
$m$——试样的质量，g。

## 注意事项

（1）标准适用于清净分散剂和黏度指数改进剂等聚合物大分子。
（2）认真按规定使用脂肪抽提器，否则会得出错误结果。

# 实验三　含添加剂润滑油的钙、钡、锌含量测定法（配位滴定法）

### 知识链接

方法规定了用配位滴定法测定含添加剂润滑油的钙、钡、锌含量。

方法只适用于未使用过但加有添加剂的润滑油。测定范围（质量分数）为 Zn：0.02%～1.2%、Ca：0.03%～1.2%、Ba：0.05%～3.00%。

若测定添加剂的钙、钡、锌，本方法也可使用，但试样量要适当减少一些。

试样经甲苯-正丁醇稀释后，用盐酸将试样中的钙、钡、锌抽提出来，抽提出来的试液在 pH 值为 5.5 时，用二甲酚橙作指示剂测定锌含量；试样用铜试剂作沉淀剂，将锌及可能存在的重金属元素沉淀除去后，以铬黑 T 为指示剂，在 pH 值为 10 时，用 EDTA 标准滴定溶液及氯化镁标准滴定溶液返滴定，测定其钙、钡总量；试液除加铜试剂外，再加入一定量的硫酸钾除去锌、钡后，在 pH>13 条件下，用钙指示剂测定钙含量。钙、钡总量与钙含量之差为钡含量。

## 一、仪器

（1）梨形分液漏斗：300mL。
（2）滴定管：25mL。
（3）容量瓶：250mL 和 1L。
（4）移液管：50mL，20mL。
（5）振荡器：上面装有一个可固定分液漏斗用的木架。
（6）三角烧瓶：250mL。
（7）烧杯：100mL，250mL。
（8）材料滤纸：中速定性滤纸，直径 11cm。

## 二、试剂

(1) 铜试剂(二乙基二硫代氨基甲酸钠)：配成50g/L铜试剂溶液。

(2) 盐酸：分析纯，浓度为36%~38%(质量分数)。配制成质量分数(19%)、7%盐酸溶液。

(3) 氢氧化钠：分析纯，配成100g/L氢氧化钠溶液。

(4) 氨水：分析纯，氨含量为25%~28%(质量分数)。配制成浓度为4%(质量分数)的氨水溶液。

(5) 甲苯：分析纯。

(6) 正丁醇：分析纯。

(7) 氯化钠：分析纯。

(8) 硫酸钾：分析纯，配成20g/L硫酸钾溶液。

(9) 甲基橙指示剂：配成1g/L甲基橙指示液。

(10) 铬黑T指示剂：将1g铬黑T与100g氯化钠混合研细后保存于磨口瓶中。

(11) 二甲酚橙指示剂：将1g二甲酚橙与100g氯化钠混合研细后保存于磨口瓶中。

(12) 锌粒：无砷基准试剂。

(13) 孔雀石绿指示剂：配制成1g/L乙醇指示液。

(14) 钙指示剂($C_{21}H_{14}N_2O_7S$)又名2-羟基-1-(2-羟基-4-磺基-1-萘基偶氮)-3-萘甲酸或钙-羧酸指示剂(Calcon-carboxy licacid)：将1g钙指示剂与100g氯化钠混合研细后保存于磨口瓶中。

(15) 氧化锌：基准试剂。

(16) 其他试剂。

本方法还要使用氯化铵、冰乙酸、无水乙酸钠、氯化镁、无水乙醇等试剂，所用试剂其纯度除有专门说明外均为分析纯。

## 三、准备工作

(1) 配制混合溶剂：用甲苯与正丁醇以1∶1(体积比)混合均匀。

(2) 氯化锌标准滴定溶液或氧化锌基准溶液的配制

① $C_{ZnCl_2}=0.015$mol/L氯化锌标准滴定溶液的配制。取锌粒约5g放在100mL烧杯中，加入19%(质量分数)盐酸溶液20mL，作用3min后，迅速用蒸馏水洗净残留的酸，再用无水乙醇洗两次，于105~110℃的烘箱中烘10min，取出，在干燥器中冷却30min后，准确移取上述锌粒0.9807g于1L容量瓶中，将此容量瓶斜置成45°后，加入19%(质量分数)盐酸溶液20mL，待锌粒全部反应完后，用蒸馏水稀释至刻度。

氯化锌标准滴定溶液的实际浓度$C_{ZnCl_2}$(mol/L)，按式(9)计算：

$$C_{ZnCl_2}=\frac{m_1}{65.38\times1} \tag{9}$$

式中　$m_1$——锌粒质量，g；

65.38——基本单元为($Zn^{2+}$)的1mol锌的质量，g/mol；

1——氯化锌溶液的体积，L。

② $C_{ZnO}$ = 0.015mol/L 氧化锌基准溶液的配制。称取于 800℃灼烧至恒重的基准氧化锌 1.221g，称精确至 0.0002g。加 5mL19%(质量分数)盐酸溶液溶解后，移入 1L 容量瓶中，稀释至刻度，摇匀。

氧化锌基准溶液的实际浓度 $C_{ZnO}$，mol/L，按式(10)计算

$$C_{ZnO}=\frac{m_2}{81.38\times1} \tag{10}$$

式中　$m_2$——氧化锌的质量，g；

81.38——基本单元为(ZnO)的 1mol 氧化锌的质量，g/mol；

1——氧化锌基准溶液的体积，L。

(3) $C_{EDTA}$ = 0.015mol/L 标准滴定溶液的配制。称取乙二胺四乙酸二钠 5.6g 加热溶于 1L 蒸馏水中，待全部溶解后摇匀。用上述氯化锌标准滴定溶液[三(2)①]或氧化锌基准溶液[三(2)②]进行标定。标定时，用移液管移取上述溶液[三(2)①或三(2)②]20mL 于 250mL 三角烧瓶中，加甲基橙指示剂 1 滴，用 4%(质量分数)氨水溶液中和溶液至黄色，再用 7%(质量分数)盐酸溶液调至呈红色，加入 pH 值为 5.5 的乙酸-乙酸钠缓冲溶液 10mL，二甲酚橙指示剂 20mg，用待标定的 EDTA 溶液将溶液由红色滴定至黄色。

EDTA 标准滴定溶液的实际浓度 $C_{EDTA}$(mol/L)，按式(11)计算：

$$C_{EDTA}=\frac{C\times20}{V_1} \tag{11}$$

式中　$C$——氯化锌标准滴定溶液(或氯化锌基准溶液)的实际浓度，mol/L；

20——所取氯化锌标准滴定溶液(或氧化锌基准溶液)的体积，mL；

$V_1$——滴定时所消耗 EDTA 溶液的体积，mL。

(4) $C_{MgCl_2}$ = 0.015mol/L 氯化镁标准滴定溶液的配制。称取六水氯化镁($MgCl_2\cdot6H_2O$) 3.1g 用蒸馏水溶解后，稀释成 1L，用上述 EDTA 标准滴定溶液进行标定。标定时，用移液管移取 EDTA 标准滴定溶掖 20mL 于 250mL 三角烧瓶中，加入甲基橙指示剂 1 滴。用 4%(质量分数)氨水溶液中和溶液至刚呈黄色，加入 pH 值为 10 的氨-氯化铵缓冲溶液 10mL，铬黑 T 指示剂约 20mg，用待标定浓度的镁溶液将溶液滴定至呈灰紫色。

氯化镁标准滴定溶液的实际浓度 $C_{MgCl_2}$(mol/L)，按式(12)计算：

$$C_{MgCl_2}=\frac{C_{EDTA}\times20}{V_2} \tag{12}$$

式中　$C_{EDTA}$——EDTA 标准滴定溶液的实际浓度，mol/L；

$V_2$——滴定时所消耗的氯化镁溶液的体积，mL；

20——所取 EDTA 标准滴定溶液的体积，mL。

(5) pH 值为 5.5 的乙酸-乙酸钠缓冲溶液。取无水乙酸钠 200g，冰乙酸 9mL，用蒸馏水稀释至 1L。

(6) pH 值为 10 的氨-氯化铵缓冲溶液：取氨水 570mL，加入氯化铵 67g；用蒸馏水稀释至 1L。

(7) 50g/L 铜试剂溶液。取铜试剂 5g 于 250mL 烧杯中，加水 95mL，加热(勿沸)溶解。

如有不溶物时，用中速定性滤纸过滤后再使用。

## 四、试验步骤

(1) 在 100mL 小烧杯中，按表 4.8 规定称取试样（精确至 0.01g），加入混合溶剂 30mL，搅拌均匀后移入 300mL 分液漏斗中，再用 50mL 混合溶剂分 3 次洗涤烧杯，洗涤液一并加入上述分液漏斗中。

**表 4.8　试样的用量**

| 锌含量（质量分数）/% | 试样用量/g | 锌含量（质量分数）/% | 试样用量/g |
| --- | --- | --- | --- |
| 0.02~0.1 | 20~25 | >0.4~0.8 | 5~10 |
| >0.1~0.4 | 15~20 | >0.8~1.2 | 2~3 |

(2) 向分液漏斗中加入 30mL 7%（质量分数）盐酸溶液，将其在振荡器上振荡 10min，取下。静置分层后，将下层酸液放至 250mL 的容量瓶中，先用约 40mL 热蒸馏水（70~80℃）洗漏斗中试样 1 次，再用 5mL 7%（质量分数）盐酸溶液及约 40mL 热蒸馏水洗漏斗 1 次，这两次洗涤均应将分液漏斗置于振荡器上振荡 5min，再向分液漏斗中加入热蒸馏水 20mL，用振荡器再振荡 1min。上述 3 次洗涤后的洗涤液合并加入 250mL 容量瓶中，用水稀释至刻度，待用。

(3) 锌含量测定。

① 从上述 250mL 容量瓶中，吸取 50mL 试液于 250mL 三角烧瓶中，加入甲基橙指示液 1 滴，先用氨水将溶液调至黄色，再用 7%（质量分数）盐酸溶液调至微红色，加入乙酸-乙酸钠缓冲溶液 10mL，二甲酚橙指示剂约 20mg，用已知浓度的 EDTA 标准滴定溶液滴定至溶液由红色变为黄色。

② 试样中锌的含量（质量分数）$X_1$（%）按式（13）计算：

$$X_1=\frac{C_{EDTA}\times V_3 0.06538\times 5}{m}\times 100=\frac{C_{EDTA}\times V_3\times 32.69}{m} \tag{13}$$

式中　$C_{EDTA}$——EDTA 标准滴定溶液的实际浓度，mol/L；

$V_3$——滴定时所消耗的 EDTA 标准滴定溶液的体积，mL；

$m$——试样的质量，g；

0.06538——与 1.00mL EDTA 标准滴定溶液（$C_{EDTA}=1.000$mol/L）相当的以 g 表示的锌的质量。

(4) 钙含量测定。

① 从上述 250mL 容量瓶中，另取 50mL 试液于 100mL 烧杯中，加甲基橙指示液 1 滴，先用氨水将溶液调至橙色，再用 4%（质量分数）氨水溶液将溶液调至黄色，后加 50g/L 铜试剂溶液 5mL（如无锌，省去此步），20g/L 硫酸钾溶液 5mL（如无钡，省去此步），再加热至 80℃左右。冷却 40min 后用中速定性滤纸将溶液过滤至 250mL 三角烧瓶中，烧杯及滤纸用热蒸馏水（60~70℃）洗 3~4 次，洗涤液一并加入三角烧瓶中。

② 滤液中加孔雀石绿指示液 1 滴，用 100g/L 氢氧化钠溶液将滤液调至由蓝色变绿直至无色。

③ 加入钙指示剂约 0.1g，摇匀后再加入 $C_{MgCl_2}=0.015mol/L$ 氯化镁标准滴定溶液 5mL，然后用已知浓度的 EDTA 标准滴定溶液滴定至溶液由红色变为蓝色。

④ 试样中钙的含量(质量分数)$X_2$(%)，按式(14)计算：

$$X_2=\frac{C_{EDTA}\times V_4\times 0.0408\times 5}{m}\times 100 \tag{14}$$

式中 $C_{EDTA}$——EDTA 标准滴定溶液的实际浓度，mol/L；

$V_4$——滴定时所消耗的 EDTA 标准滴定溶液的体积，mL；

$m$——试样的质量，g；

0.0408——与 1.00mLEDTA 标准滴定溶液($C_{EDTA}=1.000mol/L$)相当的以 g 表示的钙的质量。

(5) 钡含量测定。

① 测定钡含量时，要先测定钡、钙的总量，再减去钙含量而求出钡含量。

② 从上述 200mL 容量瓶中取 50mL 试液于 100mL 烧杯中，加甲基橙指示液 2 滴，先用氨水将溶液调至橙色，再用 4%(质量分数)氨水溶液将溶液调至黄色，后加 50g/L 铜试剂溶液 5mL(如无锌，可省去此步)，试液加热至 80℃左右，冷却后用中速定性滤纸将溶液滤入 250mL 三角烧瓶中，烧杯及滤纸用热蒸馏水(60~70℃)洗 3~4 次，洗涤液一并加入三角烧瓶中。

③ 滤液中依次加入氨-氯化铵缓冲溶液 10mL，已知浓度的 EDTA 标准滴定溶液 20~35mL 和铬黑 T 指示剂约 50mg，此时溶液呈蓝色。

④ 用 $C_{MgCl_2}=0.015mol/L$ 氯化镁标准滴定溶液返滴定过量的 EDTA 标准滴定溶液，溶液由蓝绿色变为灰紫色时为滴定终点。

⑤ 试样中钡的含量(质量分数)$X_3$(%)，按下式计算：

$$X_3=\frac{[C_{EDTA}\times(V_5-V_4)-C_{MgCl_2}\times V_6]\times 0.1374\times 5}{m}\times 100 =\frac{C_{EDTA}\times(V_5-V_4)-C_{MgCl_2}\times V_6}{m}\times 68.7 \tag{15}$$

式中 $C_{EDTA}$——EDTA 标准滴定溶液的实际浓度，mol/L；

$V_5$——加入的 EDTA 标准滴定溶液的体积，mL；

$V_4$——在钙含量测定时所用 EDTA 标准滴定溶液的体积，mL；

$C_{MgCl_2}$——氯化镁标准滴定溶液的实际浓度，mol/L；

$V_6$——返滴定时所消耗的氯化镁标准滴定溶液的体积，mL；

$m$——试样的质量，g；

0.1374——与 1.00mLEDTA 标准滴定溶液($C_{EDTA}=1.000mol/L$)相当的以 g 表示的钡的质量。

## 注意事项

(1) 本方法可同时测定三元素，也可以分开测定，当钙、钡同时存在时，钙钡比可达 0.2~10。

(2) 注意 EDTA 标准溶液滴定终点的控制。

# 实验四 添加剂和含添加剂润滑油水分测定法（电量法）

## 知识链接

用电量法测定石油添加剂以及含添加剂润滑油中的水含量。

用一定量的脱水溶剂（苯或甲苯）和试样混合并进行共沸蒸馏，馏出液以一定比例混合的卡尔·费休试剂、甲醇、三氯甲烷混合液为电解液，以电量法测定其水含量。

当馏出液中有水时，碘氧化二氧化硫，发生如下化学反应：

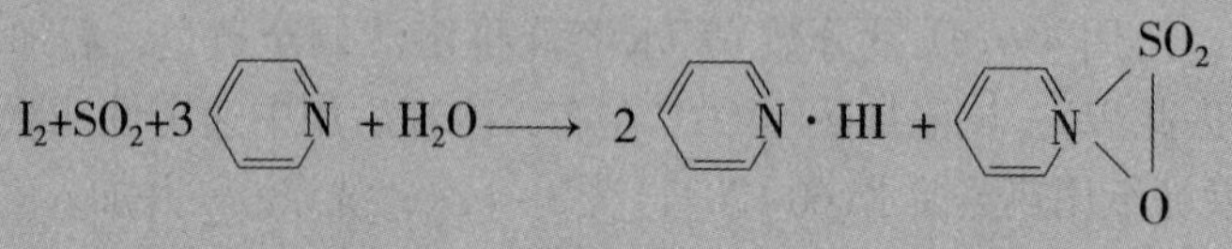

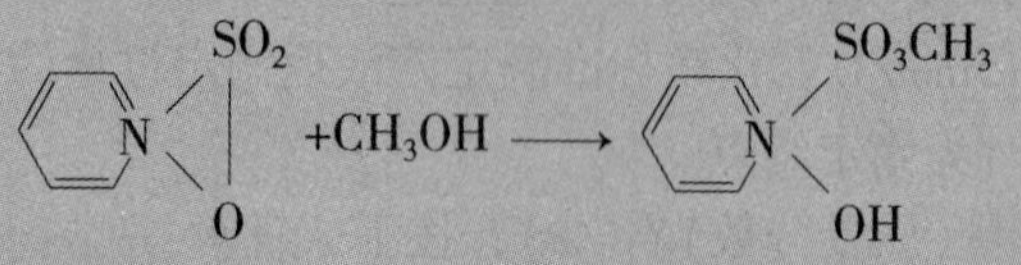

生成的硫酸吡啶又同甲醇反应生成稳定的甲基硫酸吡啶，消耗的碘由溶液中碘离子在阳极发生氧化反应来补充：

$$2I^- - 2e \longrightarrow I_2$$

测量补充消耗的碘所需要的电量，根据法拉第电解定律，可求出试样中的水含量。

## 一、仪器

（1）库仑仪：能供给恒定的至少 10mA 以上电解电流和检测装置的库仑仪，如江苏电分析仪器厂生产的 YS-2 型库仑仪或其他类型仪器。

（2）电解池：见图 4.2 所示。

（3）半微量蒸馏装置：见图 4.3 所示。

（4）注射器：1mL、2mL、5mL、30mL。

（5）微量注射器：0.5μL、1.0μL。

（6）酒精灯或小电炉。

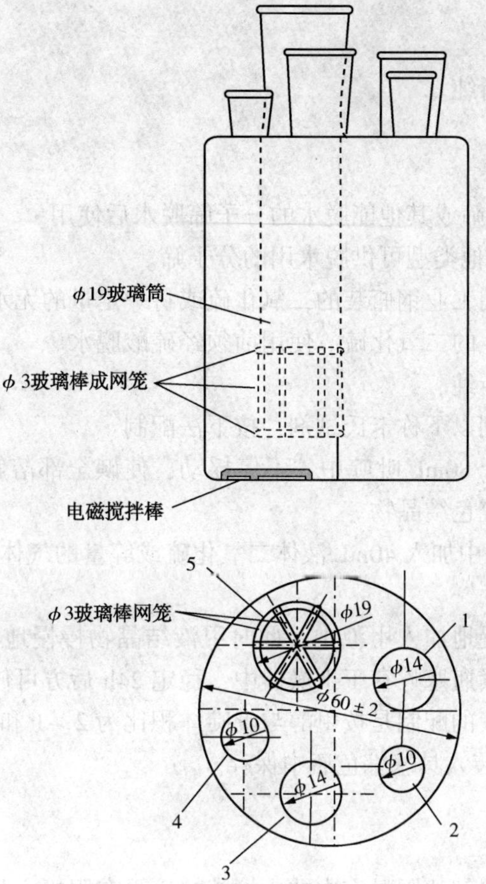


图 4.2　电解池

1—14 号标准磨口，接指示电极；2—10 号标准磨口，接干燥管；
3—14 号标准磨口，接阳极电极；4—10 号标准磨口，进样口盖橡胶盖；
5—19 号标准磨口，接阴极电极

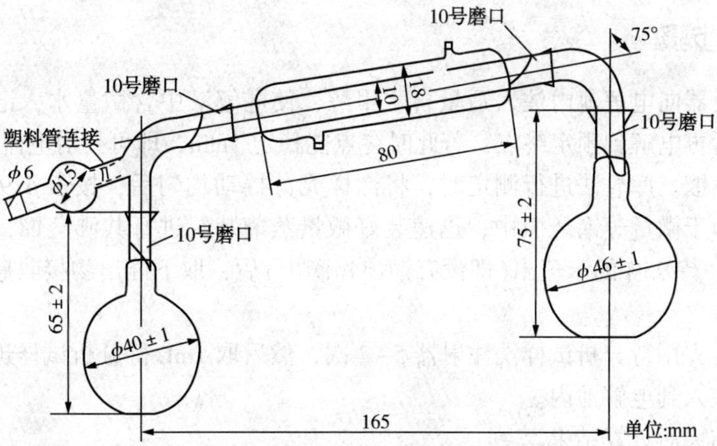


图 4.3　半微量蒸馏装置

## 二、试剂

(1) 无水甲醇：分析纯。

(2) 吡啶：分析纯。

(3) 碘：分析纯。

(4) 苯：用5A分子筛或其他能脱水的分子筛脱水后使用。

(5) 分子筛5A或其他类型可供脱水用的分子筛。

(6) 二氧化硫：可用工业钢瓶装的二氧化硫或将一定量的无水亚硫酸钠放在2L圆底烧瓶中，逐滴加入硫酸产生的二氧化硫。使用前须经硫酸脱水。

(7) 三氯甲烷：分析纯。

(8) 卡尔·费休试剂以下称卡氏试剂，按下法配制。

甲液：将50g碘溶于80mL吡啶中，不停摇动，使碘全部溶解，然后加入260mL无水甲醇，此时溶液应出现橙色结晶物。

乙液：在40mL吡啶中加入40mL液体二氧化硫或等量的气体二氧化硫，此时溶液呈淡黄色。

在冷浴中将乙液慢慢地加入甲液中，此时甲液结晶物慢慢地溶解，即得到褐色卡氏试剂。待溶液冷却后，旋紧瓶塞贮存于干燥器中，稳定24h后方可使用。

(9) 电解液：电解液的配制是按甲醇与吡啶体积比为2∶1和三氯甲烷与甲醇体积比为1∶1的比例混合均匀，装入具塞棕色瓶中保存。

## 三、准备工作

(1) 在预先干燥的电解池阳极室内放入搅拌棒，再在阳极室加入50~60mL电解液，然后加入卡氏试剂至电解液呈红棕色，取此电解液2mL加入阴极室内，盖好滴定池帽，在磨口处均涂以真空润滑脂，以防止吸湿，使电解池处于密闭状态，以备使用。

(2) 按库仑仪说明书调节好仪器。

(3) 把电解池的导线和库仑仪连接好。

## 四、试验步骤

(1) 用注射器向电解池内注入适量含水甲醇，使电解液中含微量水，记录器指示接近零点位置，然后再电解到预定终点，若此时终点能稳定1min，即可校对电流值，准备进样。

(2) 共沸蒸馏。库仑法进行测定时，将油样充分摇动均匀后，按表4.9规定取一定量的试样和脱水苯于微量蒸馏烧瓶中，迅速装好微量蒸馏装置进行共沸蒸馏，蒸馏速度为每分钟30~50滴，待95%的苯蒸出(即没有馏出物滴出)后，取下馏出物接收瓶，并立即加盖称重。

(3) 进样前先用待分析试样洗注射器5~7次，然后取1mL待分析试样迅速通过电解池进样口橡胶塞注入到电解池内。

(4) 电解结束后计算结果。

(5) 按此方法不加分析试样进行空白试验和空白值的测定。

**表 4.9　共沸蒸馏时试样量与苯量的选用范围表**

| 试样水含量范围/($\times10^{-6}$) | 试样量/g | 苯量/g | 试样水含量范围/($\times10^{-6}$) | 试样量/g | 苯量/g |
|---|---|---|---|---|---|
| <300 | 3 | 10 | >1000~3000 | 1 | 15 |
| 300~500 | 2 | 15 | >3000 | 1 | 20 |
| >500~1000 | 2 | 20 | | | |

## 五、计算

试样的水含量 $X(\times10^{-6})$ 按式(16)计算

$$X=\frac{It\times1000}{10722\times m} \tag{16}$$

式中 $I$——电解电流，mA；

$t$——电解时间，s；

$m$——试样的质量，g；

10722——电解 1mg 水所消耗的电量，mC/mg。

## 注意事项

(1) 严格按操作要求进行操作，防止空气中和环境中水分的渗入。

(2) 装置要按规定进行安装、调试，使用试剂甲醇、苯等要注意安全。

# 实验五　抗氧抗腐添加剂热分解温度测定法(毛细管法)

### 知识链接

毛细管法测定有机化合物的热分解温度，添加剂多为有机化合物。

将试样注入一定规格的毛细管内，在规定条件下加热，测量试样变成白色晶状物质时的最低温度，即为试样的热分解温度。

## 一、仪器与材料

(1) 烧杯：500mL。

(2) 温度计：符合 GB 514 中规定的开口闪点用 11 号温度计。

(3) 玻璃试管：圆底，高度(160±10)mm，内径(20±1)mm。

(4) 环状玻璃棒或金属丝搅拌器。

(5) 注射器：2mL，分度值 0.1mL。

(6) 6 号封闭针头。

(7) 毛细管：长(80±1)mm，内径(1.5±0.1)mm，一头封死，壁厚约 0.15mm。材质为

硬质玻璃。

(8) 电炉：可调节温度。

(9) 石棉网。

(10) 材料：甲基硅油(工业用)。

## 二、准备工作

(1) 于 500mL 烧杯中注入 2/3 体积的甲基硅油。

(2) 于玻璃试管中注入高度约 50mm 的甲基硅油。

## 三、试验步骤

(1) 将试样充分摇动均匀，用注射器向毛细管内注入液层高度为 5~6mm 的试样，注样时，注射器针头应插至毛细管底部，使所注入的试样内不存气泡。

(2) 将装有试样的毛细管用橡胶套套在带有软木塞的温度计上，并使试样液柱中心与温度计水银球的中部在同一高度上。

(3) 用软木塞将毛细管和温度计固定于玻璃试管中心位置，并使温度计水银球底部距离玻璃试管底部 8~10mm。

(4) 将玻璃试管垂直放入装有甲基硅油的烧杯的中间位置，使玻璃试管底部距离烧杯底部 15~20mm，并使烧杯中的甲基硅油液面高出玻璃试管内甲基硅油液面至少 10mm。将搅拌器放入烧杯中。

(5) 在电炉上垫上石棉网加热烧杯，调节温度，使其均匀上升。当温度达到预计热分解温度前 40℃时，调节加热速度，使其在预计热分解温度前 20℃时，升温速度控制在每分钟升高 2~3℃，并要不断搅拌。

(6) 当试样刚由透明液体转变为白色晶状物质时，立即读取温度计读数(读至 0.5℃)，此温度即为试样的热分解温度。

## 注意事项

(1) 按要求装好测定装置，毛细管直径要适合。

(2) 加温要均匀，升温速度按规定要求进行。

# 第五模块　钢铁的分析

## 学习任务

| | |
|---|---|
| 任务目标 | 1. 知识目标<br>(1)了解钢铁中的微量元素的存在情况<br>(2)掌握钢铁中各元素的测定方法<br>(3)掌握不同方法的技术特点 |
| | 2. 能力目标<br>(1)能理解测定条件意义，正确按步骤操作，完成测定<br>(2)测定的准确性达到要求 |
| | 3. 素质目标<br>具备运用学习的技术解决实际问题的能力 |
| 任务内容 | 1. 讲述实验原理，操作技巧，仪器的调试方法<br>2. 讲述如何控制实验条件，注意事项 |

## 任务分析

本模块是通过学习掌握对钢铁中微量元素碳、硫、磷、硅、锰的测定技术。

具体提要求：

1. 学会每个实验的化学分析方法、仪器分析方法的操作技术；
2. 学会试样分解技术；
3. 学会不同元素的测定技术。

## 知识链接

铁矿石与焦炭及其他辅助材料混合经高温冶炼成生铁，生铁再与其他辅料配合，进一步冶炼则得到钢。生铁与钢的区别除杂质含量不同(前者≤7%而后者≤3%)外，主要区别在于含碳量不同。生铁含碳为1.7%~6.67%，钢含碳为0.2%~1.7%。含碳量<0.2%者称为纯铁(熟铁)。在冶炼过程中加入一定量的镍、铬、钨、钼、钒、

钛等金属，则得到各种用途不同的合金钢。

碳是决定钢铁性能的主要元素之一。碳在钢铁中以固溶态(游离态)和化合态两种状态存在。含碳高则硬度高，塑性和韧性低、熔点低；含碳低则硬度低、韧性高、熔点高。

锰在钢铁中也以固溶态和化合态存在，锰也能增强钢的硬度和减弱延展性。

硅在钢铁中主要以 FeSi、MnSi、FeMnSi 状态存在。硅能增强钢的硬度、弹性和强度，也能改变钢铁中碳的状态、使钢铁富于流动性。

硫主要是由原料引入钢铁的，主要以 FeS 形式夹杂于钢铁晶粒之间，熔点低。当加热压制钢铁时，因 FeS 熔融使钢铁晶粒失去连接作用导致破裂，称为“热脆性”。因此，钢铁中硫是有害杂质，含量不得超过 0.05%。

磷也是由原料引入，以 $Fe_2P$ 形式存在，硬度大、难加工，使钢铁产生“冷脆性”，应属有害杂质。但含磷高能增强钢铁流动性，在特殊情况下还有意提高磷的含量。

总之，钢铁中碳的含量是确定钢铁型号、性能及用途的主要指标；硅、锰含量高低也直接影响钢铁的性能；硫、磷是钢铁的有害杂质，必须严格控制其含量。碳、硅、锰、硫、磷五元素的含量是冶金工业、机械工业化验室日常生产控制指标。

# 实验一　钢铁中碳的测定——燃烧-气体体积法

**知识链接**

试样置于高温炉中加热并通氧燃烧，使碳氧化成二氧化碳，混合气体经除硫后收集于量气管中，然后以氢氧化钾溶液吸收其中的二氧化碳，吸收前后体积之差即为二氧化碳体积，由此计算碳含量。

本方法适用于生铁、铁粉、碳钢、高温合金及精密合金中碳含量的测定。测定范围为 0.10%~2.0%。

## 一、仪器与试剂

(1) 高锰酸钾溶液：40g/L。

(2) 氢氧化钾溶液：400g/L。

(3) 甲基红指示剂：2g/L。

(4) 过硫酸铵溶液：250g/L。

钒酸银制备方法：称钒酸铵(或偏钒酸铵)12g 溶解于 400mL 水中，称取硝酸银 17g 溶解于 200mL 水中，然后将二者混合，用玻璃坩埚过滤，用水稍加洗净，然后在烘箱中(110℃)烘干。取其 20~40 目产品，保存在干燥器中备用。

活性氧化锰制备方法：硫酸锰 20g 溶解于 500mL 水中，加入浓氨水 10mL，摇匀，加 90mL 过硫酸铵溶液(250g/L)，边加边搅拌，煮沸 10min，再加 1～2 滴氨水，静置至澄清(如果不澄清则再加过硫酸铵适量)。抽滤，用氨水(1+19)洗 10 次，热水洗 2～3 次，再用硫酸(1+19)洗 12 次，最后用热水洗至无硫酸反应。于 110℃烘箱烘干 3～4h，取其 20～40 目产品，保存在干燥器中备用。

(5) 酸性氯化钠水溶液：含数滴硫酸的 25%氯化钠溶液，加几滴甲基橙或甲基红，使之呈稳定的浅红色(或按各仪器说明书配制)。

(6) 助熔剂：锡粒(或锡片)、铜、氧化铜、纯铁粉。

(7) 氨水：$\rho=0.90$g/mL。

(8) 除硫剂：活性二氧化锰(粒状)或钒酸银。

(9) 气压计一台。

(10) 气体体积法定碳装置，见图 5.1。

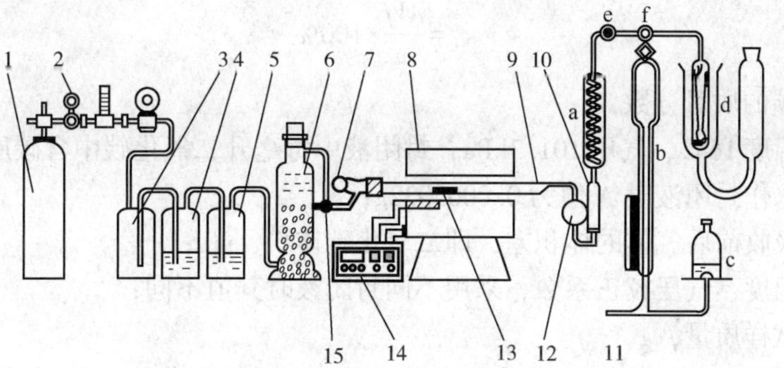


图 5.1　定碳装置

1—氧气瓶；2—氧气表；3—缓冲瓶；4、5—洗气瓶；6—干燥塔；
7—玻璃磨口塞；8—管式炉；9—瓷管；10—除硫管；
11—容量定碳仪(包括蛇形冷凝管 a、量气管 b、水准瓶 c、吸收器 d、小活塞 e、三通活塞 f)；
12—球形干燥器；13—瓷舟；14—温度自动控制器；15—供氧活塞

其中，氧气表 2 附有流量计及缓冲阀；洗气瓶 5 内盛浓硫酸，其高度约为瓶高度的 1/3；干燥塔 6 上层装碱石灰(或碱石棉)，下装无水氯化钙，中间隔以玻璃棉，底部与顶部也铺以玻璃棉；管式炉 8 使用温度最高可达 1350℃，附有热电偶、高温计、调压器；球形干燥管 12 内装干燥脱脂棉；除硫管 10 为直径 10～15mm，长 10mm 玻璃管，内装 4g 颗粒活性二氧化锰(或粒状钒酸银)，两端塞有脱脂棉。

蛇形冷凝管 a 套内装冷却水，用以冷却混合气体。量气管 b 用以测量气体体积。水准瓶 c 内盛酸性氯化钠溶液。吸收器 d 内盛 40%氢氧化钾溶液。小活塞 e 可以通过 f 使 a 和 b 接通，也可分别使 a 和 b 通大气。三通活塞 f 可以使 a 和 b 接通，也可使 b 与 d 接通。瓷管 9 长 600mm，内径 23mm(亦可采用相近规格的瓷管)，使用时先检查是否漏气，然后分段灼烧。瓷管两端露出炉外部分长度不小于 175mm，以便燃烧时管端仍是冷却的。粗口端连接玻璃磨口塞，锥开口端用橡皮管连接于球形干燥管上。瓷舟 13 长 88 或 97mm，使用前需在 1200℃：管式炉中通氧灼烧 2～4min，也可于 1000℃高温炉中灼烧 1h 后，冷却后储于盛有碱石棉或碱石灰及无水氯化钙的未涂油脂的干燥器中备用。

## 二、分析步骤

将炉温升至1200~1300℃，检查管路及活塞是否漏气，装置是否正常，燃烧标准样品，检查仪器及操作。

称取试样(含碳1.5%以下称取0.5000~2.000g，1.5%以上称取0.2000~0.500g)置于瓷舟中，覆盖适量助熔剂，打开玻璃磨口塞，将瓷舟放入瓷管内，用长钩推至高温处，立即塞紧磨口塞。预热1min，根据定碳仪操作规程操作，测定其读数(体积或含量)。打开磨口塞，用长钩将瓷舟拉出，即可进行下一试样分析。

## 三、结果计算

依据定碳仪标尺刻度不同，计算公式分别如下。

(1) 当标尺刻度单位是mL时：

$$w_c = \frac{AVf}{m}\times 100\%$$

式中 $w_c$——碳的质量分数,%；

$A$——温度16℃、气压101.3kPa，封闭液中每毫升二氧化碳中含碳质量，g；用酸性水作封闭液时A值为0.0005022g；

$V$——吸收前后气体的体积差，即二氧化碳体积，mL；

$f$——温度、气压校正系数，采用不同封闭液时其值不同；

$m$——试样质量，g。

(2) 当标尺的刻度是碳含量(例如上海产的定碳仪把25mL体积的刻成含碳量1.250%；沈阳产的定碳仪把30mL体积刻成含碳量为1.500%)时：

$$w_c \frac{AX\times 20f}{m}\times 100\%$$

式中，$w_c$、$A$、$f$、$m$ 的意义与上式相同；$X$ 为标尺读数(含碳量)；20为标尺读数(含碳量)换算成二氧化碳气体体积(mL)的系数(即25/1.250或30/1.500)。

## 四、注释

(1) 称取试样的质量、试样分解的温度、助熔剂的种类和用量选择，请见表5.1。助熔剂中含碳量一般不超过0.005%，使用前应做空白试验，并从分析结果中扣除。

**表5.1 样品称量和助熔剂参考示例**

| 试样 | $w_c$/% | 称样量/g | 助熔剂量 | 炉温/℃ |
|---|---|---|---|---|
| 硅钢、低碳钢 | <0.1 | 1~2 | Sn 3~4粒 | 1150~1250 |
| 碳钢、低合金钢 | <1.0 | 1 | Sn 3~4粒 | 1150~1250 |
| 生铁样 | >1.0 | 0.25~0.5 | Sn 3~4粒 | 1150~1250 |
| 不锈钢 | <0.4 | 1 | Sn 3~4粒或Cu 0.1g | 1200~1250 |
| 高温合金 | <0.1 | 1 | Cu或Fe 0.2~0.5g | 1250~1300 |

(2) 定碳仪应放置在室温较正常的地方(距离高温炉约300~500mm)，避免阳光直接照射。

(3) 更换水准瓶所盛溶液、玻璃棉、除硫剂、氢氧化钾溶液后，均应作几次高碳试样，使二氧化碳饱和后，方能进行操作。

(4) 如分析含硫量高的试样(0.2%以上)，应增加除硫剂量，或多增加一个除硫管。

(5) 量气管必须保持清洁，有水滴附着在量气管内壁时，须用重铬酸钾洗液洗涤。吸收器、水准瓶内溶液以及混合气体的温度应基本相同，否则将产生正负空白值。因此在测定前应通氧气重复做空白试验数次，直至空白试验值稳定，方可进行试样分析。由于室温变化及工作过程引起冷凝管中水温变动，因而工作中需经常做空白试验，从结果中减去。

(6) 分析完高碳试样后，应空通一次，才能接着做低碳试样分析。

(7) 水银气压计的刻度是按在0℃、$45^0$纬度的海平面上的刻度，而实际压力 $p$ 与指示压力 $p'$、温度 $t$、纬度 $\varphi$ 及海拔高度 $H$ 的关系却是：

$p=p'(1-0.000163t-0.0026\cos2\varphi-0.0000002H)\times0.1332(\mathrm{kPa})$。通常纬度 $\varphi$ 与高度 $H$ 影响较小可忽略，故可只作温度修正。修正值通常取：5~12℃，-0.133kPa；13~30℃，0.267kPa；21~28℃，-0.40kPa；29~35℃，-0.533kPa；>35℃，-0.67kPa。

(8) 允许差见表5.2。此允许差仅为保证与判定分析结果的准确度而设，与其他不发生任何关系。在平行分析两份或两份以上试样时，所得的分析数据的极差值不超过所载允许差两倍者(即±允许差之内)，均应认为有效，以求得平均值。用标准试样校验时，结果偏差不得超过所载允许差。

**表5.2　含碳量的允许差**

| 碳的质量分数 $w_c$/×100 | 0.051~0.100 | 0.101~0.250 | 0.251~0.500 | 0.501~1.000 | 1.001~2.00 |
|---|---|---|---|---|---|
| 允许差/×100 | 0.010 | 0.015 | 0.020 | 0.025 | 0.035 |

### 思考题

1. 简述本法测定钢镁中总碳量的基本原理，并写出主要化学反应方程式。

2. 称取钢样1.000g，在16℃、101.3kPa时，测得二氧化碳的体积为5.00mL，计算试样中的碳的百分含量。

3. 称取钢样0.7500g，在17℃、99.99kPa时，量气管读数为2.14%(试样1.000g)，求温度压力校正系数 $f$ 及碳的百分含量。

## 实验二　钢铁中硫的测定——燃烧-碘酸钾滴定法

### 知识链接

试样置于高温炉中加热并通氧燃烧，使硫氧化成二氧化硫，被酸性淀粉溶液吸收后，用碘酸钾标准溶液滴定至浅蓝色为终点。

本法适用于生铁、铁粉、碳钢、合金钢、高温合金及精密合金。测定范围为 0.003%~0.20%。

## 一、仪器与试剂

(1) 淀粉吸收液：称取 10g 可溶性淀粉，用少量水调成糊状后，加 500mL 沸水，搅拌，加热煮沸后取下。冷却，加 3g 碘化钾、500mL 水以及 2 滴盐酸，搅拌均匀后静置至澄清。使用时取出上层澄清液 25mL，加 15mL 盐酸，用水稀释至 1000mL，混匀。

(2) 助熔剂：二氧化锡和还原铁粉以 3∶4 混匀；五氧化二钒和还原铁粉以 3∶1 混匀；五氧化二钒。

(3) 碘酸钾标准溶液：

$C_{1/6KIO_3}=0.01000mol/L$。称取 0.3560g 碘酸钾(基准试剂)溶于水后，加入 1mL10%氢氧化钾，用水稀释至 1000mL，混匀。

$C_{1/6KIO_3}=0.001mol/L$。移取 100mL 0.01mol/L 碘酸标准溶液于 1000mL 容量瓶中，加 1g 碘化钾使其溶解，用水稀释至刻度，混匀。此溶液用于测定含硫量为 0.010%~0.20%的试样。

$C_{1/6KIO_3}=0.000250mol/L$。移取 25.00mL 0.01000mol/L 碘酸钾标准溶液于 1000mL 容量瓶中，加 1g 碘化钾使其溶解，用水稀释至刻度，混匀。此溶液用于测定含硫量为 0.003%~0.010%的试样。

(4) 仪器装置如图 5.2 所示。

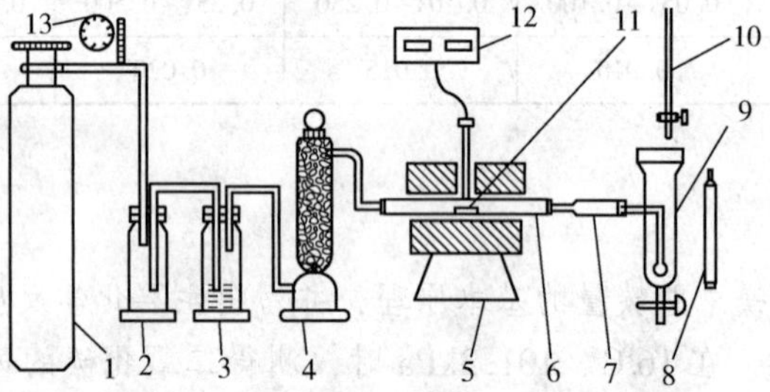


图 5.2　定硫装置图

1—氧气瓶；2—缓冲瓶；3—洗气瓶(内装浓硫酸，其量约为瓶高度为 1/3)；
4—干燥塔(底部铺以玻璃棉，装无水氯化钙，隔以玻璃棉，上层装以碱石棉后再铺以玻璃棉)；
5—管式炉；6—瓷管(600mm×25mm×23mm，普通瓷管或高铝瓷管，使用前检查是否漏气，然后逐段灼烧)；7—蛇形干燥管(内装干燥脱脂棉)；8—8W 日光灯；9—吸收杯；
10—滴定管；11—瓷舟(88mm 或 77mm，用前在 1300℃管式炉中通氧燃烧 1~2min，并于氧气气氛中冷却，储于未涂油脂的干燥器中备用)；12—自动控温器(附热电偶)；13—氧气表

## 二、分析步骤

(1) 用 1~1.5h 将炉温升至 1250~1300℃(普通瓷管)，用于测定生铁、碳钢及低合金钢。或炉温升至 1300℃以上(高铝瓷管)，用于测定中、高合金钢及高温合金、精密合金。

（2）淀粉吸收液的准备：含硫量小于0.01%用低硫吸收杯，加入20mL淀粉溶液；含硫量大于0.01%用高硫吸收杯，加60mL淀粉溶液。通氧（流速为1500～2000mL/min），用碘酸钾标准溶液滴定至浅蓝色不褪，作为终点色泽，关闭氧气。

（3）检查瓷管及仪器装置是否严密不漏气，按步骤分析两个非标准试样。

（4）称取0.2～0.5g试样置于瓷舟中，加入适量助熔剂（0.2～0.8g），盖上瓷盖，启开橡皮塞，将瓷舟放入瓷管内，用长钩推至高温处，立即塞紧橡皮塞，预热0.5～1.5min，随即通氧（流速为1500～2000mL/min），燃烧后的混合气体导入吸收杯中，使淀粉吸收液蓝色开始消褪，立即用碘酸钾标准溶液滴定并使液面保持蓝色，当吸收液褪色缓慢时，滴定速度也相应减慢，直到吸收液的色泽与原来的终点色泽相同，间歇通气后，色泽不变即为终点。关闭氧气打开橡皮塞，用长钩拉开瓷舟；读取滴定时所消耗碘酸钾标准溶液的体积（mL）。

硫的质量分数 $w_S$ 按下式计算：

$$w_S = \frac{T(V-V_0)}{m} \times 100\%$$

式中　$T$——碘酸钾标准溶液对硫的滴定度，g/mL，用标准试样按分析方法确定；

$V$——滴定试样时所消耗碘酸钾标准溶液的体积，mL；

$V_0$——滴定空白时所消耗碘酸钾标准溶液的平均体积，mL；

$m$——试样量，g。

## 注意事项

（1）可溶性淀粉最好用红薯粉或葛根粉，因其显色灵敏度高，终点色泽呈蓝色，没有泛红现象。

（2）二氧化锡需处理，将经过120目筛孔后的二氧化锡盛于大瓷舟中，放在1300℃管式炉中通氧灼烧2min，冷却后贮于磨口瓶内备用，否则空白值较高。五氧化二钒也需在600℃的高温炉中灼烧数小时，冷却后置于磨口瓶内备用，否则氧化物中的少量水分也会导致测量结果偏低。

（3）碘酸钾标准溶液的标定需用牌号相仿、含硫量相近并经重量法或还原-比色法定值的标准试样。测定含量在0.010%以下的硫时，亦可采用取0.1000g含硫量大于0.0100%的标样和0.9000g含硫量小于0.001%的标样混合后进行标定。空白值应包括瓷舟、瓷盖、助熔剂及0.6g标样（含硫量小于0.001%）。

（4）使用带瓷盖的瓷舟，有利于氧化铁在高温区的捕集，大大减少了转化区的催化剂（氧化铁）用量，导管的沾污也大为减少，可使硫的回收率提高5%～10%。瓷盖也可将瓷舟两端切去后待用。瓷舟、瓷盖需在1000℃的高温炉中灼烧1h以上，冷却后储于未涂油脂的干燥器中备用。测定低含量硫时，瓷舟、瓷盖还应放在1300℃管式炉中，通氧灼烧1～2min，在氧气气氛中冷却，储于未涂油脂的干燥器中备用。

（5）预热时间不宜过长，生铁、钢及低合金钢预热不超过30s，中高合金钢、高温合金及精密合金预热1～1.5min。

（6）若滴定速度跟不上，会导致结果偏低，因此在滴定生铁等高锰样品时，开始可以适当多过量一些碘酸钾标准溶液。

(7) 吸收液最好是每做一个样更换一次(尤其对高硫)。特别注意不应使溶液倒吸。低硫时可少放些吸收液，终点要滴成浅蓝色；高硫时则多放些吸收液，且终点色可深些，可以预制滴定液以防滴定不及时，二氧化硫逃逸。

(8) 拉出瓷舟观察试样燃烧情况，如断面有气泡，需重新测定。

(9) 在连续测定10个以上试样后，应清除瓷管内氧化物。球形干燥管中脱脂棉上粉尘积聚过多时亦应更换，高锰钢与生铁因粉尘积聚较为严重，需将标样和试样平行测定。

(10) 允许差见表5.3。

**表5.3　含硫量允许误差**

| 含硫量(S)/% | 0.0010<br>0.0025 | 0.0026<br>0.0050 | 0.0051<br>0.010 | 0.011~<br>0.020 | 0.021~<br>0.050 | 0.051~<br>0.100 | 0.101~<br>0.200 | 0.200 以上 |
|---|---|---|---|---|---|---|---|---|
| 允许差/% | 0.0003 | 0.0005 | 0.001 | 0.002 | 0.004 | 0.006 | 0.010 | 0.015 |

### 思考题

1. 简述本法测定钢铁中硫的基本原理，并写出主要化学反应方程式。

2. 为什么在本法测定钢铁中硫时，其结果要采用标准钢铁样确定的滴定度来计算，而不直接用碘酸钾标准溶液的浓度计算?

3. 本法测定硫容易产生结果偏低现象。试讨论引起测定结果偏低的原因，并指出如何提高测定结果的准确性。

# 实验三　钢铁中碳硫的联合测定——高频引燃-红外吸收法

### 知识链接

试样经高频炉加热，通氧燃烧，使碳和硫分别转化为二氧化碳和二氧化硫，并随氧气流流经红外池时则产生红外吸收。根据它们对各自特定波长的红外吸收与其浓度的关系，经微处理机运算显示，并打印出试样中碳、硫的含量。

仪器装有机械手和电子天平，具有试样分解完全、转化率高及自动化程度高等特点。

本法适用于钢、铁、铁合金等样品中含碳(0~3.5%)、含硫(0~0.35%)的同时测定。

## 一、仪器与试剂

(1) 助熔剂：钨粉。

（2）无水高氯酸镁。

（3）碱石棉。

（4）氧气(瓶装)。

（5）陶瓷坩埚。

（6）动力气(氩气)。

（7）CS-344 碳硫红外分析仪。

（8）交流电子稳压器(5kW)。

## 二、分析步骤

1. 仪器预热

（1）接通总电源，开稳压器低压开关，待 5min 后开高压开关，检查并调节电压至输出 220V。待稳压器预热 5min 后，开测量装置的电源开关，把手动/自动开关置于“自动”位置。在控制台的显示器上显示 0.00，00/00/00，用文字键输入时、分、年/月/日。

（2）选择识别码与编号。

（3）分别打开氧气瓶的阀门，将输出气体的压力调至 214kPa(35psi)。检查仪器工作正常后，打印和操作指示灯亮，预热 2h。

2. 选择校正通道及检查参数

（1）根据分析对象选用下列通道：1#—钢样；2#—低含量试样；3#—矿石中硫量；4#—生铁及高碳试样。

（2）仪器预热 2h 后，按“监测”键打印参数，对照原始数据看是否正常。当符合正常值后，开高频炉电源开关，指示灯亮，电源电压指示为零。

（3）将坩埚置于天平上，去皮显示后，加试样称重，按输入键，并加助熔剂一勺。将坩埚移至坩埚架上。按“分析”键，仪器进入自动分析状态。分析 10 个试样对燃烧管做一次清扫。

3. 堆栈校正

称标样进行分析，检查测定结果是否符合标准值，如果在误差范围之内，即可进行试样分析。

当测得值与标准值误差较大时，须用堆栈数据自动校正通道。方法如下：称取并测定同种标样 5 次左右。按“系统更新”键，按“否”键直至信息中心显示“用自动堆栈校正吗?”(AUTOCALIB BY STK YES/NO)。空一格按“是”键后，显示：碳重校是/否(CAR—BON RE CALIB YES/NO)，需要就按“是”键，否就按“否”键。显示：用标样校正是/否(CALIB BY STANDARD YES/NO)。按“是”键后，打印 10 个分析数据。显示：手动输入碳标准值(CARBON STB~0000MOD BY KBD)，用数字键准确输入碳标准值。信息中心分别显示打印出 10 个数据。则利用“是”键保留所需数据，用“否”键舍去离群值，之后仪器便自行重新校正，打印出新的校正系数和校正后碳的数值。用同样步骤进行硫的校正，然后再用标样分析 1~2 次，如果数据在误差范围之内，即可开始作一般试样分析。

4. 空白校正

(1) 当测定试样含碳量小于0.1%，含硫量小于0.01%时，最后校正空白值，方法如下：选用低含量的标样五次。

(2) 按"系统更新"键，用"否"键直至信息中心显示：用堆栈自动校正空白是/否(AUTO BLANK BY STACK YES/NO)。

(3) 按"是"键显示，碳自动校正空白是/否(CARBON AUTO BLANKIYES/NO)，需要则按"是"键，不需要则按"否"键。

(4) 随后显示：硫自动校正空白是/否(回答方法同碳)。按"是"键后打印出10个数据，信息中心显示：手动修改碳空白标准吗？(CARBON BLK STD%0000MOD BY KBD)。

(5) 按数字键正确输入标准样的标准值。信息中心打印10个数值，用"是"键保留所需数据，用"否"键舍去离群数据。之后，仪器便自动校正空白并打印出新的结果。

(6) 利用上述方法进行碳的空白校正，然后用标样分析1~2次，检查校正后的结果。如果正常则可做试样分析。

5. 试样分析

(1) 选择识别码与编号。选择校正通道。启动高频炉电源开关。电压指示±0，指示灯亮。

(2) 将空坩埚放在天平上，去皮显示后，加样称重。一般钢样0.7~1.0g，铁样0.3~0.5g，按下输入键。

(3) 加助熔剂一勺于坩埚中，然后将其放入坩埚架上。8个位置可以设8个试样，机械手依次向前自动移动坩埚，进行连续分析。按下"分析"键，试样便开始在试管中燃烧，经约30s后，信息中心显示和打印碳(CARBON)和硫(SULFUR)的含量。

(4) 熔样过程中，高频炉的栅流(GRID CURR)不小于100mA，屏流(PLTE CURR)不小于240mA。

(5) 同一个样分析两次，如果两个值在误差范围之内，则平均后报出结果。

6. 分析结束

关高频炉电源及测量装置电源开关。关稳压器的高压开关，再关低压开关。拉下电源总闸，闭气。

## 注意事项

(1) 高频炉开机时，不得任意卸下内保护板，以防高压触电。

(2) 动力气源只能用惰性气体，而不可用氧气。

(3) 凡上机人员必须经过学习、培训，并且考核合格后方可上机操作。

(4) 仪器报警及变更编辑常数，必须报请技术负责人，不准擅自拆卸仪器零件(不包括维护部分)。

(5) 使用后的高氯酸镁不得倒入垃圾箱中，应当用水将其溶解后倒入下水道。

## 思考题

1. 试比较高频引燃炉与调温电阻炉的优缺点。

2. 简述红外吸收法测定碳硫的原理。

3. 尚若无碳硫红外分析仪，利用实验一、实验二的原理和装置可否实现钢铁中碳硫联合测定？若可，装置和操作如何？

# 实验四　钢铁中磷的测定——磷钼蓝光度法

**知识链接**

试样用氧化性酸溶解后，将偏磷酸氧化成正磷酸，在强酸介质中使磷酸与钼酸铵生成黄色的磷钼杂多酸 $H_7[P(MO_2O_7)_6]$，直接在水溶液中用氯化亚锡还原成磷钼蓝，测量吸光度。

本法适用于碳钢、低合金钢、硅钢、高锰钢、生铁的控制分析。测定范围为0.010%~0.050%。

## 一、主要试剂

（1）硝酸：（1+1）。

（2）高氯酸：$\rho$=1.67g/mL。

（3）硫酸(3.3mol/L)：准确量取185mL硫酸($\rho$=1.84g/mL)，缓缓加入约750mL水中，冷却后用水稀释至1000mL，摇匀。

（4）亚硫酸钠溶液：40g/L。

（5）钼酸铵溶液：50g/L。

（6）氟化钠溶液：24g/L。

（7）氟化钠-氯化亚锡溶液：称取2.0g氯化亚锡，溶于1000mL氟化钠溶液(24g/L)中，用时配制。

（8）盐酸：$\rho$=1.19g/L。

（9）氢溴酸：$\rho$=1.49g/L。

（10）磷标准储备溶液(0.1mg/mL)：称取0.4393g磷酸二氢钾(预先经105~110℃烘干至恒重)，以适量水溶解后，移入1000mL容量瓶中，用水稀释至刻度，摇匀，此溶液含磷为0.1mg/mL。

（11）磷标准溶液(10μg/mL)：分取上述储备液10mL移至100mL容量瓶中，水稀至刻度，摇匀，得含磷的标准工作溶液为10μg/mL。

## 二、分析步骤

称取0.5000g试样，置于200mL烧杯中，加10mL硝酸(1+1)、10mL高氯酸(1.67g/mL)，盖上表面皿，加热使试样溶解，蒸发至冒高氯酸烟，继续蒸发至呈褐色糖浆状，立即取下表面皿，使残余的高氯酸烟逸出。冷却后，加25mL 3.3mol/L硫酸，煮沸溶解盐类。

稍冷，趁热用快速滤纸过滤于100mL容量瓶中，用水洗涤烧杯和滤纸数次，冷却至室温，用水稀释至刻度，摇匀。

移取20.00mL试液两份，分别置于150mL锥形瓶中，制作显色溶液和参比溶液。

显色溶液：加5mL亚硫酸钠溶液，加热至沸(冒大泡)，取下，立即加5mL的钼酸铵溶液，摇匀；迅速加入30mL氟化钠-氯化亚锡溶液，摇匀。静置1min，以流水冷却至室温，移入100mL容量瓶中，用水稀释至刻度，摇匀。

参比溶液：加5mL亚硫酸钠溶液，加30mL氟化钠-氯化亚锡溶液，移入100mL容量瓶中，用水稀释至刻度，摇匀。

将上述溶液分别移入2cm比色皿中，以参比溶液为参比，分光光度计上，于波长680nm处测量显色溶液吸光度。从工作曲线上查出相应的含磷量。

工作曲线的绘制：称取纯铁(含磷量小于0.0005%)0.5000g共6份，分别加入0.00mL、0.50mL、1.00mL、1.50mL、2.00mL、2.50mL磷标准溶液，按操作步骤进行，测量其吸光度，绘制工作曲线。

磷的质量分数按下式计算：

$$w_{\mathrm{P}}=\frac{m_1\times V}{m\times V_1}\times 100\%$$

式中 $m$——称样量，g；

$m_1$——从工作曲线上查得磷的量，g；

$V_1$——移取试液体积，mL；

$V$——试液总体积，mL。

## 注意事项

(1) 溶解生铁、硅钢时，需补加20mL水，蒸发高氯酸时，温度不宜过低，并适当延长冒烟时间以使硅脱水完全。高氯酸的作用是：控制酸度；氧化磷为正磷酸，当铬被氧化说明磷已完全被氧化；使硅酸脱水，消除高硅干扰；破坏碳化物等。发烟操作要掌握一致，一般瓶内透明或稠状即可，不可干焦，但高碳、高硅钢可适当长些。

(2) 当含砷钢冒出高氯酸烟后，取下冷却，加10mL盐酸(密度1.19g/mL)、5mL氢溴酸(密度1.49g/mL)，继续加热至糖浆状。分析一般高锰钢时，补加5mL高氯酸(酸度1.67g/mL)，冒烟至二氧化锰沉淀出现，烧杯内部透明并维持20min，再继续蒸发至糖浆状。

(3) 进行显色操作时，要求逐个进行。

## 思考题

1. 简述氟化钠-氯化亚锡还原磷钼蓝光度法测定钢铁中磷的方法原理。

2. 试说明在用磷钼蓝光度法测定钢铁中磷时，为何要避免硅的干扰？如何消除硅的干扰？

3. 试验中加入氟化钠的作用是什么？

# 实验五 钢铁中硅的测定——硅钼蓝光度法

## 知识链接

试样用稀酸溶解，在微酸性溶液中，硅酸与钼酸铵生成硅钼杂多酸，然后用亚铁还原为硅钼蓝，用分光光度法测定。

本法适用于生铁、铁粉、碳钢和低合金钢，测定范围为0.030%~1.0%。

## 一、试剂

（1）钼酸铵溶液：50g/L。

（2）草酸溶液：50g/L。

（3）$KMnO_4$ 溶液：40g/L。

（4）亚硝酸钠溶液：100g/L。

（5）硫酸亚铁铵溶液：60g/L）。称取5g硫酸亚铁铵[$(NH_4)_2Fe(SO_4)_2 \cdot 6H_2O$]，置于250mL烧杯中，用1mL $H_2SO_4$(1+1)润湿，加水约60mL溶解，用水稀释至100mL。

（6）硅标准溶液：称取0.4279g二氧化硅(99.9%以上，预先经1000℃灼烧1h后，置于干燥器中，冷却至室温)，置于加3g无水碳酸钠的铂坩埚中，上面再覆盖1~2g无水碳酸钠，将铂坩埚先于低温处加热，再置于950℃高温处加热熔融至透明。继续加热熔融3min，取出，冷却，用盛有冷水的塑料烧杯浸出熔块至完全溶解。取出坩埚，仔细擦洗(用带橡皮头玻璃棒)，冷却至室温，移入1000mL容量瓶中。用水稀释至刻度，摇匀，储于塑料瓶中。此溶液含硅为200μg/mL。

称取0.1000g经磨细的单晶硅或多晶硅，置于塑料烧杯中，加10g氢氧化钠，5mL水，轻轻摇动，放入沸水浴中，加热至透明全溶，冷却移入500mL容量瓶中，用水稀释至刻度，摇匀，储于塑料瓶中。此溶液含硅为20μg/mL。

## 二、分析步骤

称取0.1000~0.4000g(控制硅量为100~1000μg)试样，置于150mL锥形瓶中，加30mL $H_2SO_4$(1+17)，低温缓慢加热(不要煮沸)至试样完全溶解(不断补充蒸发失去的水分)。煮沸滴加高锰酸钾溶液至析出二氧化锰水合物沉淀，再煮沸约1min，滴加亚硝酸钠溶液至试液清亮，继续煮沸1~2min。如有沉淀或不溶残渣，趁热用中速滤纸过滤，用热水洗涤。冷却，将溶液移入100mL容量瓶中，用水稀释至刻度，摇匀。

移取10mL试液2份，分别置于50mL容量瓶中，按下法处理。

（1）显色溶液：小心加5mL钼酸铵溶液摇匀。于沸水浴中加热30s，加10mL草酸溶液，摇匀。待沉淀溶解后30s时，加5mL硫酸亚铁铵溶液，用水稀释至刻度，摇匀。

（2）参比溶液：加10mL草酸溶液、5mL钼酸铵溶液、5mL硫酸亚铁铵溶液，用水稀释至刻度，摇匀。

将上述溶液分别移入1~3cm比色皿中，在分光光度计上，于波长680nm处，测量吸光度，从工作曲线上查出相应的硅量。

(3) 工作曲线：取8份已知含微量硅的纯铁或低硅钢作底样。称取0mL、0.50mL、1.00mL、2.00mL、3.00mL、4.00mL、5.00mL、6.00mL硅标准溶液(20μg/mL)，分别置于上述数份底样中，以下按分析步骤进行。

用标准溶液中硅量和底样中硅量之和对测定的吸光度绘制成工作曲线。

硅的质量分数按下式计算：

$$w_{Si}=\frac{r\times10^{-6}V}{mV_1}\times100\%$$

式中 $r$——从工作曲线上查得硅的量，μg；

$m$——称样量，g；

$V$——试液总体积，mL；

$V_1$——移取的试液体积，mL。

## 注意事项

(1) 此法分析不包括酸不溶性硅。

(2) 显色溶液加钼酸铵后，不加热，也可在常温下放置15min，再加草酸溶液。

(3) 发色溶液中的铁量对硅钼蓝色泽强度有影响，故工作曲线中的含铁量应与试样中的含铁量相近。

(4) 允许差见表5.4。

**表5.4 含硅量的允许差**

| 含硅量 $w_{Si}$/% | 允许差/% | 含硅量 $w_{Si}$/% | 允许差/% |
|---|---|---|---|
| 0.0300~0.0500 | 0.0050 | 0.251~0.500 | 0.023 |
| 0.0501~0.100 | 0.0075 | 0.501~1.000 | 0.035 |
| 0.0101~0.250 | 0.017 | | |

此允许差在平行分析2份或2份以上试样时，所得分析数据的极差值不超过所载允许差2倍者(即±允许差以内)，均应认为有效，以求得平均值。用标准试样校验时，结果偏差不得超过所载允许差。

## 思考题

1. 硅是以何种形式与钼酸反应？适宜显色酸度范围是多少？

2. 实验中加入草酸的作用是什么？

# 实验六　钢铁中锰的测定——高碘酸钠(钾)氧化光度法

## 知识链接

试样经酸溶解后，在硫酸、磷酸介质中，用高碘酸钠(钾)将锰(Ⅱ)氧化至七价，呈 $MnO_4^-$ 形式，测量其吸光度。

本法适用于生铁、铁粉、碳钢、合金钢和精密合金中锰含量的测定。测定范围为 0.01%～2%。

## 一、主要试剂

(1) 硝酸：$\rho$=1.42g/mL。

(2) 磷酸-高氯酸混合液：(3+1)。

(3) 高碘酸钠(钾)溶液(50g/L)：称取 5g 高碘酸酸钠(钾)，置于 250mL 烧杯中，加 60mL 水、20mL 硝酸，温热溶解后，冷却，用水稀至 100mL。

(4) 锰标准溶液(Ⅰ)：称取 0.3872g 电解金属锰，溶于 100mL 3%(质量分数)硫酸中，冷却，移入 1000mL 容量瓶中，用水稀释至刻度，摇匀。此溶液含锰为 500μg/mL。

(5) 锰标准溶液(Ⅱ)：移取 20mL 上述锰标准溶液(钾)，置于 100mL 容量瓶中，用水稀释至刻度，摇匀。此溶液含锰为 100μg/mL。

(6) 不含还原性物质的水：将去离子水(或蒸馏水)加热煮沸，每升用 10mL 硫酸(1+3)酸化，加几粒高碘酸钠(钾)，继续加热煮沸几分钟，冷却后使用。

## 二、分析步骤

称取试样置于 150mL 锥形瓶中，加 15mL 硝酸，低温加热溶解，加 10mL 磷酸-高氯酸混合酸，加热蒸发至冒高氯酸烟(含铬试样需将铬氧化)稍冷，加 10mL 硫酸(1+1)，用水稀释至约 40mL，加 10mL 高碘酸钠(钾)溶液，加热至沸并保持 2～3min(防止试液溅出)，冷却至室温，移入 100mL 容量瓶中，用不含还原性物质的水稀释至刻度，摇匀。

将上述显色液部分移入比色皿中，向剩余的显色液中，边摇动边滴加 1%亚硝酸钠溶液至紫红色刚好褪去，将此溶液移入另一比色皿中为参比，在分光光度计上波长 530nm 处，测其吸光度，从工作曲线上查出相应的锰含量。

工作曲线的绘制：移取不同量的锰标准溶液 5 份，分别置于 5 个 150mL 锥形瓶中，加 10mL 磷酸-高氯酸混合酸，以下按分析步骤进行，测其吸光度，绘制工作曲线。

按下式计算锰的质量分数：

$$w_{Mn}=\frac{r\times 10^{-6}}{m}\times 100\%$$

式中　$r$——从工作曲线上查得锰的量，μg；

$m$——称样量，g。

## 注意事项

(1) 试样的称样量、标准系列中标准加入量以及测吸光度时使用的比色皿厚度见表 5.5。

**表 5.5　称样量、锰标准液加入量及选用比色皿的参照**

| 含量范围/% | 0.01~0.1 | 0.1~0.5 | 0.5~0.1 | 0.1~0.2 |
|---|---|---|---|---|
| 称样量/g | 0.5000 | 0.2000 | 0.2000 | 0.1000 |
| 标准溶液浓度/(μg/mL) | 100 | 100 | 500 | 500 |
| 标准溶液加入量/mL | 0.5 | 2.00 | 2.00 | 2.00 |
| | 2.00 | 4.00 | 2.50 | 2.50 |
| | 3.00 | 6.00 | 3.00 | 3.00 |
| | 4.00 | 8.00 | 3.50 | 3.50 |
| | 5.00 | 10.00 | 4.00 | 4.00 |
| 比色皿厚度/cm | 3 | 2 | 1 | 1 |

(2) 高硅试样滴加 3~4 滴氢氟酸。

(3) 生铁试样用硝酸(1+4)溶解时滴加 3~4 滴氢氟酸试样溶解后，取下冷却，用快速滤纸过滤于另一 150mL 锥形瓶中，用热硝酸(2+98)洗涤原锥形瓶和滤纸 4 次，于滤液中加 10mL 磷酸-高氯酸混合酸，以下按分析步骤进行。

(4) 高钨(5%以上)试样或难溶试样，可加 15mL 磷酸-高氯酸混合酸，低温加热溶解，并加热蒸发至冒高氯酸烟，以下按分析步骤进行。

(5) 含钴试样用亚硝酸钠液褪色时，钴的微红色不褪，可按下述方法处理：不断摇动容量瓶，慢慢滴加 1%的亚硝酸钠溶液，若试样微红色无变化时，将试液置于比色皿中，测其吸光度，向剩余试液中再加 1 滴 1%的亚硝酸钠溶液，再次测其吸光度，直至两次吸光度无变化即可以此溶液为参比。

(6) 允许差见表 5.6。

**表 5.6　锰量的允许差**

| 含锰量 $w_{Mn}$/% | 允许差/% | 含锰量 $w_{Mn}$/% | 允许差/% |
|---|---|---|---|
| 0.0100~0.0250 | 0.0025 | 0.201~0.500 | 0.020 |
| 0.025~0.050 | 0.025 | 0.501~1.000 | 0.025 |
| 0.051~0.100 | 0.10 | 1.01~2.00 | 0.030 |
| 0.101~0.200 | 0.015 | | |

## 思考题

1. 试比较用高锰酸盐光度法测定锰，两种不同氧化剂[$KIO_4$ 和 $Ag^+$-$(NH_4)_2S_2O_8$]的优缺点。

2. 试解释表 5.5 中对含锰量不同的试样，为什么称样量、工作曲线浓度、比色皿厚度均不同？

# 实验七　钢铁中硅、锰、磷的连续测定——分光光度法

**知识链接**

试样在过硫酸铵存在下，以硫-硝混合酸湿法分解，定容后，分别移取制备液以过硫酸铵-银盐氧化光度法测定锰、硅，钼蓝光度法测定硅、磷，钼蓝光度法测定磷。方法简便快速，适用于普碳钢和低合金钢中硅、锰、磷的测定。

## 一、主要试剂

（1）硫硝混合酸：每升溶液中含硫酸($\rho$=1.84g/mL)40mL、硝酸($\rho$=1.42g/mL)8mL。

（2）硝酸银溶液(2g/L)：每升溶液中加硝酸数滴，储于棕色瓶中。

（3）过硫酸铵溶液(10g/L)。

（4）草酸溶液(50g/L)。

（5）硫酸亚铁铵溶液(10g/L)：每升溶液中含硫酸($\rho$=1.84g/mL)5mL。

（6）亚硫酸钠溶液(10g/L)。

（7）氟化钠溶液(24g/L)。

（8）二氯化锡溶液(200g/L)：取二氯化锡 20g，加盐酸(1+1)35mL 溶解，溶完后用水稀至 100mL，储于棕色瓶中。

（9）钼酸铵-酒石酸钾钠溶液：取钼酸铵、酒石酸钾钠各 90g，溶于 1000mL 水中。

（10）氟化钠-二氧化锡混合液：取 24g/L 氟化钠溶液 100mL，加 200g/L 氯化锡溶液 1mL，使用前配制。

（11）锰标准溶液：称取金属锰(光谱纯)0.5000g 于 250mL 烧杯中，加 20mL 硝酸(1+3)，加热溶解，煮沸除尽氮氧化物。冷却后，用水定容为 1000mL，其浓度为 0.5000mg/mL。分取 10mL 于 50mL 容量瓶，水定容，得浓度为 100μg/mL 的锰工作溶液。

（12）硅标准溶液：称取基准二氧化硅 0.2140g 于铂坩埚中，加碳酸钠 3g，混匀，于 1000℃熔融成透明液体，冷却，用水浸出，移入 1000mL 容量瓶中，水稀至刻度，摇匀。此标液含硅为 0.1mg。

（13）磷标准溶液：称取磷酸二氢钾($KH_2PO_4$)0.4395g 溶于少量水，移入 1000mL 容量瓶中，用水定容，混匀。此液含磷为 0.1mg/mL。

## 二、分析步骤

1. 试样分解

称取试样 0.2g 于锥形瓶或烧杯中，加过硫酸铵约 1.5g，硫硝混合酸 40mL，低温加热

分解(如二氧化锰析出需适当补加过硫酸铵)，滴加3%过氧化氢2~3滴还原二氧化锰，煮沸约30s，分解过量的过氧化氢，冷至室温，移入100mL容量瓶内，用水稀至刻度，摇匀。

2. 过硫酸铵-银盐氧化光度法测锰

吸取试液10mL于25mL比色管中，稍加热，加硝酸银溶液1.0mL，过硫酸铵溶液5mL，根据室温高低，放置5~10min后，稀释至刻度，摇匀。在分光光度计上于530nm处，用3cm比色皿，以水为空白测定吸光度。

工作曲线的绘制：分别取100μg/mL的锰标准溶液0mL、0.5mL、1mL、2mL、3mL、4mL于20mL比色管中，加硫-硝混合酸2mL，用水稀至10mL。以下按样品分析方法，测定吸光度，绘制工作曲线。

3. 硅钼蓝光度法测定硅

吸取试液5mL于50mL比色管中，加钼酸铵溶液3mL，室温下放置15min；加草酸溶液5mL，立即加入硫酸亚铁铵溶液25mL，稀释至刻度，摇匀。在分光光度计上于波长680nm处，用2cm或3cm比色皿，以空白溶液作参比测定吸光度。

工作曲线绘制：在50mL比色管中，分别加入硅标准溶液(10μg/mL)0mL、0.5mL、1mL、2mL、3mL、4mL，加硫硝混合酸5mL，以下同样品分析，绘制工作曲线。

4. 二氯化锡还原-磷钼蓝光度法测定磷

吸取试液10mL，于150~250mL烧杯中，用移液管加硫酸(1+1)1mL，亚硫酸钠溶液1mL，加热煮沸，取下，立即加钼酸铵-酒石酸钾钠溶液5mL，氟化钠-二氯化锡溶液20mL，立即用冷水冷却，放置3~6min，转移至50mL容量瓶中，用水稀释至刻度，摇匀。在分光光度计上用1cm比色皿，水作参比，于660nm处测定吸光度。

工作曲线的绘制：分别加入磷标准(100μg/mL)0mL、1mL、2mL、3mL、4mL于50mL容量瓶中，按上述试样分析步骤操作，绘制工作曲线。

## 注意事项

(1) 工作曲线的绘制，严格地说要加入一定量纯铁粉，按试样分析方法同样操作，或者以标准钢铁样绘制工作曲线。根据试样含量不同，工作曲线要做适当调整。

(2) 测磷时，器皿的沾污是造成误差的主要原因之一，要特别注意器皿的洗涤。

(3) 使用硅锰磷联合测定仪用类似操作可同时测定三元素。

## 思考题

1. 湿法分解钢铁样的方法主要有哪些？本实验所采用的方法有什么局限性？

2. 如何配制硅标准溶液？

3. 简述本法测定锰的原理，指出加硝酸银的作用？如果以高碘酸钾代替过硫酸铵，是否要加硝酸银？

4. 试比较本法测定磷、硅时方法原理的异同？磷、硅是否相互干扰？如何避免它们之间的相互影响？

5. 测定硅时加入草酸、测定磷时加入氟化钠各有什么作用？

# 第六模块　煤质分析

## 学习任务

| | |
|---|---|
| 任务目标 | 1. 知识目标<br>(1)掌握煤炭工业分析指标的测定<br>(2)掌握固定碳的计算方法 |
| | 2. 能力目标<br>(1)能正确按步骤操作，完成测定，理解技术条件的含义<br>(2)测定的准确性达到要求 |
| | 3. 素质目标<br>具备运用学习的技术解决实际问题的能力 |
| 任务内容 | 讲述实验原理，分析技术要点 |

## 任务分析

本模块是通过学习掌握对煤炭中水分、灰分、挥发分的测定技术。

具体要求：

1. 学会每个实验的操作技术、计算方法；
2. 学会固定碳的计算方法。

## 知识链接

### 一、煤的组成和分类

煤是由一定地质年代生长的繁茂植物在适宜的地质环境下，经过漫长岁月的天然煤化作用而形成的生物岩，是一种组成、结构非常复杂而且极不均匀的包括许多有机和无机化合物的混合物。根据成煤植物的不同，可将煤分为两大类，即腐殖煤和腐泥煤。由高等植物形成的煤称为腐殖煤，它又可分为陆殖煤和残殖煤，通常讲的煤就是指腐殖煤中的陆殖煤。陆殖煤分为泥炭、褐煤、烟煤和无烟煤四类。煤炭产品主要有原煤、精煤、商品煤等。它们主要作为固体燃料，也可作为冶金、化学工业的重要原料。

煤是由有机质、矿物质和水组成的。有机质和部分矿物质是可燃的，水和大部分矿物质是不可燃的。

煤中的有机质主要由碳、氢、氧、氮、硫等元素组成，其中碳和氢占有机质的95%以上。煤燃烧时，主要是有机质中的碳、氢与氧的化合并放热。硫在燃烧时也放热，但燃烧产生的二氧化硫气体，不但腐蚀设备而且污染环境。

矿物质主要是碱金属、碱土金属、铁、铝等的碳酸盐、硅酸盐、硫酸盐、磷酸盐及硫化物。除硫化物外，矿物质不能燃烧，但随着煤的燃烧过程，变为灰分。正是由于矿物质的存在使煤的可燃部分比例相应减少，影响煤的发热量。

煤中的水分，主要存在于煤的孔隙结构中。水分的存在会影响燃烧稳定性和热传导，本身不能燃烧放热，还要吸收热量汽化为水蒸气。

煤在隔绝空气的条件下，加热干馏，水及部分有机物裂解生成的气态产物挥发逸出，不挥发部分即为焦炭。焦炭的组成和煤相似，只是挥发分的含量较低。

**二、煤的分析项目**

煤的分析项目很多，一般可分为工业分析、元素分析、物理性质测定、工艺性质测定和煤灰成分分析等。工业上最重要和最常见的分析项目是煤的工业分析和元素分析。

1. 工业分析

煤的工业分析，又叫煤的技术分析或实用分析。它包括煤的水分、灰分、挥发分和固定碳等指标的测定。煤的水分、灰分、挥发分通常是直接测出的，而固定碳是用差减法计算出来的。有时也将水分、灰分、挥发分和固定碳四个项目的测定称为煤的半工业分析，再加上发热量和全硫的测定称为煤的全工业分析。但现在一般将煤的全硫测定和发热量的测定作为单独的测定项目。

煤的工业分析是了解煤质特性的主要指标，也是评价煤质的基本依据。根据分析结果，可以大致了解煤的经济价值和某些基本性质。根据煤的水分、灰分、挥发分及其焦渣特征等指标，就可以比较可靠地算出煤的高位发热量和低位发热量，从而初步判断煤的种类和工业用途；根据工业分析数据还可计算出焦化产品的产率等。因此煤的工业分析是煤的生产或使用部门最常见的分析项目。

2. 元素分析

煤的元素分析通常是指煤中碳、氢、氧、氮、硫等项目的分析。元素分析结果是对煤进行科学分类的主要依据之一，在工业上作为计算发热量、干馏产物的产率和热量平衡的依据。

煤中的稀有分散元素很多，但一般是指有提取价值的锗、镓、铀、钒、钽等元素。当煤中的锗、镓等稀散元素含量超过一定值时即有提取价值。

除硫外，煤中还含有一些有害元素，如磷、氯、砷、氟、汞等。可以根据特殊的需要进行检测。

本模块学习的是煤的工业分析。

# 实验一　煤中水分的测定

## 知识链接

水分是一项重要的煤质指标，它在煤的基础理论研究和加工利用中都具有重要的作用，煤的水分对其加工利用贸易和储存运输都有影响。一般来说水分高并不是一件好事，在煤炭贸易上，煤的水分是一个重要的计质和计量指标，在煤质分析中，煤的水分是进行不同基的煤质分析结果换算的基础数据。

研究和加工利用中往往要求知道煤在其他状态，如原来状态(发货状态、接收状态和即将投入使用状态)、干燥状态和纯煤(无水无矿物质)状态下的组成和特征，但是以上各种状态下的组成和特征，通常是由空气干燥煤样的分析结果来换算，在换算中将以上这些状态称之为“基”。

为了区别以不同的基表示的煤质分析结果，采用如下英文字母标在有关符号的右下角。规定采用的各种基符号有下列几种：

ad——空气干燥基；

ar——收到基；

d——干燥基；

daf——干燥无灰基。

空气干燥基是指与空气湿度达到平衡状态的煤为基准，收到基是以收到状态的煤为基准，干燥基以假想无水状态的煤为基准，干燥无灰基以假想无水无灰状态的煤为基准。

完成了本实验的学习之后，能够用空气干燥法测定煤的水分，并符合 GB 211—2017 规定的标准。

## 一、仪器、药品和设备

(1) 分析天平：分度值 0.001g。

(2) 空气干燥箱：带有自动控温和鼓风装置，能控温在 30~40℃和 105~110℃的范围。

(3) 称量瓶：直径 70 mm，高 35~40mm，带严密的磨口盖。

(4) 干燥器：内装变色硅胶或粒状无水氯化钙。

(5) 干燥塔：容量 250mL，内装变色硅胶或粒状无水氯化钙。

## 二、煤的水分

煤的水分有煤的外在水分、内在水分、煤的全水分及空气干燥煤样水分。工业分析中的外在水分是在一定条件下，煤样与周围空气温度达到平衡时所失去的水分，用 $M_f$ 表示，内在水分是在一定条件煤样达到干燥状态时所保持的水分，用 $M_{ind}$ 表示。

水分是指煤的外在水分和内在水分的总和，用 $M_t$ 表示，它代表刚开采出来，或使用单位刚刚接收到或即将投入使用状态下的煤的水分。空气干燥煤样水分是用空气干燥煤样(粒度<0.2mm)的规定条件下测得的水分，用 $M_{ad}$ 表示；一般在分析中，内在水分 $M_{ind}$ 就是空气干燥煤样 $M_{ad}$。

1. 煤样外在水分含量的测定

(1) 方法提要：称取一定量粒度小于 13mm 的煤样，在空气流中于 40℃ 的干燥箱中，干燥 1h，然后根据煤样的质量损失计算出水分的百分含量。

(2) 测定步骤：用预先干燥并称量过的搪瓷浅盘称取 500g 粒度为 13mm 以下收到煤样(精确至 0.5g)，平摊在搪瓷盘中，放入预先鼓风并加热到 40℃ 的干燥箱中，在鼓风的条件下，干燥 1h。从干燥箱中取出搪瓷盘，趁热称量。

收到煤样的外在水分计算：

$$M_f = \frac{m_1}{m} \times 100\%$$

式中 $M_f$——收到煤样外在水分的质量分数，%；

$m_1$——煤样干燥后失去的质量，g；

$m$——13mm 煤样的质量，g。

2. 内在水分(空气干燥)

(1) 将测定外在水分后的试样立即破碎到标称最大粒度为 3mm，在预先干燥和已称量过的称量瓶内迅速称取 9~11g 试样(称准至 0.001g)，平摊在称量瓶中。

(2) 打开称量瓶盖，放入预先通入经干燥塔干燥的空气并已加热到 105~110℃ 的通空气干燥箱中。烟煤干燥 1.5h，褐煤和无烟煤干燥 2h。

(3) 从干燥箱中取出称量瓶，立即盖上盖，在空气中放置约 5min，然后放入干燥器中，冷却到室温(约 20min)，称量(称准至 0.001g)。

(4) 进行检查性干燥，每次 30min，直到连续两次干燥试样的质量减少不超过 0.01g 或质量增加为止，在后一种情况下，采用质量增加前的质量作为计算依据。内在水分在 2.0% 以下时，不必进行检查性干燥。

(5) 按下式计算内在水分：

$$M_{inh} = \frac{m_3}{m_2} \times 100$$

式中 $M_{inh}$——试样的内在水分，%；

$m_2$——称取的试样质量，g；

$m_3$——试样干燥后的质量损失，g。

3. 全水分计算

$$M_t = M_f + \frac{100 - M_f}{100} \times M_{ind}$$

式中 $M_t$——收到基煤样的水分含量，%；

$M_f$——外在水分含量，%。

例如：

已知某煤样进行空气干燥后测出外在水分为1.00%，再测定出内在水分为4.12%，求收到基煤样的水分含量？

解：收到基煤样的水分含量应等于收到基的全水分，所以，代入公式：

$$M_{\mathrm{t}}=M_{\mathrm{f}}+\frac{100-M_{\mathrm{f}}}{100}\times M_{\mathrm{ind}}=1.00+(100-1.00)/100\times 4.12=5.08\%$$

答：收到基煤样的水分为5.08%。

## 思考题

**（一）填空题**

1. 煤是由经过复杂的生物化学、物理化学和地球化学作用转变而成的________。

2. 我国现行煤分类分为________、________的长焰煤、不黏煤、弱黏煤、气煤、________、焦煤和贫煤以及________共十大类煤。

3. 工业分析又叫技术分析或________，包括________、________、________、________。

4. 空气干燥基是指以________的煤为基准。

5. 煤的水分测定方法有________法、________法和________法。

**（二）判断题**（正确的在括号内划"√"，错误的划"×"）

1. 将煤样放入干燥箱时应将盖子盖好。（　　）

2. 全水分是外在水分与内在水分之和，即全水分是将两者直接相加。（　　）

3. 在分析中，内在水分就是空气干燥煤样的水分。（　　）

**（三）选择题**（将正确答案的序号填入括号内）

1. 加热干燥法在测定煤中水分中必须用带鼓风的烘箱，鼓风的目的是促使干燥箱内空气流动，使箱内温度均匀，一般开鼓风的时间为（　　）。

A. 与干燥箱升温同时　　B. 煤样放入前3~5min

C. 煤样放入后3~5min

2. 某同学在进行煤样中水分的测定，空称样瓶为21.8574g，加煤样后为22.8535g，当干燥后再称量为22.8124g，其中煤样中水分含量为（　　）。

A. 4.11%　　B. 4.30%　　C. 4.23%

3. 上述同学又进行检查性干燥，每次30min，其数据记录为22.8150g、22.8138g、22.8125g、22.8126g，其试样中水分含量为（　　）。

A. 4.1%　　B. 4.12%　　C. 4.13%

4. 空气干燥法由于加热时间较长，煤样氧化增生，其测定结果（　　）。

A. 偏高　　B. 偏低　　C. 不变

**（四）实际操作**

测定煤的水分，并符合下列表中的重复性。

%

| 水分($M_{ad}$) | 重复性 | 水分($M_{ad}$) | 重复性 |
|---|---|---|---|
| <5 | 0.20 | >10 | 0.40 |
| 5~10 | 0.30 | | |

# 实验二　煤的工业分析中水分的测定

## 知识链接

### 煤的基本知识及其工业分析

煤的组成：煤可分为可燃物和不可燃物两部分。可燃物主要是有机物，另有少量的无机硫化物，有机物含有碳、氢、氧、氮、硫、磷等元素，其中碳和氢的含量有的达95%以上，少的也占60%以上。不可燃物中除去水分之外，其余是碱金属、碱土金属及铁、铝等的碳酸盐、硅酸盐、磷酸盐、硫酸盐。这些无机物在煤燃烧后转变为灰分。

煤在富氧条件下燃烧，生成二氧化碳和水，并释放出大量的热能。煤中的硫化物也能燃烧放热，但生成物二氧化硫会腐蚀设备和污染环境。煤在燃烧时，其中的水分吸热后蒸发；无机物吸热后改变组成，成为灰分。所以，煤中的硫化物、水分和无机盐是有害、耗能杂质。

煤在限制供氧并有水蒸气存在时进行燃烧，其气态产物主要是一氧化碳和氢气，常作化工原料或燃料使用。

按我国现行煤分类方案，我国煤炭共分为褐煤、烟煤中的长焰煤、不黏煤、弱黏煤、气煤、肥煤、焦煤、瘦煤和贫煤以及无烟煤共十大类煤，其中褐煤的基本特征是比较疏松，密度较小，水分含量大，灰分较高，发热量较低。烟煤比较致密，密度较大。无烟煤的特点是黑色，有金属光泽，密度大，硬度大，着火点高，导电性强，燃烧时火焰短，不冒烟，既可作一般燃料又可用于气化，工业上用作制造合成氨原料气，低灰、低硫的优质无烟煤可用作制造碳素的原料。煤的分类见表6.1。

**表6.1　煤的分类**

| 名称 | 挥发分/% | 固定碳/% | 发热量/(J/g) |
|---|---|---|---|
| 泥煤 | >50 | <60 | <23000 |
| 褐煤 | ~40 | 60~70 | 23000~27200 |
| 烟煤 | 10~40 | 75~90 | 27200~37200 |
| 无烟煤 | <10 | >90 | 33500~35500 |

工业分析也叫技术分析或实用分析，进行处理包括煤中水分、灰分、挥发分的测定及固定碳的计算(符合 GB/T 212—2008 的规定)。煤的工业分析是了解煤质特性的主要指标，也是评价煤质的基本依据。根据工业分析的各项测定结果可初步判断煤的性质、种类和各种煤的加工利用效果及其工业用途。

本章规定了煤的三种水分测定方法。其中方法一适用于所有煤种，方法 B 仅适用于烟煤和无烟煤，微波干燥法(见附录 A)适用于褐煤和烟煤水分的快速测定。

在工业分析中遇到有用一般分析试验煤样水分进行校正以及基的换算时，应用方法 A 测定一般分析试验煤样的水分。

# 方法一　通氮干燥法

## 一、方法提要

称取一定量的一般分析试验煤样，置于 105~110℃干燥箱中，在干燥氮气流中干燥到质量恒定。然后根据煤样的质量损失计算出水分的质量分数。

## 二、试剂

（1）氮气：纯度 99.9%，含氧量小于 0.01%。

（2）无水氯化钙(HGB 3208)：化学纯，粒状。

（3）变色硅胶：工业用品。

## 三、仪器、设备

（1）小空间干燥箱：箱体严密，具有较小的自由空间，有气体进、出口，并带有自动控温装置，能保持温度在 105~110℃范围内。

（2）玻璃称量瓶：直径 40mm，高 25mm，并带有严密的磨口盖(见图 6.1)。

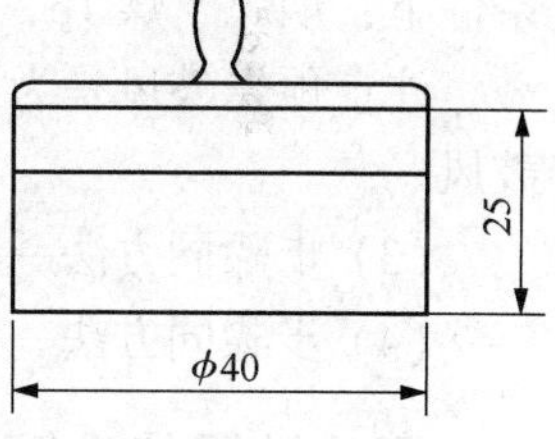


图 6.1　玻璃称量瓶
(单位为 mm)

（3）干燥器：内装变色硅胶或粒状无水氯化钙。

（4）干燥塔：容量 250mL，内装干燥剂。

（5）流量计：量程为 100~1000mL/min。

（6）分析天平：精确度 0.1mg。

## 四、试验步骤

（1）在预先干燥和已称量过的称量瓶内称取粒度小于 0.2mm 的一般分析试验煤样(1±0.1)g，精确至 0.0002g，平摊在称量瓶中。

（2）打开称量瓶盖，放入预先通入干燥氮气并已加热到 105~110℃的干燥箱中。烟煤干燥 1.5h，褐煤和无烟煤干燥 2h。在称量瓶放入干燥箱前 10min 开始通氮气，氮气流量以每小时换气 15 次为准。

(3) 从干燥箱中取出称量瓶，立即盖上盖，放入干燥器中冷却至室温(约 20min)后称量。

(4) 进行检查性干燥，每次 30min，直到连续两次干燥煤样质量的减少不超过 0.0010g 或质量增加时为止。在后一种情况下，采用质量增加前一次的质量为计算依据。当水分小于 2.00%时，不必进行检查性干燥。

## 方法二　空气干燥法

### 一、方法提要

称取一定量的一般分析试验煤样，置于 105～110℃鼓风干燥箱内，于空气流中干燥到质量恒定。根据煤样的质量损失计算出水分的质量分数。

### 二、仪器设备

(1) 鼓风干燥箱：带有自动控温装置，能保持温度在 105～110℃范围内。

(2) 玻璃称量瓶：同方法一。

(3) 干燥器：同方法一。

(4) 分析天平：同方法一。

### 三、试验步骤

(1) 步骤同方法一。

(2) 打开称量瓶盖，放入预先鼓风并已加热到 105～110℃的干燥箱中，在一直鼓风的条件下，烟煤干燥 1h，无烟煤干燥 1.5h。

注：预先鼓风是为了使温度均匀。可将装有煤样的称量瓶放入干燥箱前 3～5min 就开始鼓风。

(3) 步骤同方法一。

(4) 步骤同方法一。

### 四、结果的计算

按下式计算一般分析试验煤样的水分：

$$M_{ad}=\frac{m_1}{m}\times 100$$

式中　$M_{ad}$——一般分析试验煤样水分的质量分数,%；

$m$——称取的一般分析试验煤样的质量，g；

$m_1$——煤样干燥后失去的质量，g。

### 五、水分测定的精密度

水分测定的精密度如表 6.2 规定。

表 6.2　水分测定结果的重复性限

| 水分的质量分数($M_{ad}$)/% | 重复性限/% | 水分的质量分数($M_{ad}$)/% | 重复性限/% |
|---|---|---|---|
| <5.00 | 0.20 | >10.00 | 0.40 |
| 5.00~10.00 | 0.30 | | |

# 实验三　煤的工业分析中灰分的测定

## 知识链接

1. 煤的灰分

煤的灰分不是煤中的固有成分，而是煤在规定条件下完全燃烧的残留物，它是煤中矿物质在一定条件下经一系列分解、化合等复杂反应而形成的，是煤中矿物质的衍生物。它在组成和质量上都不同于矿物质，但煤的灰分产率与矿物质含量间有一定的相关性。可以用灰分来估算煤中矿物质含量，煤的矿物质是储存于煤中的无机物。主要包括黏土或页岩、分解石(碳酸钙)、黄铁矿以及其他微量成分，如无机硫酸盐、氯化物等。

2. 灰分测定的意义

煤中灰分是一项在煤质特性和利用中起重要作用的指标。在煤质研究中由于灰分与其他特性，如碳量、发热量、结渣性、活性及可磨性等有程度不同的依赖关系，因此可以通过它来研究上述特性，由于煤灰是煤中矿物质的衍生物，可以用它来计算煤中矿物质的含量，在煤的燃烧和气化中，根据煤灰含量以及它的诸如熔点、黏度、导电性和化学组成等特性来预测燃烧和气化中可能出现的腐蚀、玷污、结渣问题，并据此进行炉型选择和煤灰渣利用研究，煤的灰分越高，有效碳的产率就越低。在商业上根据灰分来定级论评等。

本章方法包括两种测定煤灰石中的方法——缓慢灰化法和快速灰化法。缓慢灰化法为仲裁法。

## 缓慢灰化法

### 一、方法提要

称取一定量的一般分析试验煤样，放入马弗炉中，以一定的速度加热到(815±10)℃，灰化并灼烧到质量恒定。以残留物的质量占煤样质量的质量分数作为煤样的灰分。

### 二、仪器设备

(1) 马弗炉：炉膛具有足够的恒温区，能保持温度为(815±10)℃。炉后壁的上部带有直径为 25~30mm 的烟囱，下部离炉膛底 20~30mm 处有一个插热电偶的小孔。炉门上有一个直径为 20mm 的通气孔。

马弗炉的恒温区应在关闭炉门下测定，并至少每年测定一次。高温计(包括毫伏计和热电偶)至少每年校准一次。

(2) 灰皿：瓷质，长方形，底长 45mm，底宽 22mm，高 14mm(见图 6.2)。

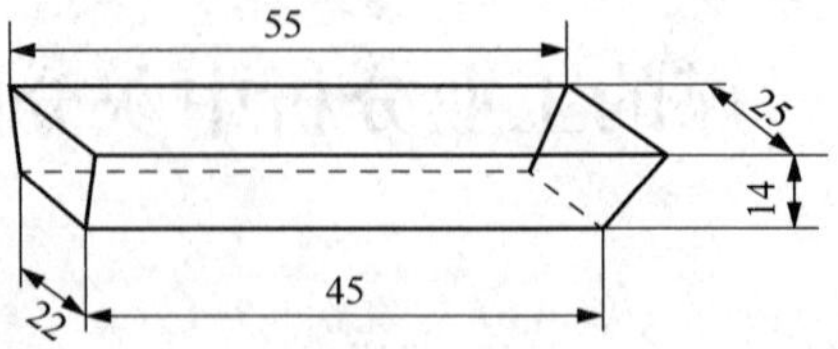


图 6.2 灰皿

(3) 干燥器：内装变色硅胶或粒状无水氯化钙。

(4) 分析天平：精确度 0.1mg。

(5) 耐热瓷板或石棉板。

## 三、试验步骤

(1) 在预先灼烧至质量恒定的灰皿中，称取粒度小于 0.2mm 的一般分析试验煤样(1±0.1)g，精确度至 0.0002g，均匀地摊平在灰皿中，使其每平方厘米的质量不超过 0.15g。

(2) 将灰皿送入炉温不超过 100℃的马弗炉恒温区中，关上炉门并使炉门留有 15mm 左右的缝隙。在不少于 30min 的时间内将炉温缓慢升至 500℃，并在此温度下保持 30min。继续升温到(815±10)℃，并在此温度下灼烧 1h。

(3) 从炉中取出灰皿，放在耐热瓷板或石棉板上，在空气中冷却 5min 左右，移入干燥器中冷却至室温(约 20min)后称量。

(4) 进行检查性灼烧，温度为(815±10)℃，每次 20min，直到连续两次灼烧后的质量变化不超过 0.0010g 为止，以最后一次灼烧后的质量为计算依据。灰分小于 15.00%时，不必进行检查性灼烧。

# 快速灰化法

本部分包括两种快速灰化法：方法一和方法二。

## 一、方法一

### 1. 方法提要

将装有煤样的灰皿放在预先加热至(815±10)℃的灰分快速测定仪的传送带上，煤样自动送入仪器内完全灰化，然后送出。以残留物的质量占煤样的质量分数作为煤样的灰分。

### 2. 专用仪器

快速灰分测定仪(见附录二中图 6.6)。

### 3. 试验步骤

(1) 将快速灰分测定仪预先加热至(815±10)℃。

（2）开动传送带并将其传送速度调节到17mm/min左右或其他合适的速度。

注：对于新的灰分快速测定仪，需对不同煤种与缓慢灰化法进行对比试验，根据对比试验结果及煤的灰化情况，调节传送带的传送速度。

（3）在预先灼烧至质量恒定的灰皿中，称取粒度小于0.2mm的一般分析试验煤样(0.5+0.01)g，精确至0.0002g，均匀地摊平在灰皿中，使其每平方厘米的质量不超过0.08g。

（4）将盛有煤样的灰皿放在快速灰分测定仪的传送带上，自动送入炉中。

（5）当灰皿从炉内送出时，取下，放在耐热瓷板或石棉板上，在空气中冷却5min左右，移入干燥器中冷却至室温(约20min)后称量。

## 二、方法二

1. 方法提要

将装有煤样的灰皿由炉外逐渐送入预先加热至(815±10)℃的马弗炉中灰化并灼烧至质量恒定。以残留物的质量占煤样的质量分数作为煤样的灰分。

2. 仪器设备

同方法一。

3. 试验步骤

（1）在预先灼烧至质量恒定的灰皿中，称取粒度小于0.2mm的一般分析试验煤样(1±0.1)g，精确至0.0002g，均匀地摊平在灰皿中，使其每平方厘米的质量不超过0.15g。

将盛有煤样的灰皿预先分排放在耐热瓷板或石棉板上。

（2）将马弗炉加热到850℃，打开炉门，将放有灰皿的耐热瓷板或石棉板缓慢地推入马弗炉中，先使第一排灰皿中的煤样灰化，待5~10min后煤样不再冒烟时，以每分钟不大于2cm的速度把其余各排灰皿顺序推入炉内炽热部分(若煤样着火发生爆燃，试验应作废)。

（3）关上炉门并使炉门留有15mm左右的缝隙，在(815±10)℃温度下灼烧40min。

（4）从炉中取出灰皿，放在空气中冷却5min左右，移入干燥器中冷却至室温(约20min)后，称量。

（5）进行检查性灼烧，温度为(815±10)℃，每次20min，直到连续两次灼烧后的质量变化不超过0.0010g为止。以最后一次灼烧后的质量为计算依据。如遇检查性灼烧时结果不稳定，应改用缓慢灰化法重新测定。灰分小于15.00%时，不必进行检查性灼烧。

4. 结果的计算

按下式计算煤样的空气干燥基灰分：

$$A_{ad}=\frac{m_1}{m}\times100$$

式中　$A_{ad}$——空气干燥基灰分的质量分数,%；

$m$——称取的一般分析试验煤样的质量，g；

$m_1$——灼烧后残留物的质量，g。

## 三、灰分测定的精密度

灰分测定的精密度如表6.3规定。

**表 6.3　灰分测定的精密度**

| 灰分质量分数/% | 重复性限 $A_{ad}$/% | 再现性临界差 $A_d$/% |
|---|---|---|
| <15.00 | 0.20 | 0.30 |
| 15.00~30.00 | 0.30 | 0.50 |
| >30.00 | 0.50 | 0.70 |

## 思考题

**(一)填空题**

1. 造成煤的灰分测定误差的主要因素是________，________，________。

2. 煤的矿物质是存在于煤中的无机物，主要包括黏土或页岩、________、________以及其他微量成分，逐渐加热到________并在此温度下保持________ min，将升高到________并保持________。

**(二)判断题**(正确的在括号内划“√”，错误的划“×”)

1. 煤的灰分就是煤中的固有成分。　　(　　)
2. 煤的灰分是煤中矿物质的衍生物。　　(　　)
3. 由煤的灰分可算出煤中矿物质的含量。　　(　　)
4. 在(815±10)℃保持 1h 是为了保证煤中硫化物完全分解排除。　　(　　)

**(三)简答题**

1. 为什么煤样的灰皿要铺平?
2. 为什么灰化过程要保持良好的通风状态，你在实验中是如何保持的?

**(四)实际操作**

测定煤的灰分操作，并将测定数据结果记录在附表中，请老师检查，并符合下列表中规定的精密度。

| 灰分($A_{ad}$) | 重复性/% | 灰分($A_{ad}$) | 重复性/% |
|---|---|---|---|
| 15 | 0.20 | >30 | 0.50 |
| 15~30 | 0.30 | | |

**附表　灰分的测定**

<table>
<tr><td>样品名称</td><td></td><td>分析日期</td><td></td><td>分析人</td><td></td></tr>
<tr><td colspan="6"></td></tr>
<tr><td colspan="2">%</td><td colspan="2">%</td><td colspan="2">平均/%</td></tr>
</table>

# 实验四　煤的挥发分的测定

## 知识链接

1. 煤的挥发分

煤样在规定的条件下，隔绝空气加热并进行水分校正后的挥发物质产率即为挥发分，其主要由水分、碳氢化物和碳氢化合物组成，但煤中物理吸附水(包括外在水和内在水)和矿物质二氧化碳不属挥发分之列，所以要对其进行校正。

工业分析中测定挥发分不是煤中固有的挥发性物质，而且煤在严格规定条件下加热时的热分解产物，改变任何试验条件都会给测定带来不同的影响。影响挥发分测定结果的主要因素是加热温度、加热时间、加热速度以及试验设备的型式和大小。试样容器的材质、形状和尺寸以及容器的支架都会影响测定结果，即测定结果取决于所规定的试验条件。

2. 挥发分测定的意义

煤的挥发分产率与煤的变质程度有比较密切的关系。随着变质程度的加深，挥发分逐渐降低。因此根据煤的挥发分产率可以估计煤的种类，根据挥发分产率和测定挥发分后的焦块特性可以初步决定煤的加工利用途径。挥发分与其他煤质特性指标，如发热量、碳和氢含量都有较好的相关性，利用挥发分可以计算煤的发热量和碳氢含量。

完成了本实验的学习之后，能够掌握煤的工业分析中挥发分的测定。

## 一、方法提要

称取一定量的一般分析试验煤样，放在带盖的瓷坩埚中，在(900±10)℃下，隔绝空气加热7min。以减少的质量占煤样的质量分数，减去该煤样的水分含量作为煤样的挥发分。

## 二、仪器设备

(1) 挥发分坩埚：带有配合严密盖的瓷坩埚，形状和尺寸如图6.3所示。坩埚总质量为15~20g。

(2) 马弗炉：带有高温计和调温装置，能保持温度在(900±10)℃，并有足够的(900±5)℃的恒温区。炉子的热容量为当起始温度为920℃左右时，放入坩埚架和若干坩埚(室温)，闭炉门后，在3min内恢复到(900±10)℃。炉后壁有一个排气孔和一个插热电偶的小孔。小孔位置应使热电偶插入炉内后其热接点在坩埚底和炉底之间，距炉底20~30mm处。

马弗炉的恒温区应在关闭炉门下测定，并至少每年测定一次。高温计(包括毫伏计和热电偶)至少每年校准一次。

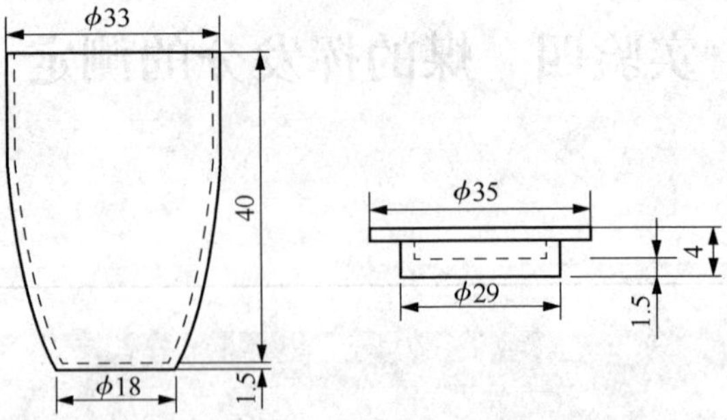


图 6.3　挥发分坩埚

(3) 坩埚架：用镍铬丝或其他耐热金属丝制成。其规格尺寸以能使所有的坩埚都在马弗炉恒温区内，并且坩埚底部紧邻热电偶热接点上方(见图 6.4)。

(4) 坩埚架夹(见图 6.5)。

(5) 干燥器：内装变色硅胶或粒状无水氯化钙。

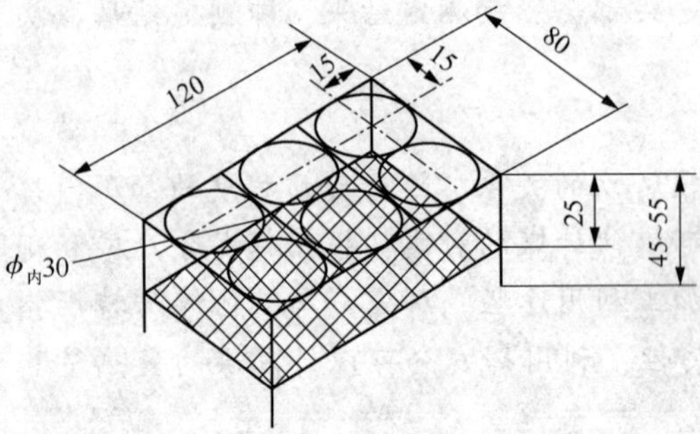


图 6.4　坩埚架

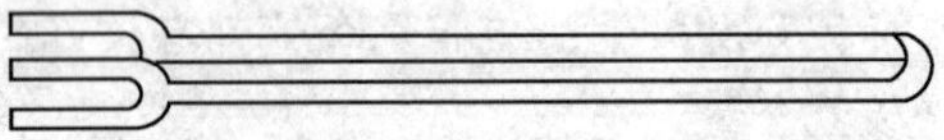

图 6.5　坩埚架夹

(6) 分析天平：精确度 0.1mg。

(7) 压饼机：螺旋式或杠杆式压饼机，能压制直径约 10mm 的煤饼。

(8) 秒表。

## 三、试验步骤

(1) 在预先于 900℃温度下灼烧至质量恒定的带盖瓷坩埚中，称取粒度小于 0.2mm 的一般分析试验煤样(1±0.01)g，精确至 0.0002g，然后轻轻振动坩埚，使煤样摊平，盖上盖，放在坩埚架上。

褐煤和长焰煤应预先压饼，并切成宽度约 3mm 的小块。

(2) 将马弗炉预先加热至 920℃左右。打开炉门，迅速将放有坩埚的坩埚架送入恒温区，立即关上炉门并计时，准确加热 7min。坩埚及坩埚架放入后，要求炉温在 3min 内恢复至(900±10)℃，此后保持在(900±10)℃，否则此次试验作废。加热时间包括温度恢复时间在内。

注：马弗炉预先加热温度可视马弗炉具体情况调节，以保证在放入坩埚及坩埚架后，炉温在 3mm 内恢复至(900±10)℃为准。

(3) 从炉中取出坩埚，放在空气中冷却5min左右，移入干燥器中冷却至室温(约20min)后称量。

## 四、焦渣特征分类

测定挥发分所得焦渣的特征，按下列规定加以区分。

(1) 粉状(1型)：全部是粉末，没有相互黏着的颗粒；

(2) 黏着(2型)：用手指轻碰即成粉末或基本上是粉末，其中较大的团块轻轻一碰即成粉末；

(3) 弱黏结(3型)：用手指轻压即成小块；

(4) 不熔融黏结(4型)：以手指用力压才裂成小块，焦渣上表面无光泽，下表面稍有银白色光泽；

(5) 不膨胀熔融黏结(5型)：焦渣形成扁平的块，煤粒的界线不易分清，焦渣上表面有明显银白色金属光泽，下表面银白色光泽更明显；

(6) 微膨胀熔融黏结(6型)：用手指压不碎，焦渣的上、下表面均有银白色金属光泽，但焦渣表面具有较小的膨胀泡(或小气泡)；

(7) 膨胀熔融黏结(7型)：焦渣上、下表面有银白色金属光泽，明显膨胀，但高度不超过15mm；

(8) 强膨胀熔融黏结(8型)：焦渣上、下表面有银白色金属光泽，焦渣高度大于15mm。

为了简便起见，通常用上列序号作为各种焦渣特征的代号。

## 五、结果的计算

按下式计算煤样的空气干燥基挥发分：

$$V_{ad}=\frac{m_1}{m}\times 100-M_{ad}$$

式中　$V_{ad}$——空气干燥基挥发分的质量分数,%；

$m$——一般分析试验煤样的质量，g；

$m_1$——煤样加热后减少的质量，g；

$M_{ad}$——一般分析试验煤样水分的质量分数,%。

## 六、挥发分测定的精密度

挥发分测定的精密度见表6.4规定。

**表6.4　挥发分测定的精密度**

| 挥发分质量分数/% | 重复性限 $V_{ad}$/% | 再现性临界差 $V_d$/% |
|---|---|---|
| <20.00 | 0.30 | 0.50 |
| 20.00~40.00 | 0.50 | 1.00 |
| >40.00 | 0.80 | 1.50 |

## 思考题

**(一)填空题**

1. 挥发分主要由________、________和________组成。

2. 影响挥发分测定结果的主要因素是________、________和________。

**(二)判断题**(正确的在括号内划"√",错误的划"×")

1. 煤样在规定的条件下,隔绝空气加热的挥发物质产率即为挥发分。 ( )

2. 挥发分的测定温度可以是910℃? ( )

**(三)选择题**(将正确答案的序号填入括号内)

1. 将坩埚架放入马弗炉,按下秒表应在( )。

A. 马弗炉外　　B. 马弗炉口　　C. 马弗炉内放好

2. 测定挥发分后发现坩埚盖上有灰白色的物质,这是( )引起的。

A. 时间稍稍超过7min

B. 坩埚盖子不严,空气浸入坩埚

C. 加热温度为920℃

3. 某分析工称取煤样1.0008g,测挥发分后,减少的质量为0.1020g,该煤样的$M_{ad}$为2.31%,其挥发分为( )。

A. 10.19%　　B. 7.88%　　C. 8.26%

**(四)实际操作**

测定煤的挥发分操作,并将测定数据结果记录在附表中,完成后请老师检查,并符合下列表中规定的精密度。

| 挥发分 | 重复性/% | 挥发分 | 重复性/% |
|---|---|---|---|
| <20 | 0.30 | >40 | 0.80 |
| 20~40 | 0.50 | | |

**附表　挥发分的测定**

| 样品名称 | | 分析日期 | | 分析人 | |
|---|---|---|---|---|---|
| | | | | | |
| % | | % | | 平均/% | |

## 附录一

### 煤的水分测定——微波干燥法

一、应用范围

本附录规定了采用微波干燥快速测定一般分析试验煤样水分的方法。

本方法适用于褐煤和烟煤水分的快速测定。

二、方法提要

称取一定量的一般分析试验煤样，置于微波水分测定仪内，炉内磁控管发射非电离微波，使水分子超高速振动，产生摩擦热，使煤中水分迅速蒸发，根据煤样的质量损失计算水分。

三、仪器设备

(1) 微波水分测定仪(以下简称测水仪)：带程序控制器，输入功率约1000W。仪器内配有微晶玻璃转盘，转盘上置有带标记圈、厚约2mm的石棉垫。

(2) 玻璃称量瓶：直径40mm，高25mm，并带有严密的磨口盖。

(3) 干燥器：内装变色硅胶或粒状无水氯化钙。

(4) 分析天平：精确度0.1mg。

(5) 烧杯：容量约250mL。

四、试验步骤

(1) 在预先干燥和已称量过的称量瓶内称取粒度小于0.2mm的一般分析试验煤样(1±0.1)g，精确至0.0002g，平摊在称量瓶中。

(2) 将一个盛有约80mL蒸馏水、容量约250mL的烧杯置于测水仪内的转盘上，用预加热程序加热10min后，取出烧杯。如连续进行数次测定，只需在第一次测定前进行预热。

(3) 打开称量瓶盖，将带煤样的称量瓶放在测水仪的转盘上，并使称量瓶与石棉垫上的标记圈相内切。放满一圈后，多余的称量瓶可紧挨第一圈称量瓶内侧放置。在转盘中心放一盛有蒸馏水的带表面皿盖的250mL烧杯(盛水量与测水仪说明书规定一致)，关上测水仪门。

注1：水分蒸发效果与微波电磁场分布有关，称量瓶需位于均匀场强区域内。

注2：烧杯的盛水量与微波炉磁控管功率大小有关，以加热完毕后烧杯内仅余少量水为宜。

注3：微波测水仪生产厂家在设计测水仪时，应通过试验确定微波电磁场分布适合水分测定的区域并加以标记(即标记圈)，确定适宜的盛水量。

(4) 按测水仪说明书规定的程序加热煤样。

(5) 加热程序结束后，从测水仪中取出称量瓶，立即盖上盖，放入干燥器中冷却至室温(约20min)后称量。

注：其他类型的微波水分测定仪也可使用，但在使用前应按照GB/T 18510进行精密度和准确度测定，以确定设备是否符合要求。

五、结果计算

煤样的空气干燥基水分按下式计算：

$$M_{ad}=\frac{m_1}{m}\times 100$$

式中　$M_{ad}$——空气干燥基煤样水分的质量分数,%；

$m$——称取的一般分析试验煤样的质量，g；

$m_1$——煤样干燥后失去的质量，g。

六、精密度

同表6.2。

## 附录二

### 快速灰分测定仪

一、仪器结构

图 6.6 是一种比较适宜的快速灰分测定仪，由马蹄形管式电炉、传送带和控制仪三部分组成，各部分结构如下。

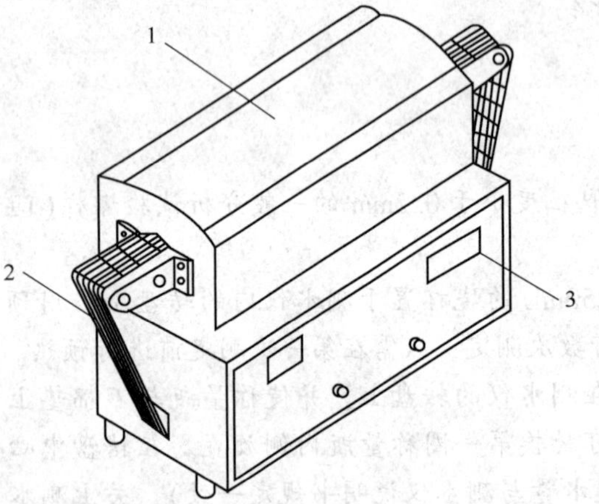


图 6.6 快速灰分测定仪

1—管式电炉；2—传送带；3—控制仪

(1) 马蹄形管式电炉：炉膛长约 700mm，底宽约 75mm，高约 45mm，两端敞口，轴向倾斜度为 5°左右，其恒温带要求：(815±10)℃部分长约 140mm，750 ~ 825℃ 部分长约 270mm，出口端温度不高于 100℃。

(2) 链式自动传送装置(简称传送带)：用耐高温金属制成，传送速度可调。在 1000℃下不变形，不掉皮。

(3) 控制仪：主要包括温度控制装置和传送带传送速度控制装置。温度控制装置能将炉温自动控制在(815±10)℃；传送带传送速度控制装置能将传送速度控制在 15 ~ 50mm/min 之间。

二、可使用灰分快速测定仪条件

(1) 高温炉能加热至(815±10)℃并具有足够长的恒温带；

(2) 炉内有足够的空气供煤样燃烧；

(3) 煤样在炉内有足够长的停留时间，以保证灰化完全；

(4) 能避免或最大限度地减少煤中硫氧化生成的硫氧化物与碳酸盐分解生成的氧化钙接触。

# 实验五 煤的固定碳的计算

**知识链接**

煤的水分、灰分、挥发分通常是直接测出的，而固定碳是用差减法计算出来的。

完成了本实验的学习之后，能够掌握煤的固定碳的计算和将空气干燥基换算成其他基的计算。

## 一、煤的固定碳及计算

1. 煤的固定碳

煤的固定碳是煤灰分类、燃烧和焦化中的一项重要指标，其随变质程度的加深而增加。煤的固定碳是指从测定煤的挥发分后的残渣中减去灰分后的残留物，在煤的燃烧中，利用固定碳来计算燃烧设备的效率。

2. 固定碳的计算公式

$$FC_{ad}=100\%-(M_{ad}+A_{ad}+V_{ad})$$

式中　$FC_{ad}$——空气干燥煤样的固定碳含量,%；

$M_{ad}$——空气干燥煤样的水分含量,%；

$A_{ad}$——空气干燥煤样的灰分产率,%；

$V_{ad}$——空气干燥的挥发分产率,%。

3. 计算实例(例题)

**【例 1】**　某煤样中 $M_{ad}=0.54$，$A_{ad}=6.50$，$V_{ad}=14.92$，求煤样的固定碳含量？

**解**：$FC_{ad}=100-(M_{ad}+A_{ad}+V_{ad})=100-(0.54+6.50+14.92)=78.04$

**答**：煤样的固定碳含量为 78.04%

## 二、挥发与换算计算

空气干燥基挥发分换算成干燥无灰基挥发分及干燥无矿物质基挥发分计算如下。

(1) 干燥无灰基挥发分按下式换算：

$$V_{adf}=\frac{V_{ad}}{100-M_{ad}-A_{ad}}\times 100$$

当一般分析试验煤样中碳酸盐二氧化碳的质量分数为 2%～12%时，则：

$$V_{adf}=\frac{V_{ad}-(CO_2)_{ad}}{100-M_{ad}-A_{ad}}\times 100$$

当一般分析试验煤样中碳酸盐二氧化碳的质量分数大于 12%时，则：

$$V_{adf}=\frac{V_{ad}-[(CO_2)_{ad}-(CO_2)_{ad(焦渣)}]}{100-M_{ad}-A_{ad}}\times 100$$

式中　$V_{ad}$——干燥无灰基挥发分的质量分数,%；

$(CO_2)_{ad}$——一般分析试验煤样中碳酸盐二氧化碳的质量分数(按 GB 218 测定),%；

$(CO_2)_{ad(焦渣)}$——焦渣中二氧化碳对煤样量的质量分数,%。

(2) 干燥无矿物质基挥发分按下式换算：

$$V_{dmmf}=\frac{V_{ad}}{100-(M_{ad}+MM_{ad})}\times 100$$

当一般分析试验煤样中碳酸盐二氧化碳的质量分数为2%～12%时，则：

$$V_{dmmf}=\frac{V_{ad}-(CO_2)_{ad}}{100-(M_{ad}+MM_{ad})}\times 100$$

当一般分析试验煤样中碳酸盐二氧化碳的质量分数大于12%时，则：

$$V_{dmmf}=\frac{V_{ad}-[(CO_2)_{ad}-(CO_2)_{ad(焦渣)}]}{100-(M_{ad}+MM_{ad})}\times 100$$

式中　$V_{dmmf}$——干燥无矿物质基挥发分的质量分数，%；

$MM_{ad}$——空气干燥基煤样矿物质的质量分数（按 GB/T 7560 测定），%。

# 第七模块　水中的细菌学测定

## 学习任务

| | |
|---|---|
| 任务目标 | 1. 知识目标<br>(1)了解水中微生物的存在情况<br>(2)掌握细菌的测定的方法 |
| | 2. 能力目标<br>(1)能止确按步骤操作，完成测定<br>(2)测定的准确性达到要求 |
| | 3. 素质目标<br>具备运用学习的技术解决水污染的实际问题的能力 |
| 任务内容 | 1. 讲述实验原理，溶液的调配技术<br>2. 讲述测定的技术过程，注意事项 |

## 任务分析

本模块是通过学习掌握对水中总大肠杆菌、细菌总数、沙门氏菌属的微生物测定技术。具体要求：

1. 学会细菌总数、大肠杆菌、沙门氏菌属的测定技术；
2. 学会培养基的调制。

## 知识链接

水是微生物广泛分布的天然环境，不论是地表水或地下水，甚至雨水或雪水，都含有多种微生物。当水体受到人、畜粪便，生活污水或某些工业废水污染时，水中微生物的数量可大量增加。因此，水的细菌学测定，特别是肠道细菌的检验，在环境质量评价、环境卫生监督等方面具有重要的意义。但是直接检查水中各种病原微生物，方法较复杂，有的难度大，而且检查结果为阴性也不能保证绝对安全。所以，在实际工作中经常以检查水的细菌总数，特别是检查作为粪便污染的指示菌，来间接判断水体污染状况和环境卫生学质量。

水中含有细菌总数与水污染状况有一定的关系，但是不能直接说明是否有病原微生物存在。粪便污染指示菌一般是指如有该指示细菌存在于水体中，即表示水体曾有过粪便污染，也就有可能存在肠道病原微生物。那么该水质在卫生学上是不安全的。

水体的粪便污染指示菌，一般希望能符合下列条件：

(1) 此种指示菌应大量存在于人的粪便内，其数量要比病原微生物多得多。

(2) 如水中有病原微生物存在时，此种指示菌也必然存在。

(3) 此指示菌在水中的数量与水体受粪便污染的程度呈正相关。

(4) 此种指示菌在水中存活的时间略长于病原微生物，对消毒剂及水中不良因素的抵抗力也应比病原微生物略强些。

(5) 此种指示菌在水环境中不会自行繁殖增长。

(6) 此种指示菌在污染的水环境中分布较均匀，生物性状亦较稳定。

(7) 此种指示菌应能在较简单的培养基上生长，检出、鉴定、计数的方法也较简易、迅速、准确。

(8) 此种指示菌应可适用于各种水体。

因此，要选择一种指示菌能符合上述全部条件是不太可能的，只能选择相对较为理想的细菌作为指示菌。常见的用作指示细菌或其他指示微生物有：总大肠菌群(Total coliform)、粪大肠菌群(Fecal coliform)、粪链球菌(Fecal strepto coccus)，产气荚膜梭菌(Clostridium perfringens)、双歧杆菌属(Bifidobacterium)、肠道病毒(Enteroviruses)、大肠杆菌噬菌体(Coliphage)、沙门氏菌属(Salmonella)、志贺氏菌属(Sh igella)、铜绿假单胞菌(Pseudomonas aeruginosa)、葡萄球菌属(Staphylococcus)、副溶血弧菌(Vibrioparahaemolyticus)等。此外，还有水生的真菌、放线菌(Actinomycetes)和线虫(Nematodes)等。

本章所述的几种细菌学检验方法，用于监测水环境的微生物学指标。

# 实验一　水中细菌总数的测定

## 知识链接

细菌总数测定是测定水中需氧菌、兼性厌氧菌和异养菌密度的方法。因为细菌能以单独个体、成双成对、链状、成簇等形式存在，而且没有任何单独一种培养基能满足一个水样中所有细菌的生理要求。所以，由此法所得的菌落可能要低于真正存在的活细菌的总数。实际上是指1mL水样在营养琼脂培养基中，于37℃培养24h后，所生长细菌菌落的总数。

此法主要作为判定饮用水、水源水、地表水等污染程度的标志。

## 一、培养基

营养琼脂培养基的制备

（1）蛋白胨：10g。

（2）牛肉浸膏：3g。

（3）氯化钠：5g。

（4）琼脂：15~20g。

（5）蒸馏水：1000mL。

将上述成分混合后，调节 pH 值为 7.4~7.6，过滤除去沉淀，分装于玻璃容器中，经 121℃高压蒸汽灭菌 15min，储存于暗处备用。

## 二、水样的稀释

1. 选择稀释度

稀释度要选择适宜，以期在平皿上的菌落总数介于 30~300 之间。例如，如果认为直接水样的标准平皿计数可高达 3000，就应该将水样稀释到 1∶100 后，再进行平皿计数。

大多数饮用水水样，未经稀释直接接种 1mL，所得的菌落总数可适于计数。

2. 水样的稀释方法

（1）将水样用力振摇 20~25 次，使可能存在的细菌凝团成分散状。

（2）以无菌操作方法吸取 10mL 充分混匀的水样，注入盛有 90mL 灭菌水的三角烧瓶中(可放有适量的玻璃珠)混匀成 1∶10 稀释液。

（3）吸取 1∶10 的稀释液 1mL 注入盛 99mL 灭菌水的试管中，混匀成 1∶100 稀释液。按同法依次稀释成 1∶1000、1∶10000 的稀释液(稀释倍数按水样污浊程度而定)。注意：吸取不同浓度的稀释液时，必须更换吸管。也可按图 7.1 所示的方法进行稀释。

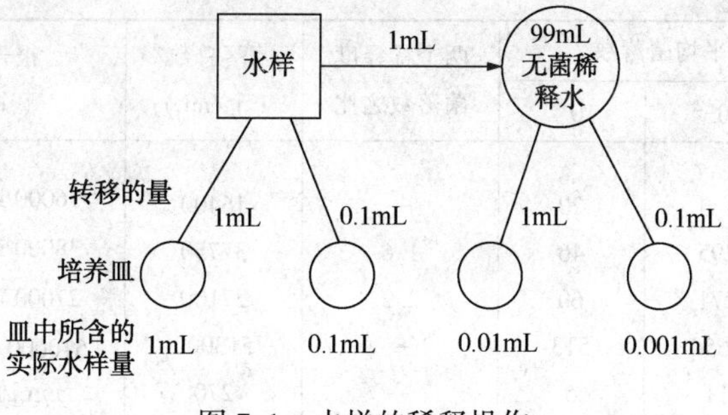


图 7.1　水样的稀释操作

## 三、操作方法

（1）以无菌操作方法用 1mL 灭菌吸管吸取充分混匀的水样或 2~3 个适宜浓度的稀释水样 1mL，注入灭菌平皿中，倾注约 15mL 已融化并冷却到 45℃左右的营养琼脂培养基，并立即旋摇平皿，使水样与培养基充分混匀。每个水样应倾注两个平皿，每次检验时，另用一个平皿只倾注营养琼脂培养基作空白对照。

（2）待琼脂冷却凝固后，翻转平皿，使底面向上，置于37℃恒温箱内培养24h，进行菌落计数。

## 四、菌落计数

培养之后，立即进行平皿菌落计数。如果计数必须暂缓进行，平皿需存放于5~10℃冰箱内，且不得超过24h。但是不可以使这种做法成为常规的操作方式。

作平皿菌落计数时，可用菌落计数器或放大镜检查，以防遗漏，在记下各平皿的菌落数后，应求出同稀释度的平均菌落数。在求同稀释度的平均数时，如果其中一个平皿有较大片状菌落生长时，则不宜采用，而应以无片状菌落生长的平皿作为该稀释度的菌落数。若片状菌落不到平皿的一半，而其余一半中菌落分布又很均匀，则可将此半皿计数后乘以2代表全皿菌落数，然后再求该稀释度的平均菌落数。如果由于稀释等过程中有杂菌污染，或者对照平皿显示出培养基或其他材料染有杂菌，以致平皿无法计数，则应报告“实验事故”。

对那些看来相似，距离相近但却不相触的菌落，只要它们之间的距离不小于最小菌落的直径，便应一一予以计数。那些紧密接触而外观(例如形态或颜色)相异的菌落，也应该一一予以计数。

## 五、计算和报告计数结果

细菌总数是以每个平皿菌落的总数或平均数(例如同一稀释度两个重复平皿的平均数)乘以稀释倍数而得来的。各种不同情况的计算方法如下。

（1）首先选择平均菌落数在30~300之间者进行计算，当只有一个稀释度的平均菌落符合此范围时，即以该平均菌落数乘其稀释倍数报告(见表7.1例1)。

**表7.1 稀释度选择及菌落总数报告方式**

| 例次 | 不同稀释度的平均菌落数 | | | 两个稀释度菌落数之比 | 菌落总数/(个/mL) | 报告方式/(个/mL) | 备注 |
|---|---|---|---|---|---|---|---|
| | $10^{-1}$ | $10^{-2}$ | $10^{-3}$ | | | | |
| 1 | 1365 | 164 | 20 | — | 16400 | 16000或$1.6\times10^4$ | 两位以后数字采取四舍六入五单双的原则取舍 |
| 2 | 2760 | 295 | 46 | 1.6 | 37750 | 38000或$3.8\times10^4$ | |
| 3 | 2890 | 271 | 60 | 2.2 | 27100 | 27000或$2.7\times10^4$ | |
| 4 | 无法计数 | 1650 | 513 | — | 513000 | 510000或$5.1\times10^5$ | |
| 5 | 27 | 11 | 5 | — | 270 | 270或$2.7\times10^2$ | |
| 6 | 无法计数 | 305 | 12 | — | 30500 | 31000或$3.1\times10^4$ | |

（2）若有两个稀释度，其平均菌落数均在30~300之间，则应按二者之比值来决定。若其比值小于2，应报告两者的平均数，若大于2则报告其中较小的数值(见表7.1例2、例3)。

（3）若所有的稀释度的平均菌落数均大于300，则应按稀释倍数最大的平均菌落数乘以稀释倍数报告(见表7.1例4)。

(4) 若所有稀释度的平均菌落数均小于 30，则应按稀释倍数最小的平均菌落数乘以稀释倍数报告(见表 7.1 例 5)。

(5) 若所有稀释度的平均菌落数均不在 30～300 之间，则以最接近 30 或 300 的平均菌落数乘稀释倍数报告(见表 7.1 例 6)。

(6) 菌落计数的报告：菌落数在 100 以内时按实有数报告；大于 100 时，采用二位有效数字，用 10 的指数来表示。在报告菌落数为“无法计数”时，应注明水样的稀释度。

# 实验二　水中总大肠菌群的测定

**知识链接**

总大肠菌群是指能在 37℃ 48h 之内发酵乳糖产酸产气的、需氧及兼性厌氧的革兰氏阴性的无芽孢杆菌。主要包括有埃希氏菌属、柠檬酸杆菌属、肠杆菌属、克雷伯氏菌属等菌属的细菌。

总大肠菌群的检验方法中，多管发酵法可适用于各种水样(包括底泥)，但操作较繁，需要时间较长；滤膜法主要适用于杂质较少的水样，操作简单快速。

如果使用滤膜法，则总大肠菌群可重新定义为：所有能在含乳糖的远腾氏培养基上，于 37℃ 24h 之内生长出带有金属光泽暗色菌落的、需氧的和兼性厌氧的革兰氏阴性无芽孢杆菌。

粪便中存在大量的大肠菌群(Coliform group)细菌，在水体中存活的时间和对氯的抵抗力等与肠道致病菌，如沙门氏菌、志贺氏菌等相似，因此将总大肠菌群作为水体受粪便污染的指示菌是合适的。但在某些水质条件下，大肠菌群细菌在水中能自行繁殖，这是不利之处。

## 一、多管发酵法

多管发酵是根据大肠菌群细菌能发酵乳糖、产酸产气以及具备革兰氏染色阴性、无芽孢呈杆状等有关特性，通过三个步骤进行检验，以求得水样中的总大肠菌群数。

多管发酵法是以最可能数(Most probable number 简称 MPN)来表示试验结果的如图 7.2 所示。实际上它是根据统计学理论，估计水体中的大肠杆菌密度和卫生质量的一种方法。如果从理论上考虑，并且进行大量的重复检定，可以发现这种估计有大于实际数字的倾向。不过只要每一稀释度试管重复数目增加，这种差异便会减少，对于细菌含量的估计值，大部分取决于那些既显示阳性又显示阴性的稀释度。因此在实验设计上，水样检验所要求重复的数目，要根据所要求数据的准确度而定。

1. 培养基

(1) 乳糖蛋白胨培养液：蛋白胨 10g；牛肉浸膏 3g；乳糖 5g；氯化钠 5g；1.6%溴甲酚紫乙醇溶液 1mL；蒸馏水 1000mL。

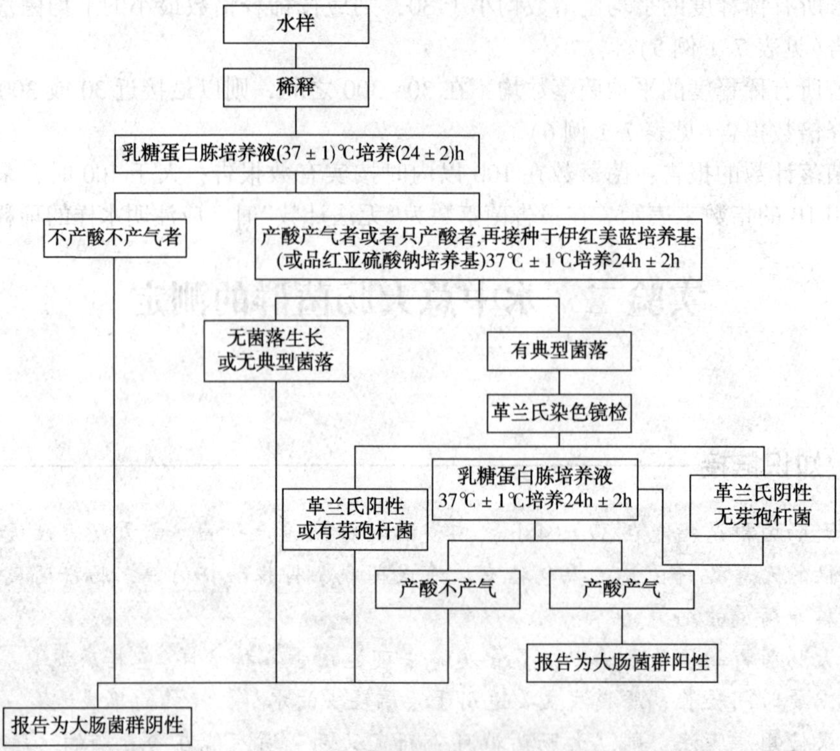


图 7.2 总大肠菌群检验流程图

将蛋白胨、牛肉浸膏、乳糖、氯化钠加热溶解于 1000mL 蒸馏水中，调节 pH 值为 7.2~7.4，再加入 1.6%溴甲酚紫乙醇溶液 1mL，充分混匀，分装于含有倒置的小玻璃管的试管中，于高压蒸汽灭菌器中，在 115℃灭菌 20min，储存于暗处备用。

此培养基适用于检验大肠菌群时作发酵试验之用。根据实际需要，也可按上述配方比例(除蒸馏水外)配成二倍、三倍或五倍浓缩的乳糖蛋白胨培养液，制法同上。

(2) 三倍乳糖蛋白胨培养液：乳糖蛋白胨培养液浓缩三倍配制。

(3) 品红亚硫酸钠培养基：蛋白胨 10g；乳糖 10g；磷酸氢二钾 3.5g；琼脂 20~30g；蒸馏水 1000mL；无水亚硫酸钠 5g 左右；5%碱性品红乙醇溶液 20mL。

① 贮备培养基：先将琼脂加至 900mL 蒸馏水中，加热溶解，然后加入磷酸氢二钾及蛋白胨，混匀使其溶解，再以蒸馏水补足至 1000mL，调整 pH 值为 7.2~7.4。趁热用脱脂棉或多层纱布过滤，再加入乳糖，混匀后定量分装于烧瓶内，置高压蒸汽灭菌器中，在 115℃灭菌 20min。贮存于冷暗处备用。

② 平板培养基：将上述贮备培养基加热融化，以无菌操作。根据瓶内培养基的容量，用灭菌吸管按 1∶50 的比例吸取一定量的 5%碱性品红乙醇溶液置于灭菌空试管中；再按 1∶200的比例称取所需的无水亚硫酸钠置于另一灭菌空试管内，加灭菌水少许使其溶解，再置于沸水浴中煮沸 10min 灭菌。用灭菌吸管吸取已灭菌的亚硫酸钠溶液，滴加于碱性品红乙醇溶液内至深红色褪成淡红色为止(不宜多加)。将此混合液全部加入已融化的贮备培养基内，并充分混匀(防止产生气泡)。立即将此种培养基适量(约 15mL)倾入已灭菌的空

平皿内，待其冷却凝固后，倒置冰箱内备用。此种已制成的培养基于冰箱内保存不宜超过两周，如培养基已由淡红色变成深红色，则不能再用。

(4) 伊红美蓝培养基(EMB 培养基)：蛋白胨 10g；乳糖 10g；磷酸氢二钾 2.0g；琼脂 20g；蒸馏水 1000mL；2%伊红(曙红 Eosln)水溶液 20mL；0.5%美蓝(亚甲蓝 Methylene bluem)水溶液 13ml。

①贮备培养基：方法同 1(3)①。

②平板培养基的配制：将贮备培养基加热融化。以无菌操作，根据瓶内培养基的容量，用灭菌吸管按比例吸取一定量已灭菌的 2%伊红水溶液及 0.5%美蓝水溶液加入已融化的储备培养基内，并充分混匀(防止产生气泡)。当混合好的培养基冷至 45℃，便立即适量倾入已灭菌的空平皿内，待其冷却凝固后，倒置于冰箱备用。

2. 步骤

1) 生活饮用水

(1) 初发酵试验：在 2 个装有已灭菌的 50mL 三倍浓缩乳糖蛋白胨培养液的大试管或烧瓶中(内有倒管)，以无菌操作各加入已充分混匀的水样 100mL；在 10 支装有已灭菌的 5mL 三倍浓缩乳糖蛋白胨培养液的试管中(内有倒管)，以无菌操作加入充分混匀的水样 10mL，混匀后置于 37℃恒温箱培养 24h。

(2) 平板分离：经初发酵试验培养 24h 后，发酵试管颜色变黄为产酸，小玻璃倒管内有气泡为产气。将产酸产气及只产酸发酵管，分别用接种环划线接种于品红亚硫酸钠培养基或伊红美蓝培养基上，置 37℃恒温箱内培养 18~24h，挑选符合下列特征的菌落，取菌落的一小部分进行涂片、革兰氏染色、镜检。

品红亚硫酸钠培养基上的菌落：紫红色，具有金属光泽的菌落；深红色，不带或略带金属光泽的菌落；淡红色，中心色较深的菌落。

伊红美蓝培养基上的菌落：深紫黑色，具有金属光泽的菌落；紫黑色，不带或略带金属光泽的菌落；淡紫红色，中心色较深的菌落。

(3) 复发酵试验：上述涂片镜检的菌落如为革兰氏阴性无芽胞的杆菌，则挑选该菌落的另一部分接种于普通浓度乳糖蛋白胨培养液中(内有倒管)，每管可接种分离自同一初发酵管(瓶)的最典型菌落 1~3 个，然后置于 37℃恒温箱中培养 24h，有产酸产气者，即证实有大肠菌群菌存在。根据证实有大肠菌群存在的阳性管(瓶)数查表 7.2，报告每升水样中的大肠菌群数。

**表 7.2　大肠菌群检数表**

| 10mL 水量的阳性管数 | 100mL 水量的阳性瓶数 | | |
|---|---|---|---|
| | 0 | 1 | 2 |
| | 1L 水样中大肠菌群数 | 1L 水样中大肠菌群数 | 1L 水样中大肠菌群数 |
| 0 | <3 | 4 | 11 |
| 1 | 3 | 8 | 18 |
| 2 | 7 | 13 | 27 |
| 3 | 11 | 18 | 38 |
| 4 | 14 | 24 | 52 |

续表

| 10mL 水量的阳性管数 | 100mL 水量的阳性瓶数 | | |
|---|---|---|---|
| | 0 | 1 | 2 |
| | 1L 水样中大肠菌群数 | 1L 水样中大肠菌群数 | 1L 水样中大肠菌群数 |
| 5 | 18 | 30 | 70 |
| 6 | 22 | 36 | 92 |
| 7 | 27 | 43 | 120 |
| 8 | 31 | 51 | 161 |
| 9 | 36 | 60 | 230 |
| 10 | 40 | 69 | >230 |

注：接种水样 100mL2 份，10mL 10 份，总量 300mL。

2）水源水

(1) 将水样作 1∶10 稀释。

(2) 于各装有 5mL 三倍浓缩乳糖蛋白胨培养液的 5 个试管中(内有倒管)，各加 10mL 水样；于各装有 10mL 乳糖蛋白胨培养液的 5 个试管中(内有倒管)，各加 1mL 水样；于各装有 10mL 乳糖蛋白胨培养液的五个试管中(内有倒管)，各加入 1mL1∶10 稀释的水样。共计 15 管，三个稀释度，将各管充分混匀，置于 37℃恒温箱培养 24h。

(3) 平板分离和复发酵试验的检验步骤同(1)“生活饮用水”检验方法。

(4) 根据证实总大肠菌群存在的阳性管数查表 7.3，即求得每 100mL 水样中存在的总大肠菌群数。

**表 7.3　最可能数(*MPN*)表**

| 出现阳性份数 | | | 每 100mL 水样中细菌数的最可能数 | 95%置信限值 | | 出现阳性份数 | | | 每 100mL 水样中细菌数的最可能数 | 95%置信限值 | |
|---|---|---|---|---|---|---|---|---|---|---|---|
| 10mL 管 | 1mL 管 | 0.1mL 管 | | 下限 | 上限 | 10mL 管 | 1mL 管 | 0.1mL 管 | | 下限 | 上限 |
| 0 | 0 | 0 | <2 | | | 4 | 2 | 1 | 26 | 9 | 78 |
| 0 | 0 | 1 | 2 | <0.5 | 7 | 4 | 3 | 0 | 27 | 9 | 80 |
| 0 | 1 | 0 | 2 | <0.5 | 7 | 4 | 3 | 1 | 33 | 11 | 93 |
| 0 | 2 | 0 | 4 | <0.5 | 11 | 4 | 4 | 0 | 34 | 12 | 93 |
| 1 | 0 | 0 | 2 | <0.5 | 7 | 5 | 0 | 0 | 23 | 7 | 70 |
| 1 | 0 | 1 | 4 | <0.5 | 11 | 5 | 0 | 1 | 34 | 11 | 89 |
| 1 | 1 | 0 | 4 | <0.5 | 11 | 5 | 0 | 2 | 43 | 15 | 110 |
| 1 | 1 | 1 | 6 | <0.5 | 15 | 5 | 1 | 0 | 33 | 11 | 93 |
| 1 | 2 | 0 | 6 | <0.5 | 15 | 5 | 1 | 1 | 46 | 16 | 120 |
| 2 | 0 | 0 | 5 | <0.5 | 13 | 5 | 1 | 2 | 63 | 21 | 150 |
| 2 | 0 | 1 | 7 | 1 | 17 | 5 | 2 | 0 | 49 | 17 | 130 |
| 2 | 1 | 0 | 7 | 1 | 17 | 5 | 2 | 1 | 70 | 23 | 170 |
| 2 | 1 | 1 | 9 | 2 | 21 | 5 | 2 | 2 | 94 | 28 | 220 |
| 2 | 2 | 0 | 9 | 2 | 21 | 5 | 3 | 0 | 79 | 25 | 190 |
| 2 | 3 | 0 | 12 | 3 | 28 | 5 | 3 | 1 | 110 | 31 | 250 |

续表

| 出现阳性份数 | | | 每 100mL 水样中细菌数的最可能数 | 95%置信限值 | | 出现阳性份数 | | | 每 100mL 水样中细菌数的最可能数 | 95%置信限值 | |
|---|---|---|---|---|---|---|---|---|---|---|---|
| 10mL 管 | 1mL 管 | 0. 1mL 管 | | 下限 | 上限 | 10mL 管 | 1mL 管 | 0. 1mL 管 | | 下限 | 上限 |
| 3 | 0 | 0 | 8 | 1 | 19 | 5 | 3 | 2 | 140 | 37 | 310 |
| 3 | 0 | 1 | 11 | 2 | 25 | 5 | 3 | 3 | 180 | 44 | 500 |
| 3 | 1 | 0 | 11 | 2 | 25 | 5 | 4 | 0 | 130 | 35 | 300 |
| 3 | 1 | 1 | 14 | 4 | 34 | 5 | 4 | 1 | 170 | 43 | 190 |
| 3 | 2 | 0 | 14 | 4 | 34 | 5 | 4 | 2 | 220 | 57 | 700 |
| 3 | 2 | 0 | 117 | 5 | 46 | 5 | 4 | 3 | 280 | 90 | 850 |
| 3 | 3 | 0 | 17 | 5 | 46 | 5 | 4 | 4 | 350 | 120 | 1000 |
| 4 | 0 | 0 | 13 | 3 | 31 | 5 | 5 | 0 | 240 | 68 | 750 |
| 4 | 0 | 1 | 17 | 5 | 46 | 5 | 5 | 1 | 350 | 120 | 1000 |
| 4 | 1 | 0 | 17 | 5 | 46 | 5 | 5 | 2 | 540 | 180 | 1400 |
| 4 | 1 | 1 | 21 | 7 | 63 | 5 | 5 | 3 | 920 | 300 | 3200 |
| 4 | 1 | 2 | 26 | 9 | 78 | 5 | 5 | 4 | 1600 | 640 | 5800 |
| 4 | 2 | 0 | 22 | 7 | 67 | 5 | 5 | 5 | ≥2400 | | |

注：接种 5 份 10mL 水样、5 份 1mL 水样、5 份 0. 1mL 水样时，不同阳性及阴性情况下 100mL 水样中细菌数的最可能数和 95%可信限值。

3）地表水和废水

(1) 地表水中较清洁水的初发酵试验步骤同(2)饮用水源水检验方法。有严重污染的地表水和废水初发酵试验的接种水样应先作 1∶10，1∶100，1∶1000 或更高的稀释，检验步骤同 2)饮用水源水检验方法。

(2) 如果接种的水样量不是 10mL，1mL 和 0. 1mL，而是较低的或较高的三个浓度的水样量，也可查表求得 *MPN* 指数，再经下面的公式换算成每 100mL 的 MPN 值。

$$MPN = MPN \times \frac{10\text{mL}}{\text{接种量最大的一管(mL)}}$$

目前我国以 1L 为报告单位，*MPN* 值再乘 10，即为 1L 水样中的总大肠菌群数。

## 二、滤膜法

滤膜是一种微孔性薄膜。将水样注入已灭菌的放有滤膜(孔径 0. 45μm)的滤器中，经过抽滤，细菌即被截留在膜上，然后将滤膜贴于品红亚硫酸钠培养基上，进行培养。因大肠菌群细菌可发酵乳糖，在滤膜上出现紫红色具有金属光泽的菌落，计数滤膜上生长的此特性的菌落数，计算出每 1L 水样中含有总大肠菌群数。如有必要，对可疑菌落应进行涂片染色镜检，并再接种乳糖发酵管做进一步鉴定。

滤膜法具有高度的再现性，可用于检验体积较大的水样，能比多管发酵技术更快地获得肯定的结果。不过在检验混浊度高、非大肠杆菌类细菌密度大的水样时，有其局限性。

多管发酵法和滤膜法的结果作统计学比较，可显示出后者较为精密。虽然从这两种技术所得到的数据都提供了基本相同的水质情报，但检验结果的数值不同。在做水源水的检验时，可以预期约有80%的滤膜试验的数据落在多管发酵试验数据95%的置信界限内。

1. 培养基

（1）品红亚硫酸钠培养基(滤膜法用)：同一、1.（3）。

（2）乳糖蛋白胨培养液：同一、1.（1）。

（3）乳糖蛋白胨半固体培养基：蛋白胨10g；牛肉侵膏5g；酵母侵膏5g；乳糖10g；琼脂5g左右；蒸馏水1000mL。

将上述成分加热溶解于1000mL蒸馏水中，调整为pH值为7.2~7.4，过滤后分装于小试管内，置高压蒸汽灭菌器，在115℃灭菌20min。冷却后置于冰箱内保存。此培养基存放以不超过两周为宜。

2. 步骤

1）过滤水样

（1）滤膜及滤器的灭菌：将滤膜放入烧杯中，加入蒸馏水，置于沸水浴中煮沸灭菌3次，每次15min。前两次煮沸后需更换水洗涤2~3次，以除去残留溶剂。也可用121℃灭菌10min，10min一到，迅速将蒸汽放出，这样可以尽量减少滤膜上凝集的水分。

滤器、接液瓶和垫圈分别用纸包好，在使用前先经121℃高压蒸汽灭菌30min。

滤器灭菌也可用点燃的酒精棉球火焰灭菌。

（2）过滤装置安装：无菌操作把滤器装置依照图7.3装好。

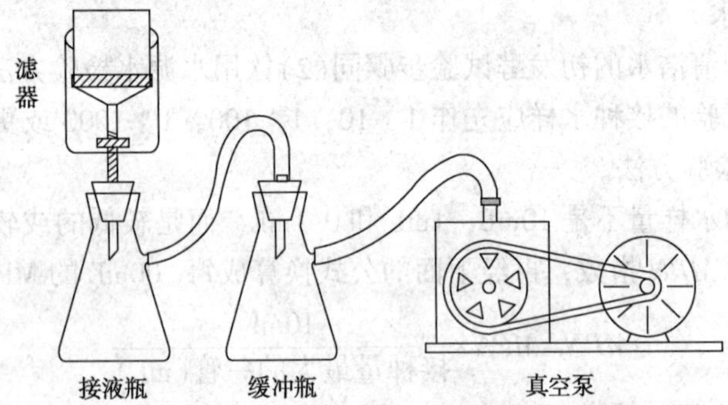


图7.3　过滤装置安装示意图

（3）水样量的选择：待过滤水样量是根据所预测的细菌密度而定的(见表7.4对总大肠菌群做滤膜试验应过滤水样的参考体积)。

**表7.4　对总大肠菌群做滤膜试验时应过滤水样的参考体积**

| 水样种类 | 过滤的体积/mL | | | | | | | |
|---|---|---|---|---|---|---|---|---|
| | 100 | 50 | 10 | 1 | 0.1 | 0.01 | 0.001 | 0.0001 |
| 饮用水 | × | | | | | | | |
| 游泳池 | × | | | | | | | |
| 井水、泉水 | × | × | × | | | | | |
| 湖泊、水库 | × | × | × | | | | | |

续表

| 水样种类 | 过滤的体积/mL | | | | | | | |
|---|---|---|---|---|---|---|---|---|
| | 100 | 50 | 10 | 1 | 0.1 | 0.01 | 0.001 | 0.0001 |
| 供水的进水 | | | × | × | × | | | |
| 沙滩浴场 | | | × | × | × | | | |
| 河水 | | | | × | × | × | × | |
| 加氯的污水 | | | | × | × | × | | |
| 原污水 | | | | | × | × | × | × |

一个理想的水样体积，可以产生大约50个大肠菌群细菌菌落，而全部类别的菌落数则不超过200个。当过滤水样(稀释的、或未稀释的)体积少于20mL时，应在过滤之前加少量的无菌稀释水到过滤漏斗中，以便水量的增加有助于悬浮的细菌均匀分布在整个过滤表面。

(4) 过滤：用无菌镊子夹取灭菌滤膜边缘，将粗糙面向上，贴放在已灭菌的滤床上，稳妥地固定好滤器。将适量的水样注入滤器中，加盖，开动真空泵即可抽滤除菌。

2）培养

水样抽滤完后，再抽约5s，关上滤器阀门取下滤器，用灭菌镊子夹取滤膜边缘部分，移放在品红亚硫酸钠培养基上，滤膜截留细菌面朝上，滤膜应与培养基完全贴紧，两者间不得留有气泡。然后将平皿倒置，放入37℃恒温箱内培养24h。培养期间，保持充足的湿度(大约90%相对湿度)。

3. 结果观察和报告

挑选符合下列特征的菌落进行革兰氏染色、镜检。

紫红色，具有金属光泽的菌落；深红色，不带或略带金属光泽的菌落；淡红色，中心色较深的菌落。

凡系革兰氏阴性无芽孢杆菌，需再接种于乳糖蛋白胨培养液或乳糖蛋白胨半固体培养基(接种前应将此培养基放入水浴中煮沸排气，冷却凝固后方能使用)，经37℃培养，前者于24h产酸产气；后者经6~8h培养后产气，则判为总大肠菌群阳性。

计数滤膜上生长的大肠菌群菌落总数，根据过滤的水样量计算1L水样中总大肠菌群数。

$$总大肠菌群数(个/L)=\frac{滤膜上生长的大肠杆菌菌落数\times1000}{过滤水样量(mL)}$$

滤膜上菌落数以20~60个/片较为适宜。

## 三、延迟培养法

延迟培养法可以允许水样经滤膜过滤后，将滤膜装运、输送到实验室，进行培养并完成检验。在常规的检验步骤不能实现时，例如在水样运输的途中不能保证所要求的温度，或者在采样后不能在允许的时间内进行检验等都可应用延迟培养。

延迟培养法和标准的滤膜法比较表明两者的数据可以相符。延迟培养试验基本上是依照检验总大肠菌群的滤膜法进行修正而来的。此法是将水样在现场过滤后，将滤膜置于培养基上，然后运到实验室。这种运送滤膜的培养基能在运输过程中保持大肠菌群细菌的活性，但又不允许它们在运输到实验室的途中长成可见的菌落。

延迟培养试验两种可选择的方法是 M-远腾氏法和 LES 法。

1. 培养基

1）M-远腾氏法

（1）M-远腾氏培养基：（M-Endo 液态培养基）：胰胨或多胨 10g；蛋白胨 10g；酵母浸膏 1.5g；乳糖 12.5g；氯化钠 5.0g；磷酸氢二钾（$K_2HPO_4$）4.375g；磷酸二氢钾（$KH_2PO_4$）1.375g；硫酸十二烷基钠 0.050g；去氧胆酸钠 0.10g；亚硫酸钠 2.10g；碱性品红 1.05g。

将上述成分置于含有 20mL 95%乙醇的 1000mL 蒸馏水中。将培养基加热煮沸后，立即从热源移开，并冷却到 45℃以下。不可用高压蒸汽灭菌。最后 pH 值应在 7.1~7.3。

配好的培养基储存于 2~10℃的暗处，如存放超过 96h 应弃去。

（2）M-远腾氏防腐培养基：按 M-远腾氏培养基配制，每升再加 3.84g 苯甲酸钠。另外，要根据水样情况来决定是否把环己亚胺加到 M-远藤氏防腐培养基中。如已发现有蔓生霉菌或真菌的水样，每 100mLM-远藤氏防腐培养基加入 50mg 环已亚胺。

2）LES 法

（1）LES-MF 保存性培养基：胰胨 3.0g；M-远藤肉汤 MF3.0g；磷酸氢二钾（$K_2HPO_4$）3.0g；苯甲酸钠（Sodium benzoate）1.0g；磺酰胺（Sulfanilamide）1.0g；对氨基苯甲酸（Paraamino benzoic acid）1.2g；环已亚胺（Cycloheximide）0.5g；蒸馏水 1000mL。

将上述成分溶于蒸馏水中，不可加热，最后 pH 值应为 7.1±0.1。

（2）LES 远藤氏琼脂培养基：酵母浸膏 1.2g；酪胨或胰酪胨 3.7g；硫胨 3.7g；胰胨 7.5g；乳糖 9.4g；磷酸氢二钾（$K_2HPO_4$）3.3g；磷酸二氢钾（$KH_2PO_4$）1.0g；氯化钠 3.7g；去氧胆酸钠 0.1g；硫酸十二烷基钠 0.05g；亚硫酸钠 1.6g；碱性品红 0.8g；琼脂 15.0g；蒸馏水 1000mL。

将上述成分置于含有 20mL 95%乙醇的 1L 蒸馏水中，加热沸腾后冷却到 45~50℃，以 4mL 的量分装到直径为 60mm 的培养皿底部。如果使用其他大小的培养皿，则应调节分装的量，使其在皿底所占的厚度不变。平皿应放在 2~10℃的暗处，两周后尚未使用应弃去。

2. 步骤

1）采样前的准备

（1）过滤装置：滤膜和滤器的灭菌（见滤膜法）。

（2）培养皿：无菌的、密封保湿的塑料培养皿 50mm×12mm。这种培养皿重量轻，不易破碎。紧急情况下，也可使用无菌的玻璃培养皿，但要用塑料薄膜或类似的材料包装起来。

2）水样的保存和运输

（1）用灭菌镊子把一片灭菌吸收垫放在一个灭菌的培养皿底部，并吸收足够的、已选择好的，在运输过程中可抑制大肠杆菌生长的运输培养基（如 M-远腾氏防腐培养基或 LES-MF 保存性培养基），使垫片浸湿饱和（小心地吸去剩余培养基）。

（2）用灭菌镊子从过滤设备上取下滤膜（要求同滤膜法），放在已用运输培养基饱和过的汲收垫上。紧闭塑料培养皿就能保持高湿度，防止滤膜损失水分。注意运输途中不使滤膜脱水，但也不要使培养皿中有过多的液体。把放置有滤膜的培养皿放在适当的容器里送到实验室去做实验。运输时，样品可在此种培养基上保持 72h 而无明显生长。这种运输培养基可邮递或普通方法运送。当遇到高温时，偶然能在运输培养基上发现有菌落生长。

3）转移和培养

在实验室里，以无菌操作把滤膜从运输用的塑料培养基皿上移到含有 M-远滕氏培养基或 LES-远滕氏琼脂培养基的第二个无菌的平皿中。

(1) M-远腾氏方法：从 M-远腾氏防腐培养基上把滤膜转移到含有没有抑菌剂的 M-远腾氏培养基的吸收垫平皿中，在(37±1)℃下培养 20~22h。

(2) LES 法：把滤膜从 LES-MF 保存性培养基转移到 LES-远腾氏琼脂培养基里，在 37℃±1℃下培养 20~22h。

在转移时，如果不用放大镜已可观察到清晰的菌落，则在放进(37±1)℃的温度下培养 16~18h 之前，将含有转移滤膜的培养皿先存放在 5~10℃处。缩短培养时间是为检验员提供一种控制细菌生长过度或菌落光泽消散的办法，以免影响对大肠菌群的菌落计数。

3. 总大肠菌群数的估算

见滤膜法。同时要记录采样，过滤和实验室检验的时间，并计算其所延迟的时间。

# 实验三　水中粪大肠菌群的测定

**知识链接**

粪大肠菌群是总大肠菌群中的一部分，主要来自粪便，在 44.5℃温度下能生长并发酵乳糖产酸产气的大肠菌群称为粪大肠菌群。用提高培养温度的方法，创造不利于来自自然环境的大肠菌群生长的条件，使培养出来的菌群主要为来自粪便中的大肠菌群，从而更准确地反映出水质受粪便污染的情况。粪大肠菌群的测定可以用多管发酵法或滤膜法。

## 一、多管发酵法

1. 培养基

(1) 单倍和三倍乳糖蛋白胨培养液：见上个实验：水中总大肠菌群的测定

(2) EC 培养液：胰胨 20g；乳糖 5g；胆盐三号 1.5g；磷酸氢二钾($K_2HPO_4$)4g；磷酸二氢钾($KH_2PO_4$)1.5g；氯化钠 5g；蒸馏水 1000mL。

将上述成分加热溶解，然后分装于含有玻璃倒管的试管中。置高压蒸汽灭菌器中 115℃灭菌 20min。灭菌后 pH 值应为 6.9。

2. 步骤

(1) 水样接种量。将水样充分混匀后，根据水样污染的程度确定水样接种量。每个样品至少用三个不同的水样量接种。同一接种水样量要有五管。

相对未受污染的水样接种量为 10mL、1mL、0. 1mL。受污染水样接种量根据污染程度接种 1mL、0. 1mL、0. 01mL 或 0. 1mL、0. 01mL、0. 001mL 等(见表 7. 5)。

如接种体积为 10mL，则试管内应装有三倍浓度乳糖蛋白胨培养液 5mL；如接种量为 1mL 或少于 1mL，则可接种于普通浓度的乳糖蛋白胨培养液 10mL 中。

(2) 初发酵试验。将水样分别接种到盛有乳糖蛋自胨培养液的发酵管中。在(37±0. 5)℃下培养 24h±2h。产酸和产气的发酵管表明试验阳性。如在倒管内产气不明显，可轻拍试管，有小气泡升起的为阳性。

(3) 复发酵试验。轻微振荡初发酵试验阳性结果的发酵管，用 3mm 接种环或灭菌棒将培养物转接到 EC 培养液中。在(44. 5±0. 5)℃温度下培养(24±2)h(水浴箱的水面应高于试管中培养基液面)。接种后所有发酵管必须在 30min 内放进水浴中。培养后立即观察，发酵管产气则证实为粪大肠菌群阳性。

3. 计算和报告结果

根据不同接种量的发酵管所出现阳性结果的数目，从 *MPN* 表中查得相应的 *MPN* 指数，按总大肠菌群的计算方法计算每升水中粪大肠菌群细菌的 *MPN* 值。

## 二、滤膜法

同总大肠菌群一样，粪大肠菌群的密度也可用滤膜技术来测定。如果这种滤膜技术是用于检验加氯消毒后的水样时，在使用这个技术之前，应先做实验，证实它所得的数据资料与多管发酵试验所得的数据资料具有可比性。

1. 培养基

M-FC 培养基：胰胨 10g；蛋白胨 5g；酵母浸膏 3. 0g；氯化钠 5. 0g；乳糖 12. 5g；胆盐三号 1. 5g；1%苯胺蓝水溶液 10mL；1%玫瑰色酸溶液(溶于 0. 2mol/L 氢氧化钠液中)10mL；蒸馏水 1000mL。

将上述培养基中的成分(除苯胺蓝和玫瑰色酸外)，置于蒸馏水中加热溶解，调节 pH 值为 7. 4，分装于小烧瓶内，每瓶 1000mL，于 115℃灭菌 20min。储于冰箱中备用。

临用前，按上述配方比例，用灭菌吸管分别加入已煮沸灭菌的 1%苯胺蓝溶液 1mL 及新配制的 1%玫瑰色酸溶液(溶于 0. 2mol/L 氢氧化钠液中)1ml，混合均匀。

加热溶解前，加入 1. 2%～1. 5%琼脂可制成固体培养基。如培养物中杂菌不多，则培养基中不加玫瑰色酸亦可。

2. 步骤

1) 水样过滤

(1) 水样量的选择：水样量的选择根据细菌受检验的特征和水样中预测的细菌密度而定。如未知水样中粪大肠菌的密度，就应按下表所列体积过滤水样，以得知水样的粪大肠杆菌密度。先估计出适合在滤膜上计数所应使用的体积，然后再取这个体积的 1/10 和 10 倍，分别过滤。理想的水样体积是一片滤膜上生长 20～60 个粪大肠菌群菌落，总菌落数不得超过 200 个。使用的水样量可参考表 7. 5。

表 7.5　接种用水量参考表

| 水样种类 | 检测方法 | 接种量/mL | | | | | | | | |
|---|---|---|---|---|---|---|---|---|---|---|
| | | 100 | 50 | 10 | 1 | 0.1 | $10^{-2}$ | $10^{-3}$ | $10^{-4}$ | $10^{-5}$ |
| 较清洁的湖水 | 滤膜法 | × | × | × | | | | | | |
| 井水 | 多管发酵法 | | | × | × | × | | | | |
| 一般的江水 | 滤膜法 | | × | × | × | | | | | |
| 河水、塘水 | 多管发酵法 | | | | × | × | × | | | |
| 城市内的河水 | 滤膜法 | | | | × | × | × | | | |
| 湖水、塘水 | 多管发酵法 | | | | | | × | × | × | |
| 城市原污水 | 滤膜法 | | | | | × | × | × | | |
| | 多管发酵法 | | | | | | | × | × | × |

（2）水样的过滤：按总大肠菌群滤膜法水样过滤的步骤和注意事项进行过滤。

2）培养

使用 M-FC 培养基。培养基含或不含琼脂，不含琼脂的培养基使用已用 M-FC 培养基饱和的无菌吸收垫。将滤过水样的滤膜置于琼脂或吸收垫表面。将培养皿紧密盖好后，置于能准确恒温于(44.5±0.5)℃的恒温培养箱或恒温水浴中，经 24h±2h 培养。若用恒温水浴培养，则需用防水胶带贴封每个平皿，将培养皿封入防水塑料袋或容器内，浸没在(44.5±0.5)℃恒温水浴中。在培养时间内，装培养皿的塑料袋必须用重物坠于水面之下，以保持所需的严格温度。所有已制备的培养物都应在过滤后 30min 内浸入水浴内。

3. 计算及报告结果

粪大肠菌群菌落在 M-FC 培养基上呈蓝色或蓝绿色，其他非粪大肠菌群菌落呈灰色、淡黄色或无色。正常情况下，由于温度和玫瑰酸盐试剂的选择性作用，在 M-FC 培养基上很少见到非粪大肠菌菌落。必要时可将可疑菌落接种于 EC 培养液，于(44.5±0.5)℃培养(24±2)h，如产气则证实为粪大肠菌群。

计数呈蓝或蓝绿色的菌落，计算出每 1L 水样中的粪大肠菌群数。

$$\text{粪大肠菌群菌落数(个/L)}=\frac{\text{滤膜上生长的粪大肠杆菌群菌落数}\times 1000}{\text{过滤水样量(mL)}}$$

## 三、延迟培养法

粪大肠杆菌的延迟培养步骤类似总大肠菌群的延迟培养。只有在不能对粪大肠杆菌进行滤膜试验时，才可使用延迟培养。如图 7.4 所示其操作步骤为：在野外现场采集水样后，立即进行过滤，将滤膜安放在运输培养基上，再送到实验室；在实验室将滤膜转移到 M-FC 培养基上，于 44.5℃培养(24±2)h，对粪大肠菌群菌落计数。

1. 培养基

（1）LES-MF 保存性培养基：胰胨 3.0g；M-远藤肉汤 MF3.0g；磷酸氢二钾($K_2HPO_4$) 3.0g；苯甲酸钠(Sodium benzoate) 1.0g；磺酰胺(Sulfanilamide) 1.0g；对氨基苯甲酸(Paraamino benzoic acid) 1.2g；环已亚胺(Cycloheximide) 0.5g；蒸馏水 1000mL。

将上述成分溶于蒸馏水中，不可加热，最后 pH 值应为 7.1±0.1。

(2) M-FC 培养基：见上。

2. 步骤

(1) 采样前的准备：采样前的准备同水中总大肠菌群的测定。

(2) 样品的保存和运送：方法及注意事项见水中总大肠菌群的测定。

(3) 转移：在实验室内，从保存培养基内取出滤膜，放置到另一个含有 M-FC 培养基(吸足液态培养基的吸收垫或琼脂培养基)的培养皿中。

(4) 培养：将培养皿放置在防水的塑料袋或容器内，浸没在(44.5±0.5)℃的恒温水浴中，培养 24h。

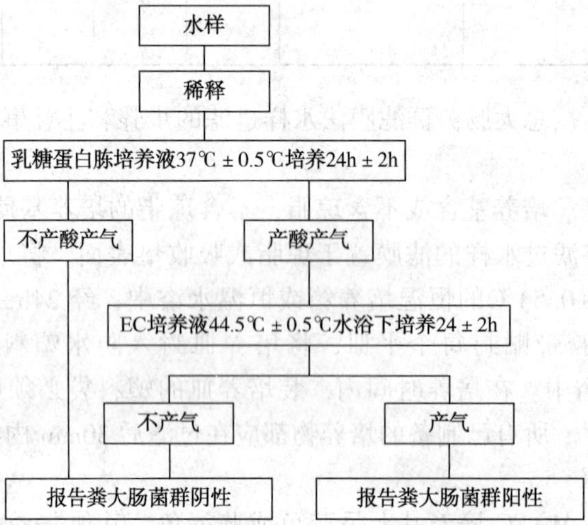


图 7.4　粪大肠菌群检验流程图(多管发酵法)

3. 计数及报告方法

计数及报告方法同二滤膜法。计数时，可以借助双筒解剖镜放大 10~15 倍或其他放大镜。记录采样、过滤和进入实验室检验的时间，并且计算所延迟的时间。

# 实验四　水中沙门氏菌属的测定

**知识链接**

污水中往往含有一定数量的病原微生物，它们是引起水传播疾病的重要来源。最常见最重要的有：沙门氏菌属(Salmonella)，志贺氏菌属(Shigella)，肠道病原性的大肠埃希氏菌(E. coli)，钩端螺旋体(Lepfospira)，以及肠道病毒(enteric viruses)。沙门氏菌是人、畜患者或带菌者随粪便排出的致病菌。本书仅选具有代表性的沙门氏菌属进行测定。

污水中的病原微生物浓度是很低的，因此检验时必须将水样进行大量浓缩，然后再进行培养，以后再进行平板分离和生化试验及血清学检查。

由于沙门氏菌出现在水中的变异性很大，目前已知沙门氏菌属有1700个以上的血清型，再加上分离技术在灵敏度和选择性上都有局限性。因此，利用任何一种方法所得到的阴性结果，并不意味着所有的沙门氏菌属菌种一概不存在，也并不暗示其他的病原微生物不存在于水中。

## 一、培养基

(1) 缓冲蛋白胨水：蛋白胨 10g、氯化钠 5.0g、磷酸氢二钠($Na_2HPO_2 \cdot 12H_2O$)9.0g、磷酸二氢钾($KH_2PO_4$)1.5g、蒸馏水 1000ml。

加热溶解上述各组分，调节 pH 值使其灭菌后为 7.0，按需要分装培养基，121℃灭菌 15min。

(2) 四磺酸盐培养基(Muller-Kauffmann)。

① 基础培养基：牛肉浸膏 5.0g、蛋白胨 10.0g、氯化钠 3.0g、碳酸钙($CaCO_3$)45.0g、蒸馏水 1000mL。

加热溶解各成分，调节 pH 值，使其灭菌后为 7.0。121℃灭菌 15min。

② 硫代硫酸钠溶液：硫代硫酸钠($Na_2S_2O_3 \cdot 5H_2O$)50g 溶于少量蒸馏水中，再加蒸馏水至 100mL，121℃灭菌 15min。

③ 碘溶液：碘 20g、碘化钾 25g、蒸馏水加至 100ml。

加少量水溶解碘化钾，再加碘，然后振摇使其完全溶解，加蒸馏水至 100mL。贮存于密封的棕色瓶中。

④煌绿溶液：煌绿约 0.5g、蒸馏水 100mL。

将煌绿加入蒸馏水中振摇使其溶解，加热溶液使其沸腾后持续 30min，冷却后储存在棕色瓶中，于暗处保存。

⑤ 牛胆汁溶液：牛胆汁(脱水)10g、蒸馏水 100mL。

将牛胆汁加入蒸馏水中，煮沸溶解，121℃灭菌 15min。

⑥完成培养基：基础培养基 900mL、硫代硫酸钠溶液 100mL、碘液 20mL、煌绿溶液 2mL、牛胆汁溶液 50mL。

在无菌操作下，依次加入各种培养基，每加入一种成分都要充分混匀。然后将混匀后的培养基分装在已灭菌的试管或瓶中。4℃暗处保存不得超过一周。

(3)孔雀绿-氯化镁培养基(Rappaport)。

①溶液 A：胰胨 5.0g、氯化钠 8.0g、磷酸二氢钾($KH_2PO_4$)1.6g、蒸馏水 1000mL。

将各成分混合溶解。

② 溶液 B：将氯化镁($MgCl_2 \cdot 6H_2O$)40g 浴解于 100mL 蒸馏水中。

③ 溶液 C：将孔雀绿 0.4g 溶解于 700mL 蒸馏水中。

④ 完成培养基：溶液 A1000mL、溶液 B100mL、溶液 C30mL。

混合上述各溶液，分装于试管或烧瓶中，115℃灭菌 20min，储存于冰箱中，可保存 1

个月。

(4) 双倍浓度亚硒酸盐 F 培养基(Leifson)。蛋白胨 10.0g、甘露醇 20.0g、磷酸氢二钠($Na_2HPO_4$)8.0g、亚硒酸氢钠 8.0g、蒸馏水 1000mL。

依次将上述各成分溶解于水中，调节 pH 值到 7.1，过滤灭菌，按需要分装培养基，贮存

在 4℃条件件下，不宜超过一周。

制备单倍浓度的亚硒酸盐 F 培养基可以加入蒸馏水进行适当的稀释。

(5) 煌绿酚红培养基。

① 基础培养基：牛肉浸膏 40g、蛋白胨 10g、氯化钠 3.0g、磷酸氢二钠 0.8g、磷酸二氢钠 0.6g、琼脂 12g、酵母浸膏 3.0g、蒸馏水 900mL。

加热溶解上述各组分。调节 pH 值使其灭菌后为 7.0，然后分装在试管或瓶中，每瓶不得超过 500mL，121℃灭菌 15min。

② 糖-酚红溶液：乳糖 10g、蔗糖 10g、水溶性酚红 0.09g、蒸馏水 100mL。

将上述成分溶于水中，70℃水浴上加热 20min，冷却至 55℃立即使用。

③ 煌绿溶液：同前。

④ 完成培养基：基础培养基 900ml、糖-酚红溶液 100mL、煌绿溶液 1mL。

在无菌条件下，将煌绿溶液加入到约 55℃的糖-酚红溶液中，在 50~55℃下与基础培养基混合。

(6) 亚硫酸铋琼脂培养基。

① 基础培养基：牛肉浸膏 5g、蛋白胨 10g、氯化钠 5g、琼脂 20g、蒸馏水 1000mL。

加热溶解各成分，按每份 100mL 的量分装于 250mL 三角瓶中，121℃下灭菌 20min。

② 亚硫酸铋贮备液：柠檬酸铋铵 6g、亚硫酸钠($Na_2SO_3$)20g、磷酸氢二钠($Na_2HPO_4$)10g、葡萄糖($C_6H_{12}O_6.H_2O$)10g、蒸馏水 200mL。

将柠檬酸铋铵溶解于 50mL 沸水中，同时将亚硫酸钠溶解于 100mL 沸水中，混合两液并煮沸 3min，趁热加磷酸盐搅拌至溶解。冷却后，加入剩余的 50mL 葡萄糖水溶液，储存于冰箱中。

③ 柠檬酸铁煌绿贮备液：柠檬酸铁 2g、煌绿(1%水溶液)25mL、蒸馏水 200mL。

将上述成分溶解于水中，盛于已灭菌的玻璃瓶内，储存于冰箱。

④ 完成培养基：基础培养基 100mL、亚硫酸铋贮备液 20mL、煌绿贮备液 4.5mL。

加热融化基础培养基并冷却到 50℃，同时分别加热两种贮备液至 50℃。在无菌操作下将后者加入到前者中去，充分混合，无菌倾入已灭菌的培养皿中。

(7)三铁糖琼脂培养基。

牛肉浸膏 3.0g、酵母浸膏 3.0g、蛋白胨 20.0g、氯化钠 5.0g、乳糖 10.0g、蔗糖 10.0g、葡萄糖 1.00g、柠檬酸铁 0.3g、硫代硫酸钠 0.3g、酚红 0.024g、琼脂 12g、蒸馏水 1000ml。

煮沸溶解各成分，调整 pH 值使其灭菌后为 7.4。将 10mL 培养基分装于 17~18mm 直径的试管中，115℃灭菌 10min。灭菌后将试管内培养基摆成斜面，斜面底部应有 2.5cm 高。

(8) 尿素琼脂。

① 基础培养基：蛋白胨 1g、葡萄糖 1g、氯化钠 5g、磷酸二氢钾 2g、酚红 0.012g、琼

脂 15g、蒸馏水 1000mL。

煮沸溶解各成分，121℃灭菌 15min。

② 尿素溶液：尿素 40g、蒸馏水 100mL。

将尿素溶解于水中，过滤灭菌。

③ 完成培养基：基础培养基 950mL、尿素溶液 50mL。

在无菌条件下，将尿素溶液加入基础培养基，调整 pH 值为 6.8。将完成培养基 10mL 加入灭菌的试管中。

(9) 苯丙氨酸琼脂培养基及试剂。

酵母浸膏 3g、DL－苯丙氨酸 2g、磷酸氢二钠 1g、氯化钠 5g、琼脂 12g、蒸馏水 1000mL。

煮沸溶解各成分，分装在试管中，121℃灭菌 15min。灭菌后将培养基摆成斜面。

氯化铁溶液：制备 10%的氯化铁溶液。溶液放于棕色瓶中，瓶子置于冰箱内。

(10) 吲哚反应试剂；

① 胰蛋白胨色氨酸培养基：胰蛋白胨 10g、氯化钠 5g、DL－色氨酸 1g、蒸馏水 1000mL。

将上述成分溶解于蒸馏水中，再分装于试管，每管约 5mL，121℃灭菌 15min。

② Kovacs 试剂：对－二甲氨基苯甲醛 5g、盐酸[(1.18～1.19)g/mL]25mL、2－甲基丁烷 75mL。

将上述组分混合。

(11) 赖氨酸脱羧培养基。

L－盐酸赖氨酸 5g、酵母浸膏 3g、葡萄糖 1g、溴甲酚紫 0.015g、蒸馏水 1000mL。

煮沸溶解各成分，调整 pH 值使其灭菌后为 6.8。以 5mL 的量将培养基分装于直径 8mm 的试管中，培养基高度约为 160mm，121℃灭菌 10min。

(12) β－半乳糖苷酶试验试剂。

① 缓冲液：磷酸二氢钠 6.9g、氢氧化钠(0.1mol/L)约 3mL、蒸馏水加至 50mL。

将磷酸二氢钠溶解于 45mL 蒸馏水中，用约 3mL 的氢氧化钠溶液调整 pH 值为 7.0，最后加水至 50mL，贮存于冰箱中。

② ONPG 溶液：2－硝基苯－β－D 半乳糖吡喃糖苷(ONPG)溶液 80mg、蒸馏水 15mL。

将 ONPG 在 50℃溶解于水中，冷却溶液。

③ 完成试剂：缓冲液 5mL、ONPG 溶液 15mL。

混合两种溶液。

## 二、步骤

1. 水样浓缩

水样量根据水沙门氏菌浓度而定。一般来说，饮用水 5000mL、饮用水源水 1000mL；污水 1～100mL。水样量在 100mL 以下不必浓缩，大于 100mL 的水样，需用滤膜法浓缩。

水样浊度低时，可将水样通过孔径为 0.45μm，盘面直径为 142mm 的无菌滤膜。如果水样混浊，宜先用硅藻土将滤膜覆盖。方法是：先做好 1L 的硅藻土悬浮液(5g/L 蒸馏水)，以500mL过滤。在硅藻土悬浮液过滤接近终点时，迅速将水样注入剩余的悬浮液中，继续过滤。结束后，取出滤膜。

2. 前增菌

将获得的滤膜无菌转入含100mL缓冲蛋白胨水瓶中。样品量在10~100mL，加等体积双倍浓度缓冲蛋白胨水；样品量在1~10mL，加10倍体积的普通浓度缓冲蛋白胨水。在37℃下，培养16~20h。

3. 增菌

将前增菌样品以1∶10的比例转入增菌液，即10mL的前增菌样品转入100mL增菌液。

**【注意】**

在非沙门氏菌密度很高的情况下，以1∶100的比例转入为好。

接种的增菌液四硫磺酸盐培养液在43℃下培养22h和44h，接种的孔雀绿-氯化镁培养液在37℃下培养22h；接种的双倍浓度的亚硒酸盐F培养液在37℃下培养24h。

**【注意】**

如果水样中沙门氏菌密度低或其在环境中受到损伤时(如用消毒剂)，推荐用前增菌-四硫磺酸盐增菌液的组合。如果水样中沙门氏菌密度高，使用孔雀绿-氯化镁增菌液。如果为检验水中伤寒沙门氏菌(S. typhi)，应用前增菌和双倍浓度亚硒酸盐F增菌液的组合。

4. 划平板

增菌培养后，将培养物接种到煌绿酚红琼脂和亚硫酸铋琼脂上。煌绿酚红平板在37℃下培养24h，亚硫酸铋平板在37℃下培养24h和48h。

培养后检查典型沙门氏菌落的存在。煌绿酚红平板上沙门氏菌为粉红色，亚硫酸铋平板上为灰黑色周围带有金属光泽，菌落下面的培养基为黑色。

5. 生物化学证实试验

从每种平板的每个平皿中选择2~3个典型或可疑菌落进行证实试验。使用纯菌落进行试验。

(1) 三糖铁试验：针刺接种培养基底层并在培养基表面划线。37℃下培养22h，培养基的变化解释如下。

| | | |
|---|---|---|
| 底部 | 黄色(产酸) | 葡萄糖转变 |
| | 红色或不变色(碱性或中性不变) | 葡萄糖不转变 |
| | 黑色 | 硫化氢形成 |
| | 气泡或裂缝 | 产气 |
| 斜面 | 黄色(产酸) | 乳糖和(或)蔗糖转变 |
| | 红色或不变色 | 乳糖和蔗糖均不转变 |

典型反应(在斜面/底层中K，A和N分别代表碱性，酸性和中性反应；G代表产气，$H_2S$ 1+~4+代表由于$H_2S$引起的变黑程度)。

沙门氏菌(Salmonella)：K/AG，$H_2S$ 1+~4+；

伤寒沙门氏菌(S. typhi)：K/A，$H_2S$微至1+。

(2) 脲酶试验：在琼脂斜面表面划线，37℃培养1~2d。反应呈红色为脲酶阳性，反应呈黄色为脲酶阴性。沙门氏菌为脲酶试验阴性。

（3）苯丙氨酸脱氨试验：重接种在斜面表面，37℃培养18~24h，滴4~5滴10%的氯化镁溶液在生长的斜面上。在琼脂表面和液体上呈墨绿色为阳性反应，黄或棕色为阴性反应。沙门氏菌为阴性反应。

（4）吲哚试验：将可疑菌落接种到含5mL培养液的试管内，37℃培养24h，培养后加入1mL吲哚试剂，形成红色圆环的为阳性反应，黄褐色圆环的为阴性反应。沙门氏菌为阴性反应。

（5）赖氨酸脱羧试验：接种于液体培养基表面以下，37℃培养24h。细菌生长以后呈紫色表示阳性反应，黄色为阴性反应。沙门氏菌为赖氨酸脱羧酶阳性。

（6）β-半乳糖苷酶试验：在盛有0.25mL盐水（0.85%食盐水溶液）的小试管中，挑一环可疑菌落制成菌悬液，滴1滴甲苯，摇动试管，把试管放入37℃水浴中几分钟，然后再加0.25mLβ-半乳糖苷酶试剂并混合，再将试管置于37℃水浴中24h，黄色表明反应为阳性。大多数沙门氏菌为阴性，在20min后可观察结果。

6. 血清学证实试验

使用三糖铁琼脂斜面上的纯菌落。去除自身凝集菌株，用多价抗O血清、多价抗H血清和抗$V_i$血清进行测定。如有凝聚作用，反应为阳性。

7. 证实试验的结果分析

（1）具有典型生化反应或血清学反应的菌株为沙门氏细菌（见表7.6）。

**表7.6　沙门氏菌的生化特征**

| 试验项目 | 反应 | 现象 |
| --- | --- | --- |
| 三糖铁 | | |
| 葡萄糖（产酸） | + | 琼脂下部变 |
| 葡萄糖（产气） | +① | 黄琼脂下部有气泡或开裂 |
| 乳糖 | -② | 琼脂斜面为红色（不变化） |
| 果糖 | - | 琼脂斜面为红色（不变化） |
| 硫化氢 | +① | 琼脂下部变黑 |
| 尿酶试验 | - | 黄色（不变化） |
| 苯丙氨酸试验 | - | 加试剂为褐黄色 |
| 吲哚试验 | - | 加试剂为黄色 |
| 赖氨酸脱羧试验 | + | 紫色 |
| β-半乳糖苷酶试验 | -② | 不变色 |

①伤寒沙门氏菌不产气，不形成$H_2S$。

②沙门氏菌Ⅲ亚属（亚利桑那菌）乳糖和β-半乳糖苷酶试验为阳性，Ⅱ亚属乳糖为阴性而β-半乳糖苷酶试验为阳性。

（2）具有典型生化反应，而多价抗O血清、多价抗H血清或抗$V_i$血清不为阳性的菌株；或不具有典型生化反应，而具有典型血清学反应的菌株；或具有典型生化反应的自身凝集的菌株可能是沙门氏菌。

（3）不具有典型生化反应和血清学反应的菌株为非沙门氏细菌。

（4）被认为是沙门氏菌的菌株或可疑的菌株，应进一步检验其类型。

8. 报告结果

根据实验结果，报告一定体积的检验水样中存在或不存在沙门氏细菌。

9. 沙门氏细菌的定量检验

水样中沙门氏菌的密度也可用 MPN 法进行估计。样品量为：

(1) 饮用水：5×1000mL。

(2) 饮用水源水：5×1000mL、(或其他天然水)5×10mL、5×1mL。

(3) 废水或污水：5×1mL 或 5×0.1mL、5×0.1mL 或 5×0.01mL、5×0.01mL 或5×0.001mL。

使用的培养基和操作步骤同定性检验。根据出现的阳性管和阴性管数，查 MPN 表，然后计算每升水样中的沙门氏菌数。沙门氏菌测定流程见图 7.5。

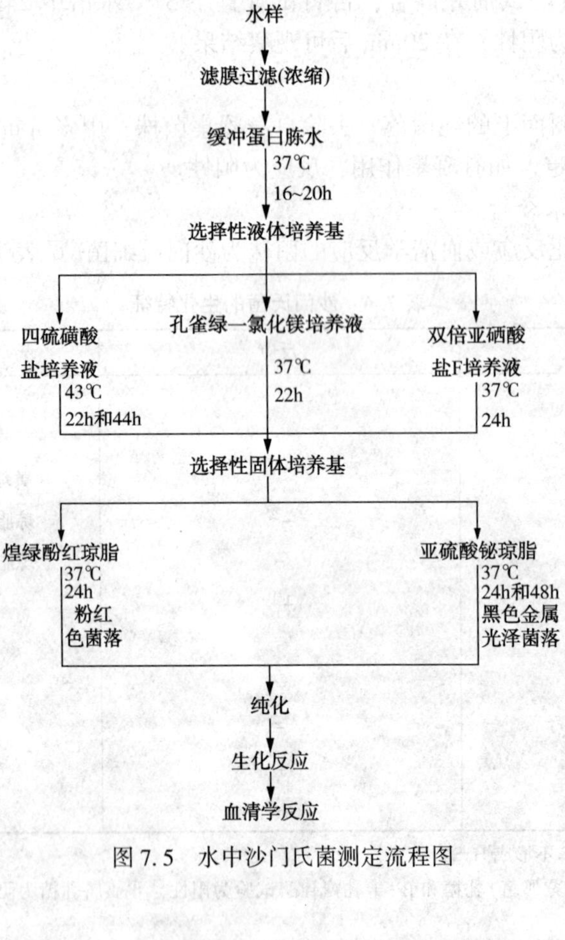


图 7.5 水中沙门氏菌测定流程图

## 参考文献

[1] 强根荣主编. 综合化学实验. 北京：化学工业出版社，2010.
[2] 申金山主编. 化学实验. 北京：化学工业出版社，2011.
[3] 丁敬敏主编. 化学实验技术. 北京：化学工业出版社，2007.
[4] 王九编著. 石油产品添加剂基础知识. 北京：中国石化出版社，2009.
[5] 刘德生主编. 油品分析. 北京：化学工业出版社，2005.
[6] 张燮主编. 工业分析化学实验. 北京：化学工业出版社，2007.
[7] 李元主编. 环境科学实验教程. 北京：中国环境科学出版社，2007.
[8] 胥朝提王编. 分析技术与操作. 北京：化学工业出版社，2007.
[9] 国家环境保护总局主编 . 水和废水监测分析方法. 北京：中国环境科学出版社，2002.
[10] 孙成主编 . 环境监测实验 . 北京：科学出版社，2003.
[11] 中华人民共和国国家发展和改革委员会主编. 中华人民共和国化工行业标准. 北京：化学工业出版社，2000.